2023

Realschule

Original-Prüfungsaufgaben
mit Lösungen

Bayern

Mathematik II/III

STARK

43. ergänzte Auflage
www.stark-verlag.de

Inhaltsverzeichnis

Hinweise

Übungsaufgaben

Aufgaben im Stil der Prüfung

Musterprüfung

Abschlussprüfungsaufgaben

Abschlussprüfung 2017

Abschlussprüfung 2018

Abschlussprüfung 2019

Abschlussprüfung 2020

Abschlussprüfung 2021

Abschlussprüfung 2022 . . . . **www.stark-verlag.de/mystark**
Sobald die Original-Prüfungsaufgaben 2022 freigegeben sind, können sie als PDF auf der Plattform MyStark heruntergeladen werden (Zugangscode vgl. Umschlaginnenseite).

Digitales Übungsmaterial zu diesem Buch

Zu den folgenden Themen bietet dir das Buch **Lernvideos** und **GeoGebra-Anwendungen**:

- Dreisatz
- Winkel an Geradenkreuzungen und Winkelsummen
- Strahlensätze
- Lineare Funktionen (Geraden)
- Verschobene Normalparabel
- Gestreckte/Gestauchte Parabel
- Bestimmung von Nullstellen bei quadratischen Funktionen
- Baumdiagramm

Mit einem **Smartphone/Tablet** kannst du den abgebildeten **QR-Code** scannen und so die Lernvideos starten.

Am PC kannst du die Lernvideos über folgenden Link öffnen:
https://www.stark-verlag.de/qrcode/lernvideos_0910nk

Autor
Übungsaufgaben (inkl. Lösungen) sowie Lösungen der Beispielaufgaben, Musterprüfung und der Abschlussprüfungsaufgaben: RSD Alois Einhauser

HINWEISE UND TIPPS

Hinweise

Aufbau und Ablauf der Prüfung

Die Prüfungsaufgaben im Fach Mathematik werden vom Bayerischen Staatsministerium für Unterricht und Kultus zentral für alle bayerischen Realschulen gestellt.

Die Abschlussprüfung dauert insgesamt 150 Minuten und besteht aus zwei Teilen:

- Im ersten Teil (A), der **ohne Taschenrechner** zu bearbeiten ist, sind mehrere kurze Aufgaben aus den Themenbereichen *Funktionen*, *ebene Geometrie* und *Raumgeometrie* sowie *Daten und Zufall* zu lösen. Eine zugelassene Formelsammlung darf hierbei verwendet werden. Nach 30 Minuten ist dieser Teil abzugeben. Die erreichbaren Punkte aus Teil A betragen in etwa 20 % der Gesamtpunkte.
- In den restlichen 120 Minuten ist der zweite Teil (B) zu bearbeiten. Hierbei dürfen ein (grafikfähiger) Taschenrechner und eine zugelassene Formelsammlung verwendet werden. Teil B besteht jeweils aus zwei kurzen und zwei langen Aufgaben. Die beiden langen Aufgaben können sich auf die Themenbereiche *Funktionen*, *ebene Geometrie* und *Raumgeometrie* beziehen. In den beiden kurzen Aufgaben kann auch der Bereich *Daten und Zufall* geprüft werden. Die erreichbaren Punkte aus Teil B betragen in etwa 80 % der Gesamtpunkte.

Unterschiede ab 2023

Die Abschlussprüfung ab 2023 unterscheidet sich von denen der Vorjahre:

- In den Aufgaben bis 2022 waren im Teil A Taschenrechner erlaubt.
- Das Lernfeld „Daten und Zufall“ wurde bis 2022 nicht geprüft.
- In den Aufgaben bis 2022 wurden teils andere Bezeichnungen verwendet (vgl. nachfolgende Übersicht).

	alt (bis 2022)	neu (ab 2023)
Strecke	[AB]	$\overline{AB}$
Länge einer Strecke	$\overline{AB}$	$\lvert\overline{AB}\rvert$
Definitionsmenge	$\mathbb{D}$	D
Wertemenge	$\mathbb{W}$	W
Größer-Gleich-Zeichen	$\geqq$	$\geq$
Kleiner-Gleich-Zeichen	$\leqq$	$\leq$
Lösungsmenge	$\mathbb{L}$	L
Grundmenge	$\mathbb{G}$	G
Grundmenge bei Funktionen	$\mathbb{G} = \mathbb{R} \times \mathbb{R}$	$x \in \mathbb{R}; y \in \mathbb{R}$
Leere Menge	$\varnothing$	$\varnothing$ bzw. {}

Arbeit mit diesem Buch

Die **Abschlussprüfungen bis 2022** eignen sich inhaltlich trotz der oben genannten Änderungen zur Prüfungsvorbereitung, da die meisten Lehrplanthemen gleich geblieben sind. Damit du dich auch auf die geänderten Bedingungen vorbereiten kannst, findest du am Anfang des Buchs zusätzlich Übungsaufgaben und Aufgaben im Stil der neuen Prüfung.

Der Teil mit den **Übungsaufgaben** enthält Aufgaben zur **Vorbereitung auf Teil A (ohne Taschenrechner)** und Aufgaben zur **Vorbereitung auf „Daten und Zufall"** für Teil A und Teil B. Diese Aufgaben verwenden die neue, dir bekannte Notation.

Mit der **Musterprüfung und den Beispielaufgaben** kannst du unter **Prüfungsbedingungen üben**. Auch diese Aufgaben verwenden die neue, dir bekannte Notation. Bearbeite die Teile A und B wie unter „Aufbau und Ablauf der Prüfung" beschrieben.

Zu allen Aufgaben haben wir ausführliche **Lösungsvorschläge zur Kontrolle** abgedruckt. Wenn du nicht weiterkommst, sollen dir die TIPP**-Kästen** helfen, den Lösungsweg zu erkennen. Zuerst solltest du aber versuchen, selbst die Lösung zu finden, und dann mit dem Buch vergleichen. Nur wenn du dich selbst anstrengst, bleibt der Stoff auch im Gedächtnis und du lernst dazu.

Alte Notenschlüssel zur Orientierung

	2017	2018 – 2020	2021
Note 1	53 – 43 Punkte	53 – 45 Punkte	54 – 45 Punkte
Note 2	42 – 34 Punkte	44 – 36 Punkte	44 – 36 Punkte
Note 3	33 – 25 Punkte	35 – 27 Punkte	35 – 27 Punkte
Note 4	24 – 16 Punkte	26 – 18 Punkte	26 – 18 Punkte
Note 5	15 – 7 Punkte	17 – 9 Punkte	17 – 9 Punkte
Note 6	6 – 0 Punkte	8 – 0 Punkte	8 – 0 Punkte

Termine 2023

	Termine für die schriftliche Abschlussprüfung		
Spanisch / Tschechisch	Di	20. 06. 2023	8:30 – 11:00 Uhr
Deutsch	Mi	21. 06. 2023	8:00 – 13:00 Uhr
Französisch	Do	22. 06. 2023	8:30 – 11:00 Uhr
Englisch	Fr	23. 06. 2023	8:30 – 11:30 Uhr
andere Fremdsprachen	Fr	23. 06. 2023	8:30 – 10:30 Uhr
Mathematik I und II/III	Mo	26. 06. 2023	8:30 – 11:30 Uhr
BWL/Rechnungswesen	Di	27. 06. 2023	8:30 – 11:00 Uhr
Physik	Mi	28. 06. 2023	8:30 – 11:00 Uhr
Kunst / Ernährung und Gesundheit / Musik / Sport	Do	29. 06. 2023	8:30 – 10:00 Uhr
Sozialwesen	Do	29. 06. 2023	8:30 – 10:30 Uhr
Werken	Fr	30. 06. 2023	8:30 – 10:00 Uhr

Hinweis: Die angegebenen Zeiträume entsprechen nicht der Prüfungsdauer, sondern geben nur den Zeitrahmen an, innerhalb dessen die Prüfung durchzuführen ist. Die genaue Prüfungsdauer für Mathematik findest du im Abschnitt „Aufbau und Ablauf der Prüfung".

Sollten nach Erscheinen dieses Bandes noch wichtige Änderungen in der Abschlussprüfung 2023 vom Bayerischen Staatsministerium für Unterricht und Kultus bekannt gegeben werden, findest du aktuelle Informationen dazu unter www.stark-verlag.de/mystark (Zugangscode vgl. Umschlaginnenseite).

ÜBUNGSAUFGABEN

Daten und Zufall

1.0 Amira, Karl und Stefan besitzen baugleiche Zahlenschlösser. Ein Zahlenschloss besteht aus vier Ringen, auf denen jeweils die Ziffern von 1 bis 6 stehen.

1.1 Bestimmen Sie, wie viele verschiedene Zahlenkombinationen bei einem solchen Zahlenschloss insgesamt möglich sind.

1.2 In Amiras Kombination sind die Ziffern alle verschieden.

Bestimmen Sie, wie viele verschiedene Zahlenkombinationen dafür infrage kommen.

1.3 Karl erinnert sich, dass seine Kombination vorwärts und rückwärts gelesen gleich war (z. B. 1661).

Bestimmen Sie, wie viele mögliche Kombinationen es dafür gibt.

1.4 Stefan behauptet, dass in seiner Kombination nur die Ziffern 3 und 5 vorkommen.

Bestimmen Sie, wie viele verschiedene Kombinationen hierfür möglich sind.

2 Zur Darstellung eines Bits benutzt man die Ziffern 1 oder 0. Ein Byte besteht aus acht Bit, also z. B. „0110 1001".

Bestimmen Sie, wie viele Kombinationen man mit einem Byte darstellen kann.

3.1 Ermitteln Sie, wie viele Möglichkeiten es gibt, die Buchstaben von „WORT" unterschiedlich anzuordnen.

3.2 Bestimmen Sie, wie viele Möglichkeiten es gibt, die Buchstaben von „PAPA" unterschiedlich anzuordnen.

Geben Sie alle Möglichkeiten in einem Baumdiagramm an.

3.3 Bestimmen Sie, wie viele Möglichkeiten es gibt, die Buchstaben von „HALLO" unterschiedlich anzuordnen.

4.0 Das lateinische Alphabet besteht aus insgesamt 26 Buchstaben. Es sollen zweisilbige „Wörter“ aus je genau einem Vokal (V) und genau einem Konsonanten (K) gebildet werden. Dabei sollen nur folgende Anordnungen erlaubt sein:
KVKV, VKVK und VKKV

4.1 Der Vokal ist ein E und der Konsonant ein L.

Geben Sie alle erlaubten „Wörter“ an.

4.2 Ermitteln Sie, wie viele mögliche „Wörter“ es ohne die Einschränkung aus Teilaufgabe 4.1 insgesamt gibt.

5 Bei einer Verlosung wird mit dem Slogan „Jedes zweite Los gewinnt“ geworben.

Kreuzen Sie die Aussagen an, die gleichbedeutend sind.

- ☐ Die Gewinnchance ist fifty-fifty.
- ☐ Die Wahrscheinlichkeit für einen Gewinn beträgt 50 %.
- ☐ Das Verhältnis von Gewinnlosen zu Nieten ist 1 : 1.
- ☐ Die Gewinnchance ist $\frac{1}{3}$.

6 Bei einer Verlosung wird mit dem Slogan „Jedes fünfte Los gewinnt“ geworben.

Kreuzen Sie die Aussagen an, die gleichbedeutend sind.

- ☐ Die Gewinnchance ist 1 : 5.
- ☐ Die Gewinnchance ist 1 : 4.
- ☐ Auf einen Gewinn fallen vier Nieten.
- ☐ Die Wahrscheinlichkeit für einen Gewinn beträgt 25 %.
- ☐ Die Wahrscheinlichkeit für einen Gewinn beträgt 20 %.
- ☐ Die Wahrscheinlichkeit für einen Gewinn beträgt 5 %.

7.0 Es wird dreimal mit einem Spielwürfel, der die Augenzahlen „1“ bis „6“ besitzt, gewürfelt.

7.1 Bestimmen Sie die Wahrscheinlichkeit, dass dreimal die „6“ erscheint.

7.2 Bestimmen Sie die Wahrscheinlichkeit, dass dreimal die gleiche Zahl gewürfelt wird.

7.3 Bestimmen Sie die Wahrscheinlichkeit, dass nur unterschiedliche Zahlen erscheinen.

8.0 Es wird dreimal mit einem Spielwürfel, der die Augenzahlen „1“ bis „6“ besitzt, gewürfelt.

8.1 Ermitteln Sie, wie hoch die Wahrscheinlichkeit ist, dass nur gerade Zahlen gewürfelt werden.

8.2 Die erste gewürfelte Zahl ist eine „3“ und die Summe der gewürfelten Zahlen soll genau 10 ergeben.

Geben Sie alle Möglichkeiten an.

9.0 Eine Pralinenfabrik stellt sowohl Pralinen mit dunklem Schokoüberzug als auch Pralinen mit weißem Schokoüberzug her. Als Füllungen werden entweder Kakao- oder Vanillecreme verwendet.
In dieser Woche werden insgesamt 2 000 Pralinen hergestellt. Davon haben 700 eine Vanillefüllung. Von den 1 250 Pralinen mit dunklem Schokoüberzug haben 950 eine Kakaofüllung.

9.1 Tragen Sie die gegebenen Werte in die folgende Vierfeldertafel ein und vervollständigen Sie diese.

absolute Häufigkeiten	Kakaofüllung	Vanillefüllung	gesamt
dunkler Schokoüberzug			
weißer Schokoüberzug			
gesamt			

9.2 Fertigen Sie hierzu eine Vierfeldertafel mit den relativen Häufigkeiten in Prozent an.

9.3 In der Woche zuvor waren die Anteile anders. Von den relativen Häufigkeiten ist noch bekannt:

relative Häufigkeiten	Kakaofüllung	Vanillefüllung	gesamt
dunkler Schokoüberzug		0,56	0,64
weißer Schokoüberzug			
gesamt	0,2		

Tragen Sie die fehlenden Werte in die Vierfeldertafel ein.

9.4 Aus der Produktion von Teilaufgabe 9.3 wird zufällig eine Praline ausgewählt. Vervollständigen Sie die Sätze.

80 % ist die Wahrscheinlichkeit, dass …

36 % ist die Wahrscheinlichkeit, dass …

12 % ist die Wahrscheinlichkeit, dass …

$\frac{1}{3}$ ist die Wahrscheinlichkeit, dass …

10.0 In einem kleinen bayerischen Dorf mit 500 Haushalten besitzen 300 eine Photovoltaikanlage. 25 der Haushalte mit Photovoltaikanlage und 50 der Haushalte ohne Photovoltaikanlage betreiben eine Landwirtschaft.

10.1 Fertigen Sie hierzu eine Vierfeldertafel mit den absoluten Häufigkeiten an.

10.2 Bei einer Umfrage werden zufällig Haushalte aus dem Dorf ausgewählt.

Geben Sie im Folgenden die Wahrscheinlichkeiten in Prozent an. Runden Sie dabei auf eine Stelle nach dem Komma.

a) Wie hoch ist die Wahrscheinlichkeit, dass ein Haushalt mit Landwirtschaft ausgewählt wird?

b) Wie hoch ist die Wahrscheinlichkeit, dass ein Haushalt mit Photovoltaikanlage ausgewählt wird?

c) Wie hoch ist die Wahrscheinlichkeit, dass ein Haushalt ohne Landwirtschaft und ohne Photovoltaikanlage ausgewählt wird?

d) Wie hoch ist die Wahrscheinlichkeit, dass ein Haushalt mit Landwirtschaft und Photovoltaikanlage ausgewählt wird?

10.3 Ein zufällig ausgewählter Haushalt ohne Photovoltaikanlage wird befragt.

Geben Sie die Wahrscheinlichkeit an, mit der dieser Haushalt keine Landwirtschaft betreibt.

10.4 Ein zufällig ausgewählter Haushalt mit Landwirtschaft wird befragt.

Geben Sie die Wahrscheinlichkeit an, mit der dieser Haushalt keine Photovoltaikanlage besitzt.

10.5 Fertigen Sie ein Baumdiagramm an, in dem alle Wahrscheinlichkeiten ersichtlich sind. Dabei soll auf der ersten Stufe zwischen Haushalten mit und ohne Photovoltaikanlage unterschieden werden. Geben Sie auch die Wahrscheinlichkeiten am Ende der Pfade an.

11.0 Die 240 Schülerinnen und Schüler der neunten und zehnten Klassen einer Realschule messen sich im Elfmeterschießen. Sie schießen genau einmal aufs Tor. Folgendes Baumdiagramm zeigt auf der ersten Stufe die Anteile an Schülerinnen und Schülern aus den neunten bzw. zehnten Klassen. Auf der zweiten Stufe sind für die beiden Klassenstufen jeweils die Anteile angegeben, mit denen ein Tor bzw. kein Tor erzielt wurde.

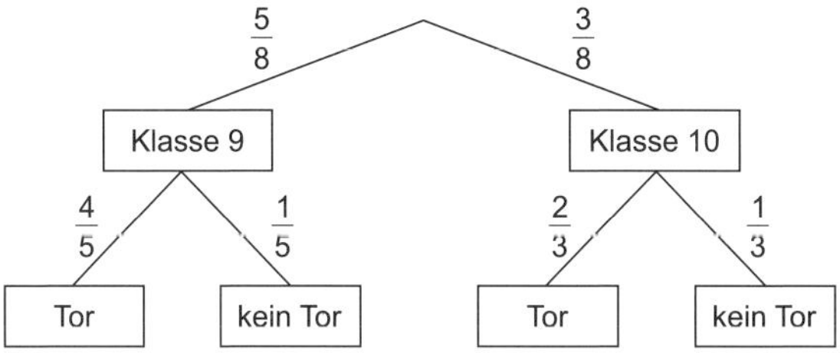

11.1 Bestimmen Sie, wie viele Schülerinnen und Schüler in den neunten Klassen sind.

11.2 Bestimmen Sie, wie viele Treffer die neunten Klassen insgesamt erzielten.

11.3 Bestimmen Sie, wie viele Treffer die zehnten Klassen insgesamt erzielten.

11.4 Die Lokalpresse führt im Anschluss an den Wettbewerb ein Interview durch und wählt zufällig eine Schülerin oder einen Schüler aus.

a) Berechnen Sie die Wahrscheinlichkeit, dass der oder die Befragte ein Tor erzielt hat und in der zehnten Klasse ist.

b) Berechnen Sie die Wahrscheinlichkeit, dass der oder die Befragte ein Tor erzielt hat und in der neunten Klasse ist.

11.5 Erstellen Sie zum Baumdiagramm aus 11.0 die entsprechende Vierfeldertafel mit den absoluten Häufigkeiten

11.6 Unter den Schülerinnen und Schülern, die einen Elfmeter verwandelt haben, wird per Losverfahren ein Preis vergeben.

Bestimmen Sie die Wahrscheinlichkeit, dass eine Schülerin oder ein Schüler aus der zehnten Klasse gewinnt. Runden Sie auf eine Stelle nach dem Komma.

12 Für 1 dm^3 Kupfer erhält man ca. 35 €. Erich berechnet den Kupferwert eines Kabels mit einem Durchmesser von 6 mm und einer Länge von 100 m. Der Kupferwert beträgt in etwa:

☐ 1 € ☐ 10 € ☐ 100 € ☐ 1 000 €

Kreuzen Sie den passendsten Wert an.

13 Ein Wasserhahn tropft 20 Mal pro Minute, wobei ca. 10 Tropfen ein Wasservolumen von 1 cm^3 ergeben. Jürgen berechnet den täglichen Verlust durch den tropfenden Wasserhahn.

Kreuzen Sie an, welche Schätzung am besten ist.

☐ ca. 0,03 Liter ☐ ca. 0,3 Liter
☐ ca. 3 Liter ☐ ca. 30 Liter

14 Ein Weihnachtsbaum ist etwa 2 m hoch.

Schätzen Sie ab, wie viele dm^3 Holz der Stamm ergibt. Geben Sie dabei an, auf welchen Annahmen Ihre Schätzung basiert.

15 Aus einem 2-Liter-Behälter mit Schokoeis werden Eiskugeln portioniert.

Schätzen Sie ab, wie viele „Standard“-Kugeln Eis man erhält. Geben Sie dabei an, auf welchen Annahmen Ihre Schätzung basiert.

16 Für die Erwärmung von 1 Liter Wasser um 10 °C zahlt man in etwa 0,5 Cent.

Schätzen Sie ab, wie hoch die Energiekosten für ein Bad in einer Badewanne sind, wenn das Wasser um 20°C erwärmt werden muss. Geben Sie dabei an, auf welchen Annahmen Ihre Schätzung basiert.

17 Ein Fluggerät legt konstant 100 km pro Stunde zurück und umfliegt die Erde genau über dem Äquator. Wie viele Tage ist das Fluggerät für eine Erdumkreisung unterwegs, wenn es dafür 40 500 km zurücklegt?

Kreuzen Sie das passendste Ergebnis an.

☐ ca. 7 Tage ☐ ca. 17 Tage
☐ ca. 170 Tage ☐ ca. 1 700 Tage

18 Wie viel Geld müsste man bei einem jährlichen Zinssatz von 5 % anlegen, um täglich 1 € zu verdienen?

Kreuzen Sie das passendste Ergebnis an.

☐ ca. 7 300 € ☐ ca. 73 000 €
☐ ca. 730 000 € ☐ ca. 7 300 000 €

19.0 Die nach oben geöffnete Normalparabel p_1 hat den Scheitelpunkt $S_1(2|-3)$.
Die nach unten geöffnete Normalparabel p_2 hat den Scheitelpunkt $S_2(3|2)$.
Die nach unten geöffnete Normalparabel p_3 hat die Nullstellen –2 und 4.
Die nach oben geöffnete Normalparabel p_4 verläuft durch die Punkte $P_4(-2|7)$ und $Q_4(3|-8)$.

19.1 Ermitteln Sie die Funktionsgleichungen zu den Parabeln p_1, p_2, p_3 und p_4 in Normalform ($x \in \mathbb{R}$; $y \in \mathbb{R}$).
[Ergebnisse: p_1: $y = x^2 - 4x + 1$; p_2: $y = -x^2 + 6x - 7$; p_3: $y = -x^2 + 2x + 8$;
p_4: $y = x^2 - 4x - 5$]

19.2 Berechnen Sie die Koordinaten der Schnittpunkte von p_1 mit p_2 sowie die x-Koordinate des Schnittpunktes von p_2 mit p_3.

19.3 Berechnen Sie die Koordinaten der Scheitelpunkte der Parabeln p_3 und p_4.

19.4 Berechnen Sie die Koordinaten des Schnittpunktes der Parabel p_1 mit der y-Achse.

19.5 Berechnen Sie die Nullstellen der Parabel p_4.

19.6 Zeichnen Sie die Parabel p_5 mit der Gleichung $y = 0{,}5(x-1)^2 - 2$ und die Parabel p_6 mit der Gleichung $y = -0{,}25(x-1)^2 + 4$ in ein Koordinatensystem.
Für die Zeichnung: Längeneinheit 1 cm; $-4 \leq x \leq 6$ und $-3 \leq y \leq 7$

20.0 Gegeben ist die Funktion f mit der Gleichung $y = 0{,}5x + 2$ ($x \in \mathbb{R}$ und $y \in \mathbb{R}$).

20.1 Zeichnen Sie den Graphen zu f für $-1 \leq x \leq 10$ in ein Koordinatensystem.
Für die Zeichnung: Längeneinheit 1 cm; $-1 \leq x \leq 10$ und $-3 \leq y \leq 8$

20.2 Die Punkte $A(0|1)$ und $D_n(x|0{,}5x+2)$ sind für $x > 0$ Eckpunkte von Rauten $AB_nC_nD_n$. Die Diagonalenschnittpunkte M_n der Rauten besitzen dieselbe Abszisse x wie die Punkte D_n und für ihre Koordinaten gilt $M_n(x|1)$.
Zeichnen Sie die Rauten $AB_1C_1D_1$ für $x = 3$ und $AB_2C_2D_2$ für $x = 4{,}5$ mit den Punkten M_1 und M_2 in das Koordinatensystem zu Teilaufgabe 20.1 ein.

20.3 Ermitteln Sie den Flächeninhalt der Rauten $AB_nC_nD_n$ in Abhängigkeit von x.

20.4 Die Raute $AB_3C_3D_3$ ist ein Quadrat.
Berechnen Sie den zugehörigen Wert für x.

20.5 Für die Raute $AB_4C_4D_4$ gilt: Die Steigung der Geraden AB_4 ist –2.
Berechnen Sie den zugehörigen Wert für x.

20.6 Das Verhältnis der Streckenlängen $|\overline{AM_5}| : |\overline{B_5D_5}|$ beträgt $\frac{1}{2}\sqrt{3}$.
Begründen Sie, dass für das Maß des Winkels B_5AD_5 gilt: $\sphericalangle B_5AD_5 = 60°$

21.0 In der nebenstehenden Zeichnung sind die Normalparabel p und das Quadrat $AB_1C_1D_1$ dargestellt. Punkte B_n liegen auf der Normalparabel, wobei keiner der Punkte B_n unterhalb der x-Achse liegt. Der Punkt $A(4\,|\,1)$ und der Punkt B_n legen Quadrate $AB_nC_nD_n$ fest.

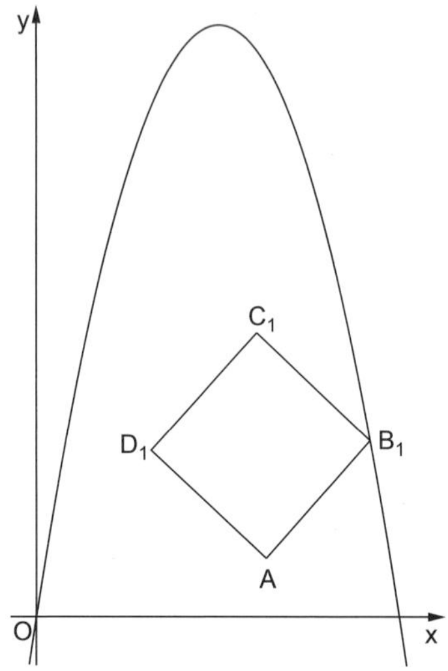

21.1 Eine der drei folgenden Funktionsgleichungen

p_1: $y = -x^2 + 6{,}35x + 7$

p_2: $y = x^2 - 6{,}35x$

p_3: $y = -x^2 + 6{,}35x$

beschreibt näherungsweise die Parabel.

Nennen Sie jeweils einen Grund, warum die beiden anderen Funktionsgleichungen nicht zu der dargestellten Parabel passen.

21.2 Bei zwei Quadraten hat die y-Koordinate der Punkte B_n den Wert 0.

Zeichnen Sie die beiden Quadrate in die Zeichnungen zu Teilaufgabe 21.0 und berechnen Sie den Flächeninhalt des größeren Quadrates.

21.3 Der Flächeninhalt A(x) der Quadrate $AB_nC_nD_n$ in Abhängigkeit der Abszisse x der Punkte B_n lässt sich grafisch darstellen. Nur eine der folgenden grafischen Darstellungen a, b oder c beschreibt näherungsweise die Änderung des Flächeninhalts A(x).

Wählen Sie die richtige Darstellung aus und begründen Sie Ihre Wahl.

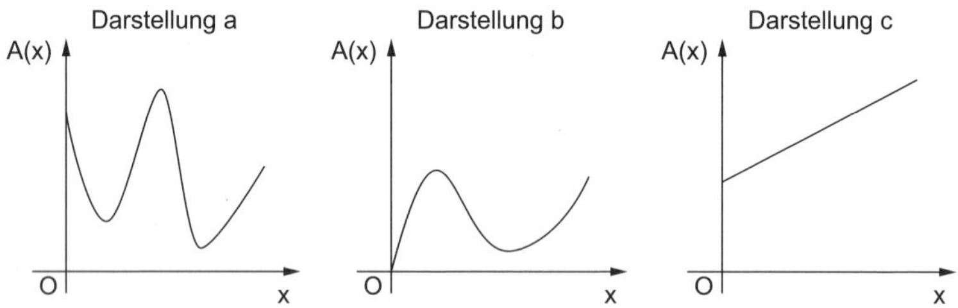

21.4 Geben Sie an, wie viele Quadrate $AB_nC_nD_n$ es gibt, sodass die Seiten $\overline{AD_n}$ parallel zur y-Achse liegen. Begründen Sie Ihre Antwort.

22.0 Die Parabel p besitzt den Scheitel $S(2|-1)$. Sie hat eine Gleichung der Form $y = 0{,}5x^2 + bx + c$ ($x \in \mathbb{R}$; $y \in \mathbb{R}$) mit $b, c \in \mathbb{R}$.
Die Gerade g hat die Gleichung $y = 0{,}5x + 1$ ($x \in \mathbb{R}$; $y \in \mathbb{R}$).

22.1 Zeigen Sie rechnerisch, dass für die Gleichung der Parabel p gilt:
$y = 0{,}5x^2 - 2x + 1$

22.2 Zeigen Sie rechnerisch, dass die Punkte $A(0|1)$ und $C(5|3{,}5)$ die Schnittpunkte der Parabel p mit der Geraden g sind.

22.3 Punkte $B_n(x|0{,}5x^2 - 2x + 1)$ auf der Parabel p sind mit den Punkten $A(0|1)$ und $C(5|3{,}5)$ Eckpunkte von Drachenvierecken AB_nCD_n mit der Geraden g als Symmetrieachse. Die Parabel p und die Gerade g sind im nachfolgenden Koordinatensystem eingezeichnet.

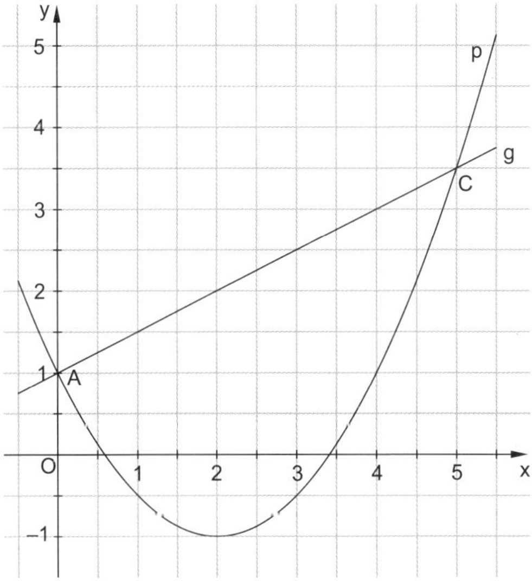

Zeichnen Sie das Drachenviereck AB_1CD_1 für $x = 3$ in das Koordinatensystem ein und geben Sie das Intervall für x an, für das es Drachenvierecke AB_nCD_n gibt.

22.4 Zeigen Sie durch Rechnung, dass das Drachenviereck AB_1CD_1 bei B_1 rechtwinklig ist.

22.5 Im Drachenviereck AB_2CD_2 verläuft die Seite $\overline{AB_2}$ parallel zur x-Achse.
Bestimmen Sie rechnerisch die Koordinaten des Punktes B_2 und berechnen Sie den Flächeninhalt des Drachenvierecks AB_2CD_2.

22.6 Bestätigen Sie rechnerisch, dass für den Flächeninhalt A der Drachenvierecke AB_nCD_n in Abhängigkeit von der Abszisse x der Punkte B_n gilt:
$A(x) = (-2{,}5x^2 + 12{,}5x)$ FE

22.7 Unter den Drachenvierecken AB_nCD_n gibt es die Raute AB_3CD_3.
Zeichnen Sie die Raute AB_3CD_3 mit dem Diagonalenschnittpunkt M_3 in das Koordinatensystem zu 22.3 ein.
Ermitteln Sie sodann durch Rechnung die Gleichung der Geraden M_3B_3.
[Teilergebnis: $M_3(2{,}5 \,|\, 2{,}25)$]

23.0 Unter gleichbleibenden Bedingungen kann das Wachstum einer Pilzkultur von der Masse 1 g durch die Funktion f mit der Gleichung $y = 2^{0{,}25x}$ beschrieben werden ($x \in \mathbb{R}_0^+$ und $y \in \mathbb{R}^+$). Dabei steht x für die Anzahl der Tage und y für die Maßzahl der Masse in g der nach x Tagen vorhandenen Pilzkultur.

23.1 Erstellen Sie zur Funktion f eine Wertetabelle für $x \in [0; 16]$ mit $\Delta x = 4$ und zeichnen Sie den Graphen zu f in ein Koordinatensystem.
Für die Zeichnung: auf der x-Achse: 0,5 cm für 1 Tag
auf der y-Achse: 0,5 cm für 1 g
$0 \leq x \leq 16;\ 0 \leq y \leq 16$

23.2 Geben Sie an, um wie viel Prozent die Masse der Pilzkultur nach 8 Tagen zugenommen hat.

23.3 Berechnen Sie die Masse der Pilzkultur nach 24 Tagen und entnehmen Sie dem Graphen, wie viele Tage vergangen sein müssen, damit die Masse 7 g beträgt.

24.0 Ein Kondensator ist ein elektronisches Bauteil, bei dem der Entladevorgang über einen Widerstand dadurch gekennzeichnet ist, dass die Stromstärke in Abhängigkeit von der Zeit durch eine Exponentialfunktion beschrieben werden kann.
Beim Kondensator 1 beträgt die Stromstärke zu Beginn des Entladens 400 mA (Milliampere). Beim Entladen lässt sich die Stromstärke y mA nach x Sekunden näherungsweise durch die Funktion
$f\colon y = 400 \cdot 0{,}75^x$ (mit $x \in \mathbb{R}_0^+$ und $y \in \mathbb{R}^+$)
bestimmen.

24.1 Zeichnen Sie mithilfe der folgenden Wertetabelle (in der auf Ganze gerundet wurde) den Graphen der Funktion f in das nachfolgende Koordinatensystem.

x	0	1	2	3	4	5	6	7	8
$y = 400 \cdot 0{,}75^x$	400	300	225	169	127	95	71	53	40

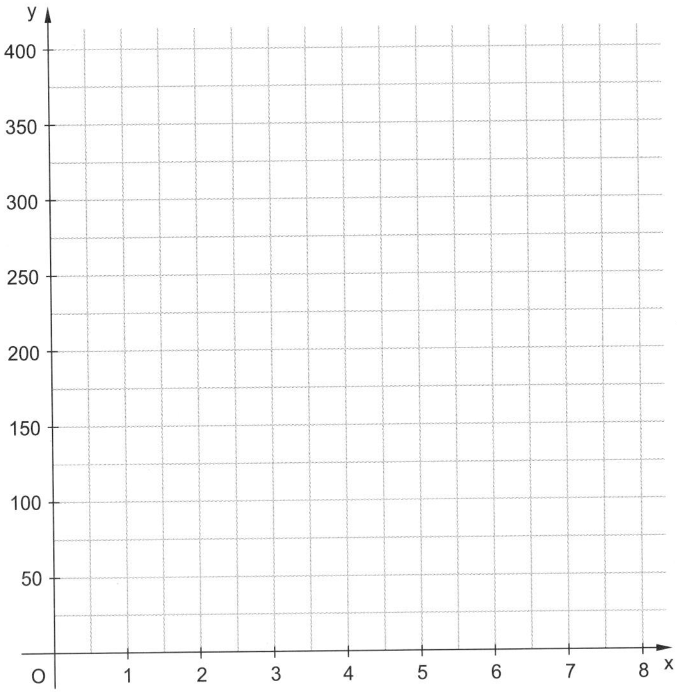

24.2 Geben Sie an, um wie viele Milliampere die Stromstärke beim Kondensator 1 nach der ersten Sekunde abgenommen hat.

24.3 Kreuzen Sie an, wie viel Prozent die Abnahme der Stromstärke beim Kondensator 1 pro Sekunde beträgt.

☐ 7,5 % ☐ 10 % ☐ 25 % ☐ 75 %

24.4 Ermitteln Sie mithilfe des Graphen der Funktion f, nach welcher Zeit sich die beim Kondensator 1 zu Beginn vorliegende Stromstärke halbiert hat.

24.5 Ermitteln Sie mithilfe des Graphen der Funktion f, nach welcher Zeit die Stromstärke beim Kondensator 1 im Vergleich zum Anfangswert um 300 mA abgenommen hat.
Begründen Sie mithilfe des exponentiellen Entladevorgangs, dass diese Zeit das Doppelte der Zeit aus Teilaufgabe 23.4 ist.

24.6 Beim Kondensator 2 beträgt die Stromstärke zu Beginn des Entladens 500 mA und sie nimmt pro Sekunde um 30 % ab.

Geben Sie die entsprechende Funktionsgleichung an.

25 Die Länge der Diagonale eines Quadrates beträgt 10 cm. Berechnen Sie den Flächeninhalt des Quadrates.

26 Nebenstehende Zeichnung zeigt ein Quadrat ABCD, dem die gleichschenkligen Dreiecke ABE und CDF einbeschrieben sind.

Geben Sie die Fläche der grauen Figur an, wenn die Seitenlänge des Quadrates 4 LE beträgt.

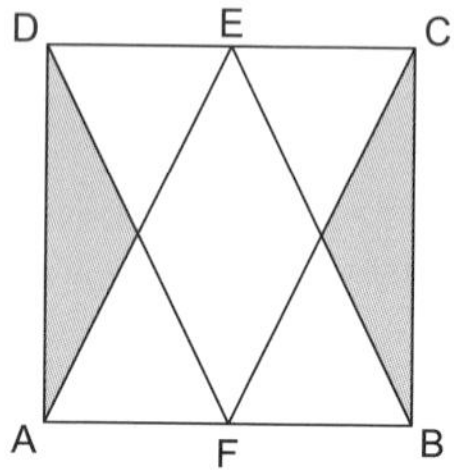

27.1 Zeigen Sie, dass für den Umfang u der grauen Figur gilt:
$u = 4\pi$ LE

27.2 Zeigen Sie, dass für den Flächeninhalt A der grauen Figur gilt:
$A = (8 - \pi)$ FE

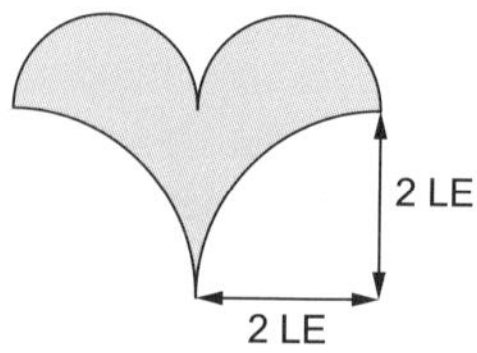

28.1 Alle Dreiecke der nebenstehenden Figur sind gleichschenklig-rechtwinklig.

Geben Sie den Flächeninhalt des Dreiecks ABC an, wenn die Katheten der kleinsten Dreiecke jeweils 2 cm lang sind.

28.2 Die Katheten der kleinsten Dreiecke sind nun 6 cm lang.

Ermitteln Sie, um welchen Faktor der Flächeninhalt des Dreiecks ABC in der neuen Figur größer ist als der in Teilaufgabe 28.1 ermittelte Flächeninhalt.

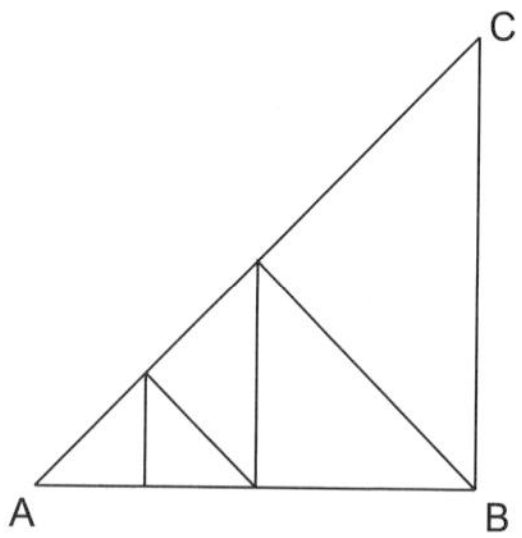

29.0 Nebenstehende Skizze zeigt das gleichschenklige Trapez ABCD. Die Seiten $\overline{AB}$ und $\overline{CD}$ sind zueinander parallel. Die Höhe des Trapezes ist genauso lang wie die kürzere Seite $\overline{CD}$. Die Schenkel des Trapezes sind jeweils 4 cm lang. Das Maß der Basiswinkel BAD und CBA beträgt jeweils 60°.

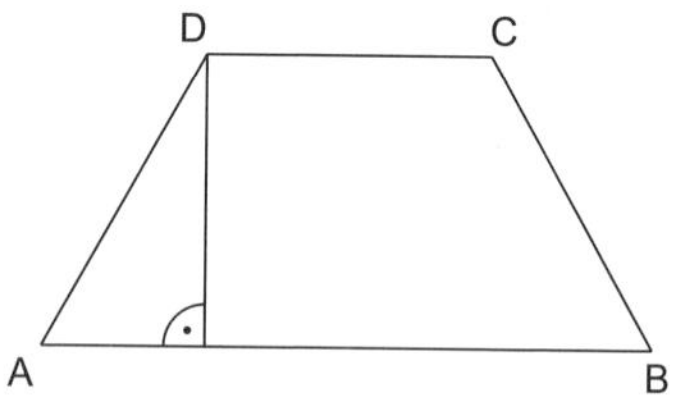

29.1 Zeichnen Sie das Trapez ABCD.

29.2 Bestimmen Sie den Umfang und den Flächeninhalt des Trapezes ABCD.

30.0 Die nachfolgende Zeichnung zeigt das Trapez ABCD mit $\overline{AB} \parallel \overline{CD}$.
Es gilt: $|\overline{AB}| = 8$ cm; $|\overline{CD}| = 4$ cm; $|\overline{AL}| = 3$ cm; $|\overline{DL}| = 4$ cm

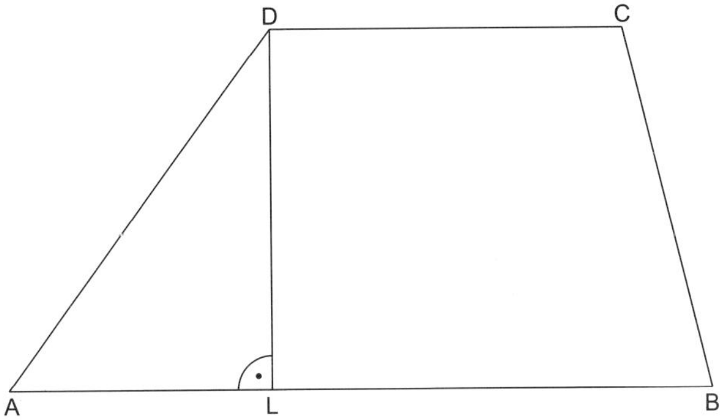

30.1 Durch Verlängern der Seite $\overline{AB}$ über B hinaus um x cm und gleichzeitiges Verkürzen der Strecke $\overline{DL}$ von D aus um x cm entstehen für $x \in \mathbb{R}$; $x \in]0; 4[$ Trapeze $AB_nC_nD_n$ mit $\overline{A_nB_n} \parallel \overline{C_nD_n}$ und $|\overline{C_nD_n}| = 4$ cm.
Zeichnen Sie das Trapez $AB_1C_1D_1$ für $x = 1$ in die Zeichnung zu 30.0 ein.

30.2 Ermitteln Sie den Wert für x, für den man das gleichschenklige Trapez $AB_2C_2D_2$ erhält.

30.3 Berechnen Sie den Flächeninhalt A der Trapeze $AB_nC_nD_n$ in Abhängigkeit von x.
[Ergebnis: $A(x) = (-0{,}5x^2 - 4x + 24)$ cm²]

30.4 Begründen Sie rechnerisch, dass es unter den Trapezen $AB_nC_nD_n$ für $x \in]0; 4[$ kein Trapez mit einem Flächeninhalt von 24 cm² gibt.

31 Ein quaderförmiger Turm hat eine quadratische Grundfläche von 64 m². Sein Dach bildet eine Pyramide, deren Spitze 3 m senkrecht über dem Schnittpunkt der Diagonalen der oberen quadratischen Turmfläche liegt (siehe nebenstehende Skizze). Die Pyramide soll mit Kupfer verkleidet werden.

Ermitteln Sie, wie viele m² Kupferblech man mindestens benötigt.

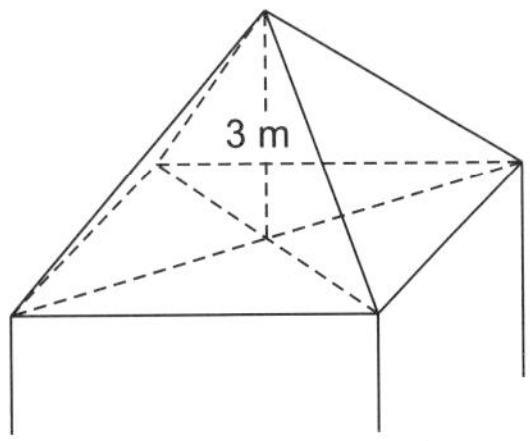

32 Eine Pyramide, deren Grundfläche ein gleichschenkliges Trapez ist, hat die Höhe 9 cm. Die parallelen Seiten des gleichschenkligen Trapezes sind 10 cm und 4 cm lang. Die Schenkel sind 5 cm lang.

Zeichnen Sie das gleichschenklige Trapez und berechnen Sie das Volumen der Pyramide.

33.0 Die nebenstehende Skizze zeigt den Axialschnitt eines Rotationskörpers mit der Rotationsachse MN.

Das Quadrat ABCD hat eine Seitenlänge von 1 cm und es gilt $|\overline{BE}| = 1\,\text{cm}$. Außerdem ist M der Mittelpunkt von $\overline{BE}$.

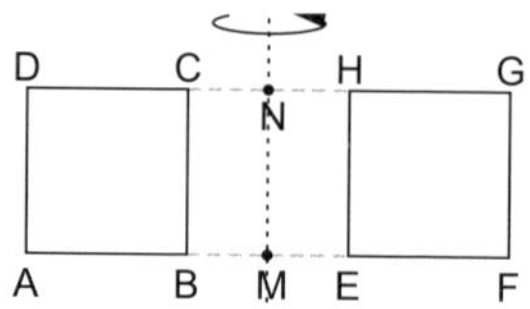

33.1 Berechnen Sie das Volumen des Rotationskörpers.

33.2 Berechnen Sie die Oberfläche des Rotationskörpers.

34.0 Die nebenstehende Skizze zeigt das konkave Drachenviereck ABCD. Die Punkte A, C und D sind die Eckpunkte eines gleichseitigen Dreiecks ACD mit der Seitenlänge $|\overline{AD}| = 6\,\text{cm}$. Die Strecke $\overline{BD}$ liegt auf der Mittelsenkrechten von $\overline{AC}$ und ist halb so lang wie die Seite $\overline{AD}$.

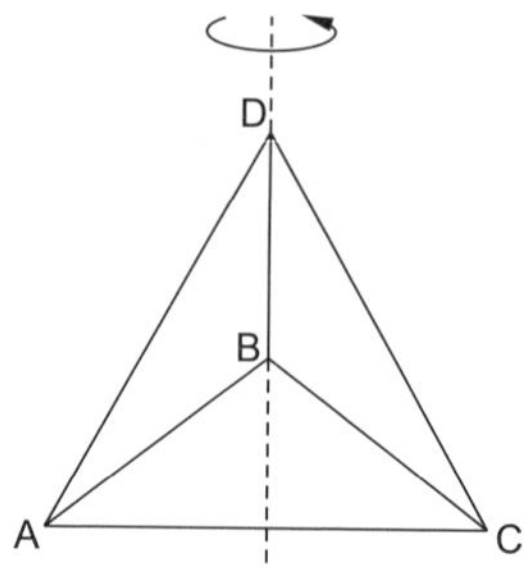

34.1 Zeichnen Sie das Viereck ABCD.

34.2 Das Dreieck ABD rotiert um die Achse BD.

Berechnen Sie das Volumen des Rotationskörpers.

35.0 Nebenstehende Skizze zeigt das Drachenviereck ABCD. Die Diagonale $\overline{AC}$ liegt auf der Symmetrieachse. Der Winkel DCB hat das Maß 120° und die Winkel CBA und ADC haben jeweils das Maß 90°. Die Seite $\overline{BC}$ ist 3 cm lang.

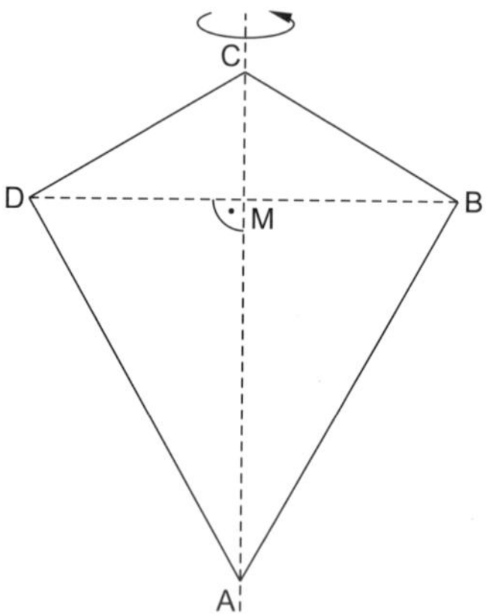

35.1 Zeichnen Sie das Drachenviereck ABCD mit dem Diagonalenschnittpunkt M.

35.2 Zeigen Sie, dass das Dreieck ABD gleichseitig ist.

35.3 Das Drachenviereck ABCD rotiert um die Symmetrieachse AC.

Berechnen Sie das Volumen des Rotationskörpers.

36.0 Die Zeichnung zeigt die Pyramide ABCS. Das rechtwinklige Dreieck ABC mit der Hypotenuse $\overline{BC}$ ist die Grundfläche dieser Pyramide. Die Spitze S liegt senkrecht über dem Punkt A. Es gilt:
$|\overline{AC}| = 8$ cm; $|\overline{AB}| = 5$ cm; $|\overline{AS}| = 6$ cm
In der Zeichnung gilt: $q = 0{,}5$; $\omega = 45°$

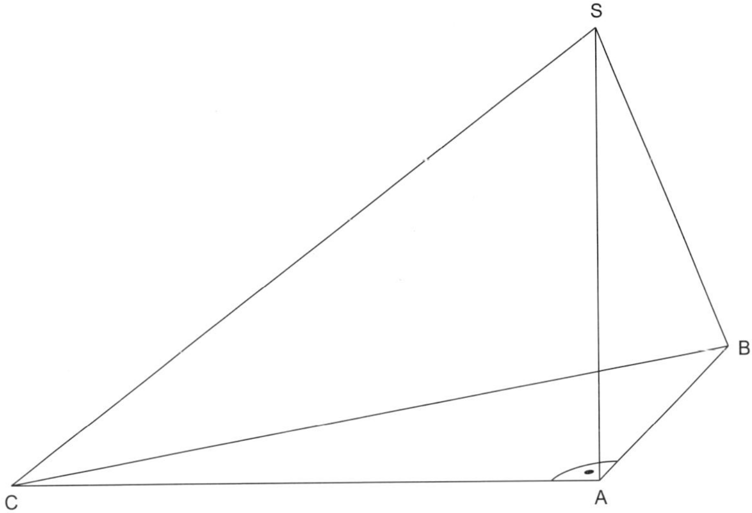

36.1 Berechnen Sie die Länge der Strecke $\overline{CS}$.
[Ergebnis: $|\overline{CS}| = 10$ cm]

36.2 Punkte F_n auf der Strecke $\overline{AC}$ mit $|\overline{AF_n}|(x) = x$ cm, wobei $x \in \mathbb{R}$ und $0 < x < 8$, sind Eckpunkte von Rechtecken $AD_nE_nF_n$ mit $D_n \in \overline{AB}$ und $E_n \in \overline{BC}$.
Zeichnen Sie das Rechteck $AD_1E_1F_1$ für $x = 4$ in das Schrägbild zu 36.0 ein. Berechnen Sie sodann die Länge der Strecken $\overline{E_nF_n}$ in Abhängigkeit von x.
[Ergebnis: $|\overline{E_nF_n}|(x) = \left(5 - \frac{5}{8}x\right)$ cm]

36.3 Ermitteln Sie rechnerisch den Wert für x, für den man das Quadrat $AD_0E_0F_0$ erhält.

36.4 Berechnen Sie den Flächeninhalt A der Rechtecke $AD_nE_nF_n$ in Abhängigkeit von x und bestimmen Sie sodann den Wert für x, für den der Flächeninhalt der Rechtecke $AD_nE_nF_n$ maximal wird. Geben Sie den zugehörigen Flächeninhalt A_{max} an.

36.5 Der Punkt P liegt auf der Strecke $\overline{CS}$ mit $|\overline{PS}| = 2$ cm. P ist die Spitze von Pyramiden $AD_nE_nF_nP$ mit den Rechtecken $AD_nE_nF_n$ als Grundflächen und der Höhe h.

Zeichnen Sie die Pyramide $AD_1E_1F_1P$ und die Höhe h in das Schrägbild zu 36.0 ein.

36.6 Berechnen Sie die Länge der Pyramidenhöhe h.

36.7 Unter den Pyramiden $AD_nE_nF_nP$ gibt es eine mit maximalem Volumen.

Geben Sie den zugehörigen Wert für x und das maximale Volumen V_{max} an.

1.1 Man hat für jeden der 4 Ringe 6 Möglichkeiten.

Es gibt also $6 \cdot 6 \cdot 6 \cdot 6 = 1\,296$ Möglichkeiten.

TIPP
```
36 · 36
108
 216
1296
```

1.2 Da die Kombination aus 4 unterschiedlichen Ziffern besteht, hat man für den ersten Ring 6 Möglichkeiten, für den zweiten 5, für den dritten 4 und für den vierten 3.

Es gibt also $6 \cdot 5 \cdot 4 \cdot 3 = 360$ Möglichkeiten.

1.3 Durch Ring 1 ist Ring 4 festgelegt und durch Ring 2 ist Ring 3 festgelegt.

Es gibt also $6 \cdot 6 = 36$ mögliche Kombinationen.

1.4 Es gibt je Ring nun nur noch 2 mögliche Ziffern.

Somit gibt es $2 \cdot 2 \cdot 2 \cdot 2 = 16$ Möglichkeiten.

2 Je Stelle gibt es 2 Möglichkeiten.

Für ein Byte gibt es also $2^8 = 256$ Möglichkeiten.

3.1 „WORT" besteht aus 4 unterschiedlichen Buchstaben. Somit hat man für den ersten Buchstaben 4 Möglichkeiten, für den zweiten 3, für den dritten 2 und für den vierten 1.

Es gibt also $4 \cdot 3 \cdot 2 \cdot 1 = 24$ Möglichkeiten.

3.2 Würde man die Buchstaben auf Karten schreiben und von 1 bis 4 nummerieren (z. B. P_1, A_2, P_3, A_4), hätte man wie bei Teilaufgabe 3.1 insgesamt 24 Möglichkeiten, die 4 unterschiedlichen Karten anzuordnen.

Da es aber egal ist, ob Karte A_2 oder A_4 für den Buchstaben A gelegt wird, hat man nur noch halb so viele, also 12 Möglichkeiten.

Da es weiter egal ist, ob Karte P_1 oder P_3 für den Buchstaben P gelegt wird, halbiert sich die Anzahl an Möglichkeiten noch einmal.

Es gibt somit insgesamt 6 Möglichkeiten.

Baumdiagramm für die 6 Möglichkeiten:

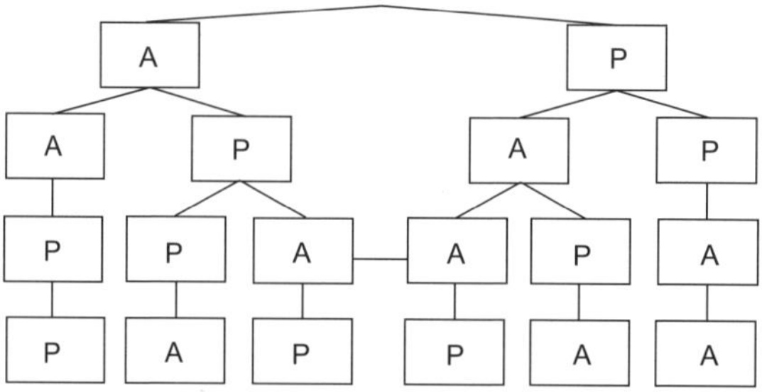

> **TIPP** Da in diesem Fall (anders als in Teilaufgabe 3.3) die Anzahl der Möglichkeiten gering ist, können diese vollständig mit einem Baumdiagramm dargestellt werden. Die Bestimmung der Anzahl wäre hier also auch direkt mit dem Baumdiagramm möglich.

3.3 Würde man die Buchstaben auf Karten schreiben und von 1 bis 5 nummerieren (z. B. H_1, A_2, L_3, L_4, O_5), hätte man insgesamt
$5 \cdot 4 \cdot 3 \cdot 2 \cdot 1 = 120$ Möglichkeiten.

Da es aber egal ist, ob L_3 oder L_4 bei L erscheint, halbiert sich die Anzahl an Möglichkeiten.

Es gibt somit insgesamt 60 Möglichkeiten.

4.1 LELE; ELEL; ELLE

4.2 Es gibt 5 Vokale (A, E, I, O, U). Die restlichen 21 Buchstaben sind Konsonanten. Da jeweils 3 Kombinationen (KVKV, VKVK und VKKV) erlaubt sind, gibt es $5 \cdot 21 \cdot 3 = 315$ mögliche „Wörter“.

5 ☒ Die Gewinnchance ist fifty-fifty.

☒ Die Wahrscheinlichkeit für einen Gewinn beträgt 50 %.

☒ Das Verhältnis von Gewinnlosen zu Nieten ist 1 : 1.

6 ☒ Die Gewinnchance ist 1 : 4.

☒ Auf einen Gewinn fallen vier Nieten.

☒ Die Wahrscheinlichkeit für einen Gewinn beträgt 20 %.

7.1 Die gesuchte Wahrscheinlichkeit beträgt:

$$\frac{1}{6}\cdot\frac{1}{6}\cdot\frac{1}{6}=\frac{1}{216}$$

7.2 Es gibt 6 Möglichkeiten, 3 Mal die gleiche Zahl zu würfeln (entweder 3 Mal die „1" oder 3 Mal die „2" etc.). In jedem dieser 6 Fälle wird die Wahrscheinlichkeit wie in Teilaufgabe 7.1 berechnet.

Die gesuchte Wahrscheinlichkeit beträgt also:

$$6\cdot\frac{1}{6}\cdot\frac{1}{6}\cdot\frac{1}{6}=\frac{1}{36}$$

7.3 Beim ersten Würfeln sind alle 6 Augenzahlen möglich (Faktor $\frac{6}{6}$).

Beim zweiten Würfeln sind nur noch die 5 Augenzahlen erlaubt, die beim ersten Würfeln nicht fielen (Faktor $\frac{5}{6}$).

Beim dritten Würfeln sind nur noch die 4 Augenzahlen erlaubt, die bei den ersten beiden Würfen nicht fielen (Faktor $\frac{4}{6}$).

Die gesuchte Wahrscheinlichkeit beträgt also:

$$\frac{6}{6}\cdot\frac{5}{6}\cdot\frac{4}{6}=\frac{20}{36}=\frac{5}{9}$$

8.1 Von 1 bis 6 gibt es 3 gerade Zahlen. Die Wahrscheinlichkeit, dass bei einem Wurf eine gerade Zahl fällt, ist also $\frac{3}{6}$.

Die Wahrscheinlichkeit, dass bei 3 Würfen nur gerade Zahlen fallen, beträgt somit:

$$\frac{3}{6}\ \frac{3}{6}\ \frac{3}{6}=\frac{1}{8}$$

8.2 Da der erste Wurf eine „3" ist, müssen die Zahlen des zweiten und dritten Wurfs zusammen 7 ergeben.

> **TIPP** Sind Z_2 und Z_3 die Zahlen, die beim zweiten und dritten Wurf fallen, so kann man dies mit $(Z_2 \mid Z_3)$ übersichtlich darstellen.

Es gibt folgende Möglichkeiten: $(1 \mid 6)$; $(2 \mid 5)$; $(3 \mid 4)$

Und auch die umgekehrte Reihenfolge ist möglich: $(6 \mid 1)$; $(5 \mid 2)$; $(4 \mid 3)$

Es gibt also 6 Möglichkeiten.

oder:

Beim ersten Wurf muss eine „3“ fallen. Hier gibt es somit nur eine Möglichkeit.

Beim zweiten Wurf sind alle 6 Augenzahlen möglich.

Beim dritten Wurf muss die Zahl fallen, die zusammen mit der Zahl aus dem zweiten Wurf 7 ergibt. Hier gibt es daher nur eine Möglichkeit.

Insgesamt gibt es also 6 Möglichkeiten.

9.1

absolute Häufigkeiten	Kakaofüllung	Vanillefüllung	gesamt
dunkler Schokoüberzug	950	300	1 250
weißer Schokoüberzug	350	400	750
gesamt	1 300	700	2 000

▢ gegebene absolute Häufigkeiten

9.2

relative Häufigkeiten	Kakaofüllung	Vanillefüllung	gesamt
dunkler Schokoüberzug	47,5 %	15 %	62,5 %
weißer Schokoüberzug	17,5 %	20 %	37,5 %
gesamt	65,0 %	35,0 %	100 %

TIPP Nebenrechnungen:

$\frac{950}{2\,000} = \frac{95}{200} = \frac{95}{2} \cdot \frac{1}{100} = 47{,}5\,\%$ $\qquad \frac{300}{2\,000} = \frac{30}{2} \cdot \frac{1}{100} = 15\,\%$

$\frac{1250}{2\,000} = \frac{125}{2} \cdot \frac{1}{100} = 62{,}5\,\%$ $\qquad$ usw.

9.3

relative Häufigkeiten	Kakaofüllung	Vanillefüllung	gesamt
dunkler Schokoüberzug	0,08	0,56	0,64
weißer Schokoüberzug	0,12	0,24	0,36
gesamt	0,2	0,8	1

▢ gegebene relative Häufigkeiten

9.4 80 % ist die Wahrscheinlichkeit, dass eine Praline eine Vanillefüllung hat.

36 % ist die Wahrscheinlichkeit, dass eine Praline einen weißen Schokoüberzug hat.

12 % ist die Wahrscheinlichkeit, dass eine Praline eine Kakaofüllung und einen weißen Schokoüberzug hat.

$\frac{1}{3}$ ist die Wahrscheinlichkeit, dass eine Praline mit weißem Schokoüberzug eine Kakaofüllung hat.

TIPP Die Wahrscheinlichkeit, dass eine Praline mit weißem Schokoüberzug eine Kakaofüllung hat, berechnet man mit:

$$\frac{0{,}12}{0{,}36} = \frac{12}{36} = \frac{1}{3}$$

10.1

absolute Häufigkeiten	mit Landwirtschaft	ohne Landwirtschaft	gesamt
mit Photovoltaik	25	275	300
ohne Photovoltaik	50	150	200
gesamt	75	425	500

☐ gegebene absolute Häufigkeiten

10.2 a) Von den insgesamt 500 Haushalten betreiben 75 eine Landwirtschaft. Die gesuchte Wahrscheinlichkeit beträgt somit:

$$\frac{75}{500} \cdot 100\,\% = \frac{75}{5}\,\% = 15\,\%$$

b) Von den insgesamt 500 Haushalten besitzen 300 eine Photovoltaikanlage. Die gesuchte Wahrscheinlichkeit beträgt somit:

$$\frac{300}{500} \cdot 100\,\% = \frac{300}{5}\,\% = 60\,\%$$

c) Unter den insgesamt 500 Haushalten sind 150, die weder eine Landwirtschaft betreiben noch eine Photovoltaikanlage besitzen.
Die gesuchte Wahrscheinlichkeit beträgt somit:

$$\frac{150}{500} \cdot 100\,\% = \frac{150}{5}\,\% = 30\,\%$$

d) Unter den insgesamt 500 Haushalten sind 25, die sowohl eine Landwirtschaft betreiben als auch eine Photovoltaikanlage besitzen.
Die gesuchte Wahrscheinlichkeit beträgt somit:

$$\frac{25}{500} \cdot 100\,\% = \frac{5}{100} \cdot 100\,\% = 5\,\%$$

10.3 Von den 200 Haushalten ohne Photovoltaikanlage betreiben 150 keine Landwirtschaft.
Die gesuchte Wahrscheinlichkeit beträgt somit:

$$\frac{150}{200} \cdot 100\,\% = \frac{150}{2}\,\% = 75\,\%$$

10.4 Von den 75 Haushalten mit Landwirtschaft besitzen 50 keine Photovoltaikanlage.
Die gesuchte Wahrscheinlichkeit beträgt somit:

$$\frac{50}{75} \cdot 100\,\% = \frac{2}{3} \cdot 100\,\% = 66{,}7\,\%$$

10.5

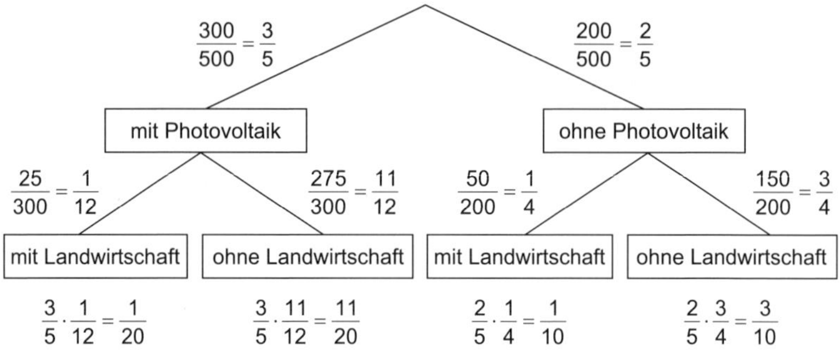

11.1 $\frac{5}{8} \cdot 240 = 5 \cdot 30 = 150$

11.2 $\frac{4}{5} \cdot 150 = 4 \cdot 30 = 120$

11.3 $\frac{3}{8} \cdot \frac{2}{3} \cdot 240 = \frac{1}{4} \cdot 240 = 60$

11.4 a) $\frac{3}{8} \cdot \frac{2}{3} = \frac{1}{4}$ bzw. 25 %

oder:
Mit dem Wert 60 aus Teilaufgabe 11.3 ergibt sich: $\frac{60}{240} \cdot 100\,\% = 25\,\%$

b) $\frac{5}{8} \cdot \frac{4}{5} = \frac{1}{2}$ bzw. 50 %

oder:
Mit dem Wert 120 aus Teilaufgabe 11.2 ergibt sich: $\frac{120}{240} \cdot 100\,\% = 50\,\%$

11.5

absolute Häufigkeiten	Klasse 9	Klasse 10	gesamt
Tor	120	60	180
kein Tor	30	30	60
gesamt	150	90	240

▢ gegebene oder bereits berechnete absolute Häufigkeiten

11.6 Gesamtzahl der Tore: 180 Anzahl der Tore durch Klasse 10: 60

Die gesuchte Wahrscheinlichkeit beträgt somit:

$$\frac{60}{180} \cdot 100\,\% = \frac{1}{3} \cdot 100\,\% = 33{,}3\,\%$$

12 ☒ 100 €

TIPP Für das Volumen des Zylinders (Kabels) mit Radius $r = 3\text{ mm} = 0{,}03\text{ dm}$ und Höhe $h = 100\text{ m} = 1\,000\text{ dm}$ gilt:

$V = r^2 \cdot \pi \cdot h$

$V = 0{,}03^2 \cdot \pi \cdot 1\,000\text{ dm}^3$

Rechnet man mit 3 als Näherungswert für π, so erhält man:

$V = 0{,}0009 \cdot 3 \cdot 1\,000\text{ dm}^3 = 0{,}0027 \cdot 1\,000\text{ dm}^3 = 2{,}7\text{ dm}^3$

Der Kupferwert eines Kabels mit einem Volumen von ungefähr 3 dm^3 beträgt also ca. $3 \cdot 35\text{ €} = 105\text{ €}$.

13 ☒ ca. 3 Liter

TIPP Verlust in einer Minute (2 Mal 10 Tropfen): 2 cm^3

Täglicher Verlust: $2 \cdot 60 \cdot 24\text{ cm}^3 = 120 \cdot 24\text{ cm}^3 = 2\,880\text{ cm}^3$

Wegen $1\,\ell = 1\text{ dm}^3 = 1\,000\text{ cm}^3$ beträgt der tägliche Wasserverlust ca. $3\,\ell$.

14 Geht man von einem Durchmesser des unteren Endes des Stammes von 8 cm aus und nimmt an, dass der Stamm kegelförmig ist, so ergibt sich als Volumen für den Stamm:

$V = \frac{1}{3} \cdot \pi \cdot r^2 \cdot h \quad \text{mit } r = 4\text{ cm} = 0{,}4\text{ dm} \text{ und } h = 2\text{ m} = 20\text{ dm}$

$V = \frac{1}{3} \cdot \pi \cdot 0{,}4^2 \cdot 20\text{ dm}^3$

Rechnet man mit 3 als Näherungswert für π, so erhält man:

$$V = \frac{1}{3} \cdot 3 \cdot 0{,}16 \cdot 20\ \text{dm}^3$$

$$V = 3{,}2\ \text{dm}^3$$

Der Stamm ergibt ca. $3{,}2\ \text{dm}^3$ Holz.

TIPP Auch andere Durchmesser sind möglich. Entscheidend ist, eine realistische Annahme zu treffen und diese anzugeben.

15 Geht man davon aus, dass die Kugeln einen Radius von ca. 2 cm haben, so hat eine Kugel ein Volumen von:

$$V = \frac{4}{3} \cdot r^3 \cdot \pi \quad \text{mit } r = 2\ \text{cm und 3 als Näherungswert für } \pi$$

$$V = \frac{4}{3} \cdot 2^3 \cdot 3\ \text{cm}^3$$

$$V = 4 \cdot 2^3\ \text{cm}^3$$

$$V = 32\ \text{cm}^3$$

Mit $2\ \ell = 2\,000\ \text{cm}^3$ ergibt sich für die Anzahl der Kugeln:

$$2000\ \text{cm}^3 : 32\ \text{cm}^3 = 62,\ldots$$
$$\underline{192}$$
$$80$$

Man erhält ca. 60 Kugeln.

TIPP Auch andere Radien sind möglich. Entscheidend ist, eine realistische Annahme zu treffen und diese anzugeben.

16 Nimmt man z. B. an, dass das Wasser in der Wanne einem Quader mit den Maßen $\ell = 1{,}4\ \text{m} = 14\ \text{dm}$, $b = 0{,}5\ \text{m} = 5\ \text{dm}$ und $h = 0{,}3\ \text{m} = 3\ \text{dm}$ entspricht, so erhält man als Wasservolumen:

$$V = \ell \cdot b \cdot h$$

$$V = 14 \cdot 5 \cdot 3\ \text{dm}^3$$

$$V = 210\ \text{dm}^3, \qquad \text{d. h. ca. } 200\ \ell$$

Da das Wasser um 20 °C erwärmt wird, gilt:
Die Erwärmung von 1 ℓ kostet 1 Cent.
Die Erwärmung von 200 ℓ kostet 200 Cent.

Die Energiekosten betragen also ca. 2 €.

17 ☒ ca. 17 Tage

> **TIPP** Das Fluggerät benötigt $\frac{40\,500\text{ km}}{100\,\frac{\text{km}}{\text{h}}} = 405\text{ h}$. Umrechnung in Tage:
>
> $\overset{\frown}{40}5 : 24 = 16,\ldots \quad \Rightarrow$ Das Fluggerät ist ca. 17 Tage unterwegs.
> $\underline{24}$
> 165
> $\underline{144}$
> 21
>
> oder: Mit der Näherung 20 h für 1 Tag und $405 : 20 = 20{,}25$ kommt nur die Antwort 17 Tage infrage.

18 ☒ ca. 7 300 €

> **TIPP** 1 % von 7 300 € sind 73 €, 5 % von 7 300 € sind 365 €.

19.1 Ermittlung der Gleichungen von p_1 und p_2 mithilfe der Scheitelpunktform:

p_1: $\quad y = (x-2)^2 - 3 \qquad x \in \mathbb{R};\ y \in \mathbb{R}$
$\Leftrightarrow \quad y = x^2 - 4x + 4 - 3$
$\Leftrightarrow \quad y = x^2 - 4x + 1$

p_2: $\quad y = -(x-3)^2 + 2 \qquad x \in \mathbb{R};\ y \in \mathbb{R}$
$\Leftrightarrow \quad y = -(x^2 - 6x + 9) + 2$
$\Leftrightarrow \quad y = -x^2 + 6x - 7$

Ermittlung der Gleichung von p_3 mithilfe der Nullstellen:

p_3: $\quad y = -(x+2)\cdot(x-4) \qquad x \in \mathbb{R};\ y \in \mathbb{R}$
$\Leftrightarrow \quad y = -(x^2 - 4x + 2x - 8)$
$\Leftrightarrow \quad y = -x^2 + 2x + 8$

Ermittlung der Gleichung von p_4 mithilfe der allgemeinen Form:

> **TIPP** Die gesuchte Gleichung für p_4 ist von der Form $y = x^2 + bx + c$. Mit den gegebenen Punkten ergibt sich das folgende Gleichungssystem.

$P_4(-2\,|\,7) \in p_4$ und $Q_4(3\,|\,-8) \in p_4$:

$$\begin{vmatrix} & 7 = (-2)^2 + b\cdot(-2) + c \\ \wedge & -8 = 3^2 + b\cdot 3 + c \end{vmatrix} \qquad b, c \in \mathbb{R}$$

$$\Leftrightarrow \left| \begin{array}{l} 7 = 4 - 2b + c \\ \wedge\ -8 = 9 + 3b + c \end{array} \right.$$

$$\Leftrightarrow \left| \begin{array}{l} 7 = 4 - 2b + c \\ \wedge\ 15 = -5 - 5b \end{array} \right. \quad (I - II) \quad |+5 \quad |:(-5)$$

$$\Leftrightarrow \left| \begin{array}{l} 7 = 4 - 2\cdot(-4) + c \\ \wedge\ b = -4 \end{array} \right. \quad |-12$$

$$\left| \begin{array}{l} c = -5 \\ \wedge\ b = -4 \end{array} \right.$$

$\Rightarrow$ p_4: $y = x^2 - 4x - 5$ $\qquad x \in \mathbb{R}; y \in \mathbb{R}$

19.2 Berechnung der x-Koordinaten der Schnittpunkte von p_1 und p_2:

$$x^2 - 4x + 1 = -x^2 + 6x - 7 \qquad x \in \mathbb{R}$$

$$\Leftrightarrow 2x^2 - 10x + 8 = 0$$

$$\Leftrightarrow x = \frac{-(-10) - \sqrt{(-10)^2 - 4\cdot 2\cdot 8}}{2\cdot 2} \vee x = \frac{-(-10) + \sqrt{(-10)^2 - 4\cdot 2\cdot 8}}{2\cdot 2}$$

$$\Leftrightarrow x = \frac{10 - \sqrt{100 - 64}}{4} \vee x = \frac{10 + \sqrt{100 - 64}}{4}$$

$$\Leftrightarrow x = \frac{10 - \sqrt{36}}{4} \vee x = \frac{10 + \sqrt{36}}{4}$$

$$\Leftrightarrow x = \frac{10 - 6}{4} \vee x = \frac{10 + 6}{4}$$

$$\Leftrightarrow x = 1 \vee x = 4$$

L= {1; 4}

Berechnung der zugehörigen y-Koordinaten:

$p_1(1) = 1^2 - 4\cdot 1 + 1 = -2$; $\quad p_1(4) = 4^2 - 4\cdot 4 + 1 = 1$

$\Rightarrow$ Schnittpunkte $P_1(1|-2)$ und $P_2(4|1)$

Berechnung der x-Koordinate des Schnittpunktes von p_2 und p_3:

$$-x^2 + 6x - 7 = -x^2 + 2x + 8 \qquad x \in \mathbb{R}$$

$$\Leftrightarrow 4x = 15$$

$$\Leftrightarrow x = 3{,}75$$

L= {3,75}

19.3 Berechnung der Scheitelpunkte mithilfe von quadratischer Ergänzung:

p_3: $y = -x^2 + 2x + 8$

$y = -(x^2 - 2x + 1 - 1) + 8$

$y = -(x-1)^2 + 1 + 8$

$y = -(x-1)^2 + 9$

$\Rightarrow$ Scheitelpunkt $S_3(1|9)$

p_4: $y = x^2 - 4x - 5$

$y = (x^2 - 4x + 4 - 4) - 5$

$y = (x-2)^2 - 9$

$\Rightarrow$ Scheitelpunkt $S_4(2|-9)$

19.4

TIPP Schnittpunkt mit der y-Achse bedeutet $x = 0$.

$y = 0^2 - 4 \cdot 0 + 1$

$y = 1$

$\Rightarrow$ Schnittpunkt mit der y-Achse: $Q_1(0|1)$

19.5

$0 = x^2 - 4x - 5 \qquad x \in \mathbb{R}$

$\Leftrightarrow \quad x = \dfrac{-(-4) - \sqrt{(-4)^2 - 4 \cdot 1 \cdot (-5)}}{2 \cdot 1} \quad \vee \quad x = \dfrac{-(-4) + \sqrt{(-4)^2 - 4 \cdot 1 \cdot (-5)}}{2 \cdot 1}$

$\Leftrightarrow \quad x = \dfrac{4 - \sqrt{16 + 20}}{2 \cdot 1} \quad \vee \quad x = \dfrac{4 + \sqrt{16 + 20}}{2 \cdot 1}$

$\Leftrightarrow \quad x = \dfrac{4 - \sqrt{36}}{2} \quad \vee \quad x = \dfrac{4 + \sqrt{36}}{2}$

$\Leftrightarrow \quad x = \dfrac{4 - 6}{2} \quad \vee \quad x = \dfrac{4 + 6}{2}$

$\Leftrightarrow \quad x = -1 \quad \vee \quad x = 5$

$L = \{-1; 5\}$

Die Nullstellen der Parabel p_4 sind –1 und 5.

19.6 **TIPP** Zeichnen der Parabel p_5:

Der Scheitel von p_5 hat die Koordinaten $S_5(1\,|\,-2)$. p_5 ist nach oben geöffnet und mit dem Faktor 0,5 gestaucht. Von S_5 geht man um 1 nach links bzw. rechts und um $0{,}5 \cdot 1^2 = 0{,}5$ nach oben. Von S_5 geht man um 2 nach links bzw. rechts und um $0{,}5 \cdot 2^2 = 2$ nach oben. Von S_5 geht man um 3 nach links bzw. rechts und um $0{,}5 \cdot 3^2 = 4{,}5$ nach oben …

Zeichnen der Parabel p_6:

Der Scheitel von p_6 hat die Koordinaten $S_6(1\,|\,4)$. P_6 ist nach unten geöffnet und mit dem Faktor 0,25 gestaucht. Von S_6 geht man um 1 nach links bzw. rechts und um $0{,}25 \cdot 1^2 = 0{,}25$ nach unten. Von S_6 geht man um 2 nach links bzw. rechts und um $0{,}25 \cdot 2^2 = 1$ nach unten. Von S_6 geht man um 3 nach links bzw. rechts und um $0{,}25 \cdot 3^2 = 2{,}25$ nach unten …

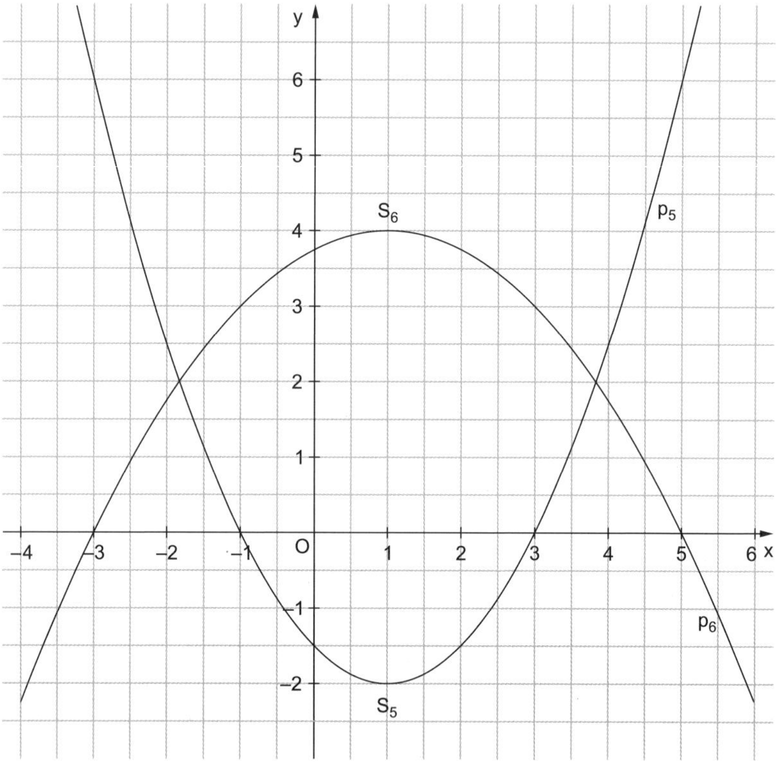

20.1 und 20.2

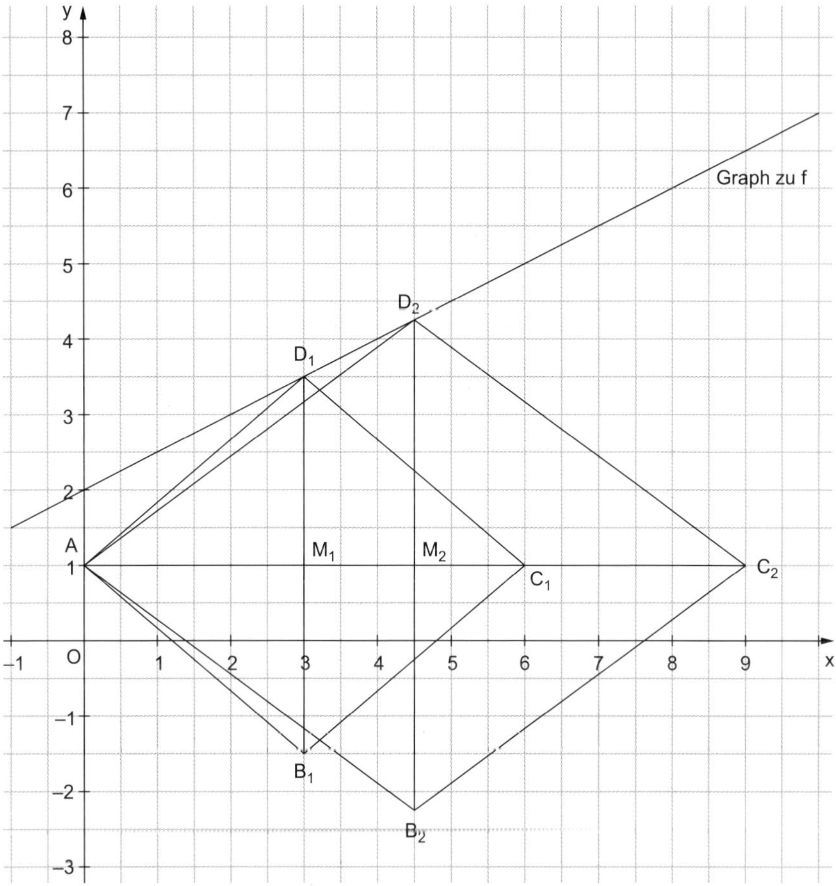

20.3 Ermittlung der Diagonalenlängen in Abhängigkeit von x:

> **TIPP** In einer Raute halbieren sich die Diagonalen gegenseitig. Um die Diagonalenlängen zu bestimmen, ermittelt man daher zunächst die Längen der Strecken $\overline{D_nM_n}$ und $\overline{AM_n}$ in Abhängigkeit von x.

$$|\overline{D_nM_n}| = y_{D_n} - y_{M_n}$$

$$|\overline{D_nM_n}|(x) = (0{,}5x + 2 - 1)\text{ LE} \qquad x \in \mathbb{R};\ x > 0$$

$$|\overline{D_nM_n}|(x) = (0{,}5x + 1)\text{ LE}$$

$\Rightarrow\ |\overline{D_nB_n}|(x) = 2 \cdot (0{,}5x + 1)\ LE = (x + 2)\ LE$

$|\overline{AM_n}| = x_{M_n} - x_A$

$|\overline{AM_n}|(x) = x\ LE$ $\qquad x \in \mathbb{R};\ x > 0$

$\Rightarrow\ |\overline{AC_n}|(x) = 2x\ LE$

Ermittlung des Flächeninhalts der Rauten in Abhängigkeit von x:

$A = \frac{1}{2} \cdot |\overline{AC_n}| \cdot |\overline{D_nB_n}|$

$A(x) = \frac{1}{2} \cdot 2x \cdot (x + 2)\ FE$ $\qquad x \in \mathbb{R};\ x > 0$

$A(x) = (x^2 + 2x)\ FE$

20.4 Im Quadrat gilt: $|\overline{AM_3}| = |\overline{D_3M_3}|$

$x = 0{,}5x + 1 \quad |-0{,}5x$ $\qquad x \in \mathbb{R};\ x > 0$

$\Leftrightarrow\ 0{,}5x = 1 \quad |\cdot 2$

$\Leftrightarrow\ x = 2$

$L = \{2\}$

20.5 **TIPP** Wenn die Steigung der Geraden AB_4 gleich –2 ist, dann ist die Steigung der an der Diagonalen AC_4 gespiegelten Geraden AD_4 gleich 2.

$A(0\,|\,1);\ D_n(x\,|\,0{,}5x + 2)$

Steigung der Geraden AD_n in Abhängigkeit von x:

$m_{AD_n}(x) = \frac{(0{,}5x + 2) - 1}{x - 0} = \frac{0{,}5x + 1}{x}$ $\qquad x \in \mathbb{R};\ x > 0$

In der Raute $AB_4C_4D_4$ gilt: $m_{AD_n}(x) = 2$

$\frac{0{,}5x + 1}{x} = 2 \quad |\cdot x$ $\qquad x \in \mathbb{R};\ x > 0$

$\Leftrightarrow\ 0{,}5x + 1 = 2x \quad |-0{,}5x$

$\Leftrightarrow\ 1 = 1{,}5x \quad |:\frac{3}{2}$

$\Leftrightarrow\ x = \frac{2}{3}$

$L = \left\{\frac{2}{3}\right\}$

20.6 **TIPP** Die Höhe in einem gleichseitigen Dreieck mit Seitenlänge a beträgt $\frac{a}{2}\sqrt{3}$. Das Verhältnis von Seitenlänge zu Höhe ist somit:

$$\frac{\frac{a}{2}\sqrt{3}}{a} = \frac{1}{2}\sqrt{3}$$

Das Dreieck AB_5D_5 ist gleichseitig. Somit gilt:
$\sphericalangle B_5AD_5 = 60°$

21.1 Gründe, warum die beiden anderen Funktionsgleichungen nicht zu der dargestellten Parabel passen:

- Der Graph zu p_1 verläuft nicht durch den Ursprung.
- Der Graph zu p_2 ist keine nach unten geöffnete Parabel.

TIPP Der Graph zu p_3 beschreibt also die abgebildete Parabel.

21.2 Einzeichnen der Quadrate $AB_2C_2D_2$ und $AB_3C_3D_3$

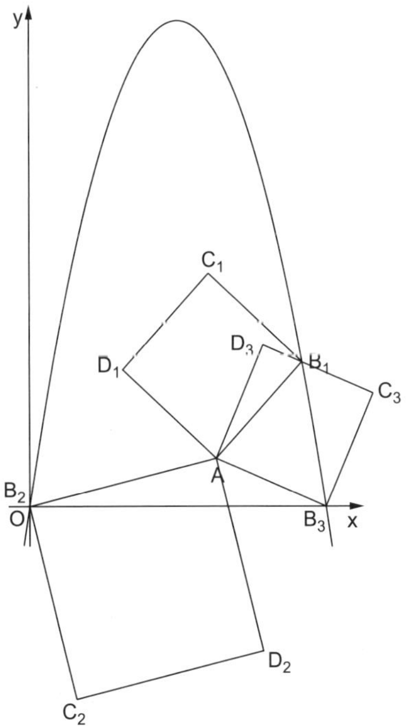

Berechnung des Flächeninhalts des größeren Quadrates:
Das größere Quadrat der beiden Quadrate ist das mit der Seite $\overline{OA}$.

Mit $\overrightarrow{OA} = \begin{pmatrix} 4 \\ 1 \end{pmatrix}$ ergibt sich:

$|\overline{OA}|^2 = (4^2 + 1^2)$ FE

$|\overline{OA}|^2 = 17$ FE

21.3 Darstellung a beschreibt die Änderung des Flächeninhalts A(x).

Begründung:
Beginnend mit B_n im Ursprung werden die Seitenlängen $|\overline{AB_n}|$ und damit auch der Flächeninhalt mit zunehmender Abszisse x zunächst kleiner.

21.4 Wenn die Seiten $\overline{AD_n}$ parallel zur y-Achse liegen, dann liegen die Seiten $\overline{AB_n}$ parallel zur x-Achse und damit muss der y-Wert der Punkte B_n den Wert 1 annehmen. Die Gerade mit der Gleichung $y = 1$ schneidet die Parabel p zweimal und somit gibt es zwei solche Quadrate.

22.1 **TIPP** S(2 | −1) ist der Scheitel der gestauchten Parabel p mit Formfaktor a = 0,5.

Einsetzen in die Scheitelform:

$$y = 0{,}5(x-2)^2 - 1 \qquad x \in \mathbb{R};\ y \in \mathbb{R}$$
$$\Leftrightarrow\ y = 0{,}5(x^2 - 4x + 4) - 1$$
$$\Leftrightarrow\ y = 0{,}5x^2 - 2x + 2 - 1$$
$$\Leftrightarrow\ y = 0{,}5x^2 - 2x + 1$$

p: $y = 0{,}5x^2 - 2x + 1$

22.2

$$0{,}5x^2 - 2x + 1 = 0{,}5x + 1 \qquad |-0{,}5x - 1 \qquad x \in \mathbb{R}$$
$$\Leftrightarrow\ 0{,}5x^2 - 2{,}5x = 0 \qquad |\cdot 2$$
$$\Leftrightarrow\ x^2 - 5x = 0$$
$$\Leftrightarrow\ x \cdot (x - 5) = 0$$
$$\Leftrightarrow\ x = 0 \ \vee\ x = 5$$

$L = \{0; 5\}$

Durch Einsetzen in $y = 0{,}5x + 1$ ergeben sich die gesuchten Schnittpunkte:
A(0 | 1) und C(5 | 3,5)

22.3 Einzeichnen des Drachenvierecks AB_1CD_1

TIPP
- A(0 | 1) und C(5 | 3,5) sind fest und bereits eingezeichnet.
- B_1 liegt auf der Parabel p und hat die x-Koordinate 3, also $B_1(3 | -0{,}5)$.
- D_1 erhält man durch Spiegelung von B_1 an der Spiegelachse g.

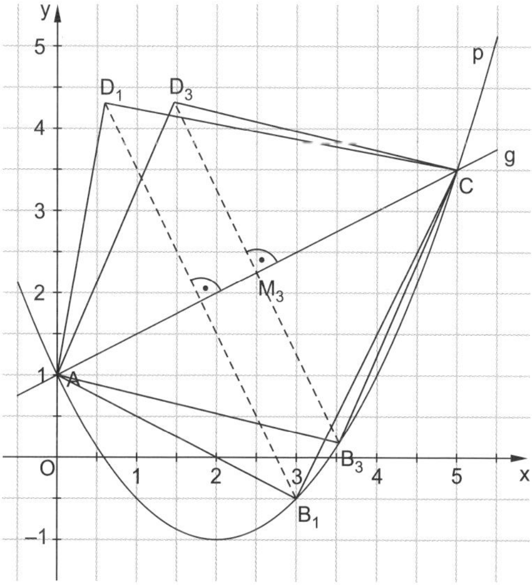

Drachenvierecke AB_nCD_n gibt es für $x \in \,]0; 5[$.

22.4 TIPP Das Drachenviereck AB_1CD_1 ist rechtwinklig bei B_1, wenn für die Steigung m_{AB_1} der Geraden AB_1 und für die Steigung m_{B_1C} der Geraden B_1C gilt: $m_{AB_1} \cdot m_{B_1C} = -1$

A(0 | 1); C(5 | 3,5); $B_1(3 | -0{,}5)$

Steigung der Geraden AB_1:

$$m_{AB_1} = \frac{-0{,}5-1}{3-0} = -\frac{1{,}5}{3} = -\frac{1}{2}$$

Steigung der Geraden B_1C:

$$m_{B_1C} = \frac{3{,}5-(-0{,}5)}{5-3} = \frac{4}{2} = 2$$

Somit gilt:

$$m_{AB_1} \cdot m_{B_1C} = -\frac{1}{2} \cdot 2 = -1$$

Damit ist gezeigt, dass gilt: $AB_1 \perp B_1C$

Das Drachenviereck AB_1CD_1 ist also bei B_1 rechtwinklig.

22.5 **TIPP** Wenn $\overline{AB_2}$ parallel zur x-Achse verläuft, dann muss die y-Koordinate von B_2 den Wert 1 haben.

Bestimmung der Koordinaten von B_2:

$$0{,}5x^2 - 2x + 1 = 1 \qquad \left| -1 \right. \qquad x \in \mathbb{R};\ x \in \left]0; 5\right[$$

$$\Leftrightarrow \quad 0{,}5x^2 - 2x = 0 \qquad \left| \cdot 2 \right.$$

$$\Leftrightarrow \quad x^2 - 4x = 0$$

$$\Leftrightarrow \quad x \cdot (x - 4) = 0$$

$$\Leftrightarrow \quad (x = 0) \ \vee \ x = 4$$

$$L = \{4\}$$

$$\Rightarrow \quad B_2(4\,|\,1)$$

Ermittlung des Flächeninhalts des Drachenvierecks:
Das Dreieck AB_2C hat die Grundlinienlänge $\left|\overline{AB_2}\right| = x_{B_2} - x_A = 4$ LE und die zugehörige Höhe $h = y_C - y_{B_2} = (3{,}5 - 1)$ LE $= 2{,}5$ LE. Somit gilt:

$$A_{AB_2CD_2} = 2 \cdot A_{AB_2C}$$

$$A_{AB_2CD_2} = 2 \cdot \frac{1}{2} \cdot 4 \cdot 2{,}5 \text{ FE}$$

$$A_{AB_2CD_2} = 10 \text{ FE}$$

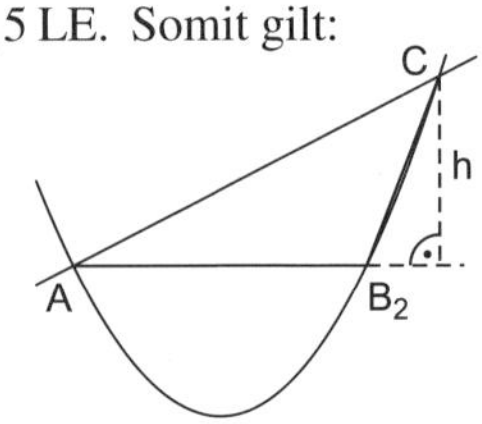

22.6 **TIPP** Für den Flächeninhalt der Drachenvierecke AB_nCD_n gilt:

$$A = 2 \cdot A_{AB_nC} = 2 \cdot \frac{1}{2} \cdot \left| \overrightarrow{AB_n} \quad \overrightarrow{AC} \right| \text{ FE}$$

Berechnen Sie also zunächst $\overrightarrow{AB_n}(x)$ und $\overrightarrow{AC}$.

$$\overrightarrow{AB_n}(x) = \begin{pmatrix} x - 0 \\ 0{,}5x^2 - 2x + 1 - 1 \end{pmatrix} = \begin{pmatrix} x \\ 0{,}5x^2 - 2x \end{pmatrix} \qquad x \in \mathbb{R};\ x \in \left]0; 5\right[$$

$$\overrightarrow{AC} = \begin{pmatrix} 5 - 0 \\ 3{,}5 - 1 \end{pmatrix} = \begin{pmatrix} 5 \\ 2{,}5 \end{pmatrix}$$

Berechnung des Flächeninhalts der Drachenvierecke AB_nCD_n:

$$A = 2 \cdot \frac{1}{2} \cdot \left| \overrightarrow{AB_n} \quad \overrightarrow{AC} \right| \text{FE}$$

$$A(x) = \begin{vmatrix} x & 5 \\ 0{,}5x^2 - 2x & 2{,}5 \end{vmatrix} \text{FE} \qquad x \in \mathbb{R};\ x \in \left]0;5\right[$$

$$A(x) = [x \cdot 2{,}5 - (0{,}5x^2 - 2x) \cdot 5]\ \text{FE}$$

$$A(x) = [2{,}5x - (2{,}5x^2 - 10x)]\ \text{FE}$$

$$A(x) = (-2{,}5x^2 + 12{,}5x)\ \text{FE}$$

22.7 Einzeichnen der Raute AB_3CD_3 und des Diagonalenschnittpunktes M_3

TIPP Zum Einzeichnen:
Bei Rauten halbieren sich die Diagonalen gegenseitig und stehen aufeinander senkrecht. Der Mittelpunkt der Diagonalen $\overline{B_3D_3}$ entspricht also dem Mittelpunkt M_3 der Diagonalen $\overline{AC}$ und $\overline{B_3D_3}$ verläuft senkrecht zu $\overline{AC}$. B_3 ist somit der Schnittpunkt der Senkrechten zu AC durch den Mittelpunkt M_3 mit der Parabel p.

Bestimmung der Koordinaten des Punktes M_3:

$$M_3\left(\frac{0+5}{2} \,\middle|\, \frac{1+3{,}5}{2}\right)$$

$$M_3(2{,}5 \mid 2{,}25)$$

TIPP Die Gerade M_3B_3 steht senkrecht zur Geraden g mit der Steigung $m_g = 0{,}5$.

Die Gerade M_3B_3 besitzt eine Gleichung von der Form:

$$y = m_{M_3B_3} \cdot x + t \qquad x \in \mathbb{R};\ y \in \mathbb{R}$$

Bestimmung der Steigung der Geraden M_3B_3:

$$m_{M_3B_3} = -\frac{1}{m_g} = -\frac{1}{0{,}5} = -2$$

Bestimmung des y-Achsenabschnitts t der Geraden M_3B_3 durch Einsetzen von $M_3(2{,}5 \mid 2{,}25)$:

$$2{,}25 = -2 \cdot 2{,}5 + t \qquad |+5$$

$$t = 7{,}25$$

Gleichung der Geraden M_3B_3:

$$y = -2x + 7{,}25 \qquad x \in \mathbb{R};\ y \in \mathbb{R}$$

23.1

x	0	4	8	12	16
$y = 2^{0,25 \cdot x}$	1	2	4	8	16

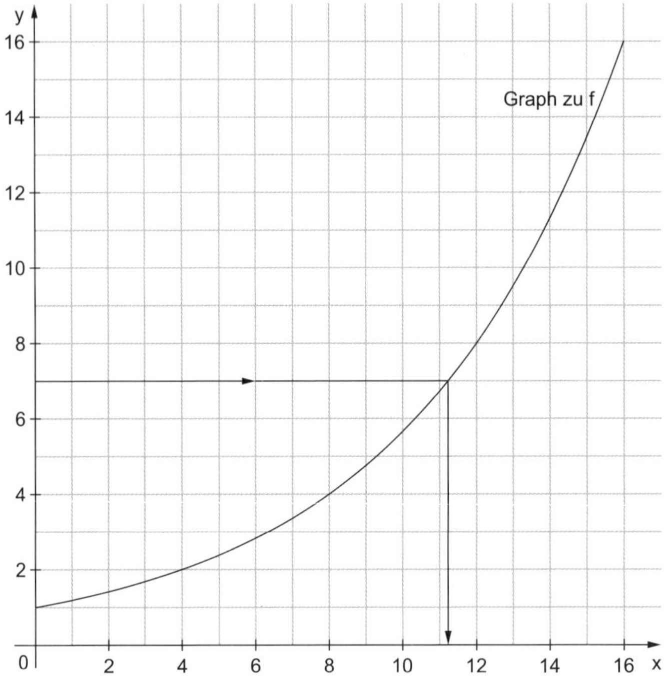

23.2 Nach 8 Tagen beträgt die Masse 4 g. Die Zunahme ist also 3 g und beträgt somit 300 %.

23.3 Berechnung der Masse nach 24 Tagen:

$y = 2^{0,25 \cdot 24}$

$y = 2^6$

$y = 64$

Nach 24 Tagen beträgt die Masse 64 g.

Ablesen aus dem Graphen:
Nach ca. 11,3 Tagen beträgt die Masse 7 g (im Rahmen der Ablesegenauigkeit).

24.1 Einzeichnen des Graphen zu f mithilfe der Wertetabelle

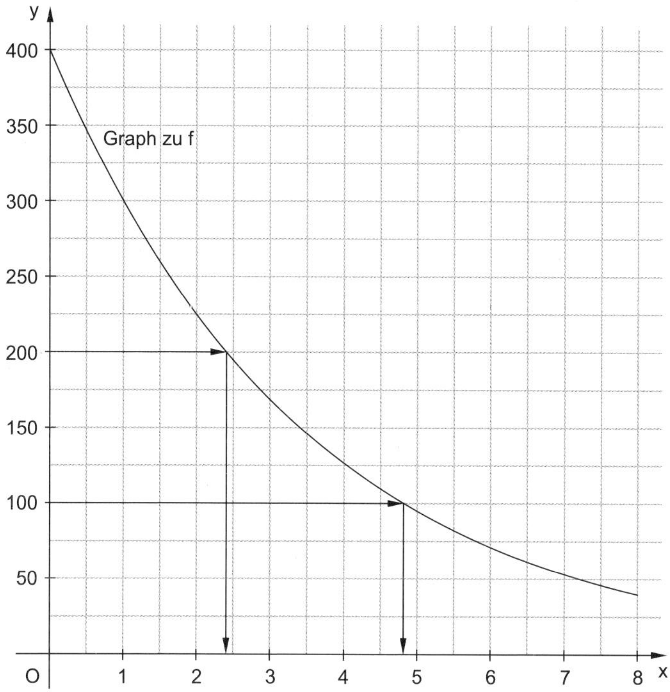

24.2 Die Abnahme der Stromstärke in der ersten Sekunde beträgt:
400 mA − 300 mA = 100 mA

24.3 ☒ 25 %

24.4 Im Rahmen der Ablesegenauigkeit: nach 2,4 Sekunden

24.5

> **TIPP** 400 mA − 300 mA = 100 mA
> Gesucht ist also die zugehörige Zeit zu 100 mA.

Im Rahmen der Ablesegenauigkeit: nach 4,8 Sekunden

Die Hälfte der Anfangsstromstärke sind 200 mA. In Teilaufgabe 23.4 wurde gezeigt, dass diese nach 2,4 Sekunden erreicht wird. Bis sich diese Stromstärke erneut halbiert hat und somit 100 mA beträgt, müssen wiederum 2,4 Sekunden vergehen.

24.6 $y = 500 \cdot 0{,}70^x; \quad x \in \mathbb{R}_0^+; y \in \mathbb{R}^+$

25

TIPP Das Quadrat lässt sich in zwei gleichschenklig-rechtwinklige Dreiecke mit Grundseitenlänge $g = 10$ cm und Höhe $h = 5$ cm zerlegen.

$$A = 2 \cdot \frac{1}{2} \cdot g \cdot h$$

$$A = 2 \cdot \frac{1}{2} \cdot 10 \cdot 5\ \text{cm}^2$$

$$A = 50\ \text{cm}^2$$

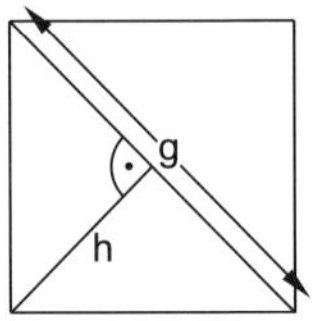

oder:

TIPP Ein Quadrat ist eine besondere Raute mit Diagonalenlänge $g = 10$ cm.

$$A = \frac{1}{2} \cdot g \cdot g$$

$$A = \frac{1}{2} \cdot 10 \cdot 10\ \text{cm}^2$$

$$A = 50\ \text{cm}^2$$

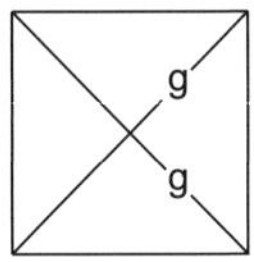

26

TIPP Die graue Figur besteht aus zwei Dreiecken mit Grundseitenlänge $g = 4$ LE und Höhe $h = 1$ LE.

$$A = 2 \cdot \frac{1}{2} \cdot g \cdot h$$

$$A = 2 \cdot \frac{1}{2} \cdot 4 \cdot 1\ \text{FE}$$

$$A = 4\ \text{FE}$$

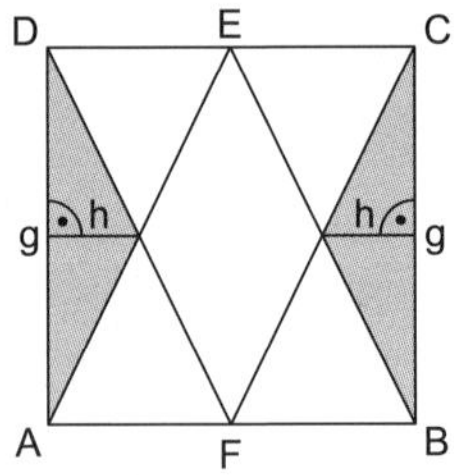

27.1

> **TIPP** Der Umfang der grauen Figur setzt sich aus zwei Viertelkreisbögen der Länge $2 \cdot r_1 \cdot \pi$ mit $r_1 = 2$ LE und zwei Halbkreisbögen der Länge $2 \cdot r_2 \cdot \pi$ mit $r_2 = 1$ LE zusammen.

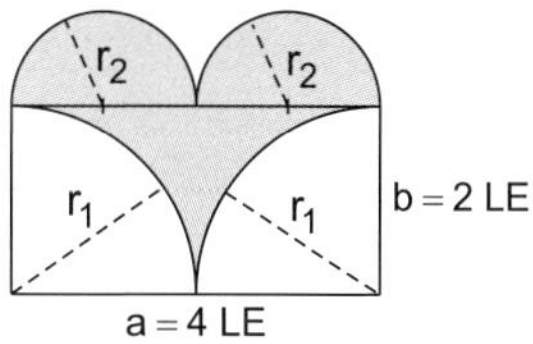

$$u = 2 \cdot \frac{1}{4} \cdot 2 \cdot r_1 \cdot \pi + 2 \cdot \frac{1}{2} \cdot 2 \cdot r_2 \cdot \pi$$

$$u = \left(2 \cdot \frac{1}{4} \cdot 2 \cdot 2 \cdot \pi + 2 \cdot \frac{1}{2} \cdot 2 \cdot 1 \cdot \pi\right) \text{LE}$$

$$u = (2\pi + 2\pi)\ \text{LE}$$

$$u = 4\pi\ \text{LE}$$

27.2

> **TIPP** Die Fläche der grauen Figur setzt sich zusammen aus:
> - einem Rechteck mit den Seitenlängen $a = 4$ LE und $b = 2$ LE, aus dem zwei Viertelkreise mit Radius $r_1 = 2$ LE herausgeschnitten wurden,
> - zwei Halbkreisen mit Radius $r_2 = 1$ LE.

$$A = a \cdot b - 2 \cdot \frac{1}{4} \cdot r_1^2 \cdot \pi + 2 \cdot \frac{1}{2} \cdot r_2^2 \cdot \pi$$

$$A = \left(4 \cdot 2 - 2 \cdot \frac{1}{4} \cdot 2^2 \cdot \pi + 2 \cdot \frac{1}{2} \cdot 1^2 \cdot \pi\right) \text{FE}$$

$$A = (8 - 2\pi + \pi)\ \text{FE}$$

$$A = (8 - \pi)\ \text{FE}$$

28.1 Das Dreieck ABC lässt sich in 16 kleine Dreiecke zerlegen:

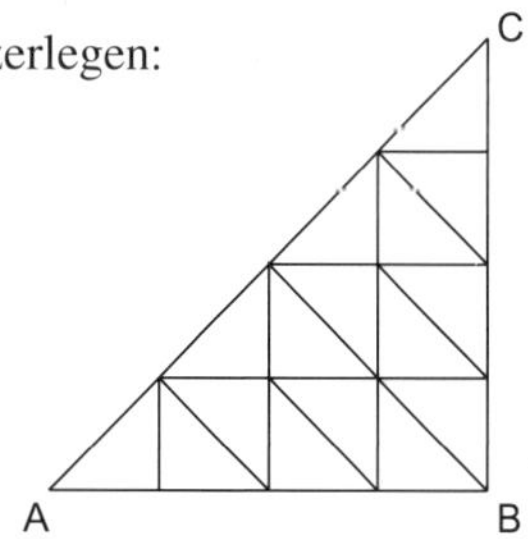

$$A = 16 \cdot \frac{1}{2} \cdot 2 \cdot 2\ \text{cm}^2$$

$$A = 32\ \text{cm}^2$$

oder:

Die Kathete des Dreiecks ABC ist 4 Mal so lang wie die Kathete des kleinen Dreiecks. Sie ist also $4 \cdot 2\ \text{cm} = 8\ \text{cm}$ lang.

$$A = \frac{1}{2} \cdot 8 \cdot 8\ \text{cm}^2$$

$$A = 32\ \text{cm}^2$$

28.2 Da sich die Kathetenlänge verdreifacht, vergrößert sich die Fläche des Dreiecks ABC um den Faktor $3 \cdot 3 = 9$.

29.1 Zeichnen des Trapezes ABCD

TIPP
- Zeichnen des Winkels BAD, wobei der Schenkel [AB horizontal verläuft.
- Mit $|\overline{AD}| = 4$ cm erhält man den Punkt D.
- Zeichnen der Parallele zu AB durch den Punkt D.
- Der Fußpunkt des Lotes von D auf [AB sei E. Durch Abtragen von $|\overline{DE}| = |\overline{DC}|$ erhält man den Punkt C.
- Der Fußpunkt des Lotes von C auf [AB sei F. Wegen $\sphericalangle EAD = \sphericalangle BAD = 60°$ ist das Dreieck AED ein „halbes gleichseitiges Dreieck". Somit gilt $|\overline{AE}| = 2$ cm. Also gilt auch $|\overline{FB}| = 2$ cm und man erhält dadurch den Punkt B.

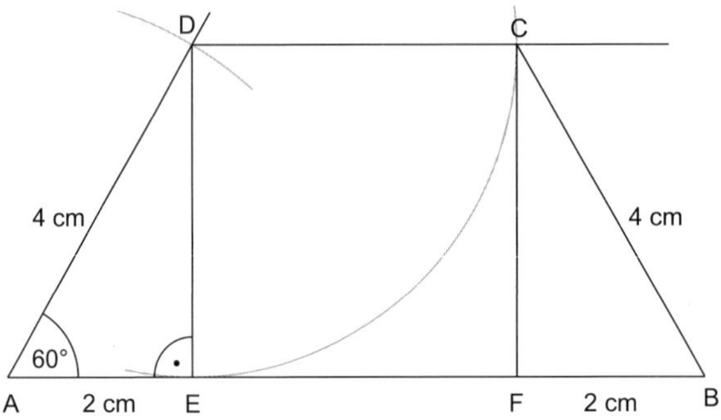

29.2 **TIPP** Für die Bestimmung des Umfangs und des Flächeninhalts benötigt man noch die Seitenlänge des Quadrates EFCD. Dazu bestimmt man die Höhe $|\overline{ED}| = \frac{|\overline{AD}|}{2}\sqrt{3}$ im „halben gleichseitigen Dreieck" AED.

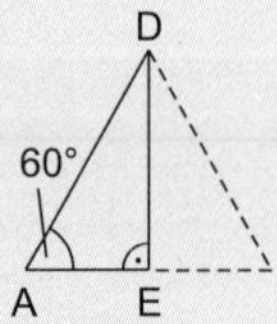

Berechnung der Länge von $\overline{ED}$:

$$|\overline{ED}| = \frac{4}{2}\sqrt{3}\text{ cm}$$

$$|\overline{ED}| = 2\sqrt{3}\text{ cm}$$

Bestimmung des Umfangs u des Trapezes ABCD:

$$u = (2 + 2\sqrt{3} + 2 + 4 + 2\sqrt{3} + 4)\text{ cm}$$

$$u = (4\sqrt{3} + 12)\text{ cm}$$

Bestimmung des Flächeninhalts A des Trapezes ABCD:

> **TIPP** Das Trapez setzt sich zusammen aus dem Quadrat EFCD mit Seitenlänge $2\sqrt{3}$ cm sowie den Dreiecken AED und FBC, die zusammen ein gleichseitiges Dreieck mit Seitenlänge 4 cm bilden.

$$A = \left(\underbrace{\frac{4^2}{4}\sqrt{3}}_{\substack{\text{gleich-}\\\text{seitiges}\\\text{Dreieck}}} + \underbrace{(2\sqrt{3})^2}_{\text{Quadrat}} \right) \text{cm}^2$$

$$A = (4\sqrt{3} + 12)\ \text{cm}^2$$

30.1 Zeichnen des Trapezes $AB_1C_1D_1$

> **TIPP**
> - B_1 erhält man durch Verlängerung von $\overline{AB}$ über B hinaus um 1 cm, also $|\overline{AB_1}| = 9$ cm.
> - D_1 erhält man durch Verkürzung von $\overline{DL}$ von D aus um 1 cm, also $|\overline{D_1L}| = 3$ cm.
> - $\overline{C_1D_1}$ ist parallel zu $\overline{CD}$ und genauso lang wie $\overline{CD}$.

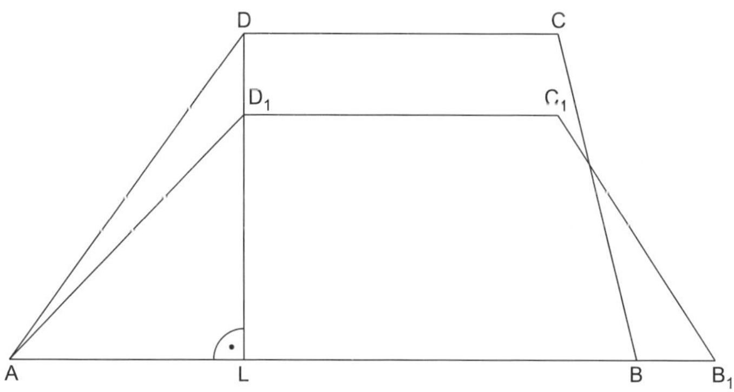

30.2 Es sei F der Fußpunkt des Lotes von C auf AB (siehe Skizze). Das Trapez $AB_2C_2D_2$ ist gleichschenklig, wenn gilt: $|\overline{FB_2}| = |\overline{AL}| = 3$ cm

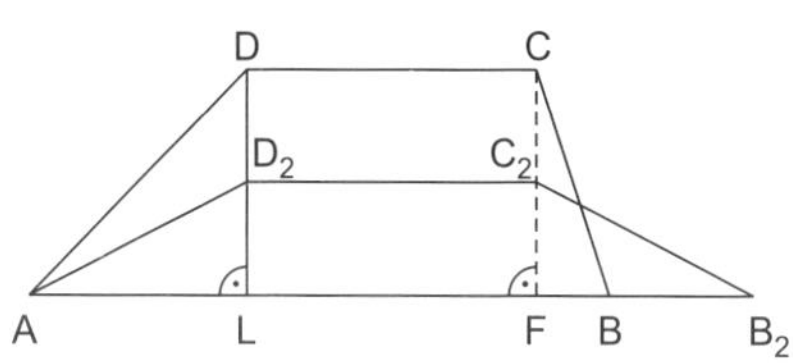

Zudem gilt:

$|\overline{FB_2}| = |\overline{FB}| + x\text{ cm} \qquad \text{mit } |\overline{FB}| = |\overline{AB}| - |\overline{AL}| - |\overline{CD}| \qquad x \in \mathbb{R};\, x \in\,]0;4[$

$|\overline{FB_2}| = |\overline{AB}| - |\overline{AL}| - |\overline{CD}| + x\text{ cm}$

$|\overline{FB_2}| = (8 - 3 - 4 + x)\text{ cm}$

$|\overline{FB_2}| = (1 + x)\text{ cm}$

Gleichsetzen der beiden Ausdrücke für $|\overline{FB_2}|$ liefert:

$1 + x = 3 \qquad |-1 \qquad x \in \mathbb{R};\, x \in\,]0;4[$

$x = 2$

$L = \{2\}$

30.3 Berechnung des Flächeninhalts der Trapeze $AB_nC_nD_n$ in Abhängigkeit von x:

$$A = \frac{1}{2} \cdot \left(|\overline{AB_n}| + |\overline{C_nD_n}|\right) \cdot |\overline{D_nL}|$$

$$A(x) = \frac{1}{2} \cdot [(8 + x) + 4] \cdot (4 - x)\text{ cm}^2 \qquad x \in \mathbb{R};\, x \in\,]0;4[$$

$$A(x) = \frac{1}{2} \cdot (12 + x) \cdot (4 - x)\text{ cm}^2$$

$$A(x) = \frac{1}{2} \cdot (48 - 12x + 4x - x^2)\text{ cm}^2$$

$$A(x) = \frac{1}{2} \cdot (-x^2 - 8x + 48)\text{ cm}^2$$

$$A(x) = (-0{,}5x^2 - 4x + 24)\text{ cm}^2$$

30.4 **TIPP** Um zu überprüfen, ob es unter den Trapezen $AB_nC_nD_n$ eines mit dem Flächeninhalt 24 cm² gibt, löst man die Gleichung $A(x) = 24\text{ cm}^2$.

$$A(x) = 24\text{ cm}^2 \qquad x \in \mathbb{R};\, x \in\,]0;4[$$

$$\Leftrightarrow \quad -0{,}5x^2 - 4x + 24 = 24 \qquad |-24$$

$$\Leftrightarrow \quad -0{,}5x^2 - 4x = 0 \qquad |\cdot(-2)$$

$$\Leftrightarrow \quad x^2 + 8x = 0$$

$$\Leftrightarrow \quad x \cdot (x + 8) = 0$$

$$\Leftrightarrow \quad (x = 0) \;\vee\; (x = -8)$$

$L = \emptyset$

Unter den Trapezen $AB_nC_nD_n$ gibt es für $x \in\,]0;4[$ keines mit dem Flächeninhalt $A = 24\text{ cm}^2$.

31 TIPP Gesucht ist die Mantelfläche der Pyramide. Sie setzt sich aus 4 gleich großen Dreiecken zusammen, von denen man zunächst die Grundseitenlänge g und die Höhe h bestimmt.

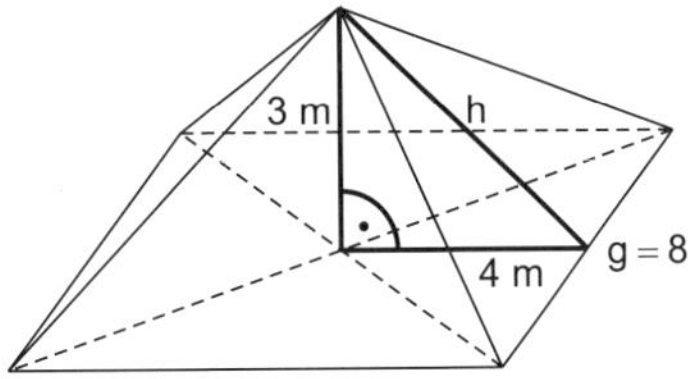

Die Seitenlänge g der quadratischen Grundfläche der Pyramide beträgt:

$g = \sqrt{64}\ m = 8\ m$

Für die Höhe h der Seitendreiecke der Pyramide gilt mit dem Satz des Pythagoras:

$h^2 = (4^2 + 3^2)\ m^2 \quad |\sqrt{\ }$

$h = \sqrt{25}\ m$

$h = 5\ m$

Berechnung der Mantelfläche der Pyramide:

$A = 4 \cdot \frac{1}{2} \cdot g \cdot h$

$A = 4 \cdot \frac{1}{2} \cdot 8 \cdot 5\ m^2$

$A = 80\ m^2$

Man benötigt mindestens 80 m^2 Kupferblech.

32 Zeichnen des Trapezes

TIPP
- Man zeichnet die Grundseite mit der Länge 10 cm.
- Diese Grundseite wird in drei Teile geteilt. Der Teil in der Mitte ist so lang wie die gegenüberliegende Seite, also 4 cm. Um ein gleichschenkliges Trapez zu erhalten, müssen die beiden „äußeren" Teile $(10-4):2\ cm = 3\ cm$ lang sein.
- Nun zeichnet man zwei Senkrechte zur Grundseite durch die Punkte, die die Grundseite aufteilen.
- Durch Abtragen der Schenkellänge von 5 cm erhält man die restlichen Eckpunkte des Trapezes.

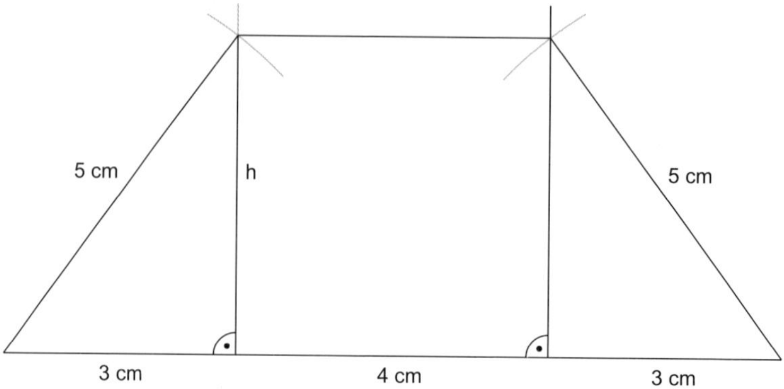

Berechnung der Höhe h des Trapezes mit dem Satz des Pythagoras:

$h^2 = (5^2 - 3^2)\,\text{cm}^2 \quad |\sqrt{\ }$

$h = \sqrt{16}\,\text{cm}$

$h = 4\,\text{cm}$

Berechnung des Volumens der Pyramide:

$V = \frac{1}{3} \cdot A_{\text{Trapez}} \cdot h_{\text{Pyramide}}$

$V = \frac{1}{3} \cdot \frac{1}{2} \cdot (10+4) \cdot 4 \cdot 9\,\text{cm}^3$

$V = \frac{1}{3} \cdot \frac{1}{2} \cdot 14 \cdot 4 \cdot 9\,\text{cm}^3$

$V = 84\,\text{cm}^3$

33.1

TIPP Der Rotationskörper besteht aus einem „großen“ Zylinder mit dem Radius $|\overline{AM}| = |\overline{AB}| + \frac{1}{2} \cdot |\overline{BE}| = 1{,}5\,\text{cm}$ und der Höhe $|\overline{BC}| = 1\,\text{cm}$, aus dem ein „kleiner“ Zylinder mit dem Radius $|\overline{BM}| = \frac{1}{2} \cdot |\overline{BE}| = 0{,}5\,\text{cm}$ und der Höhe $|\overline{BC}| = 1\,\text{cm}$ herausgeschnitten wurde.

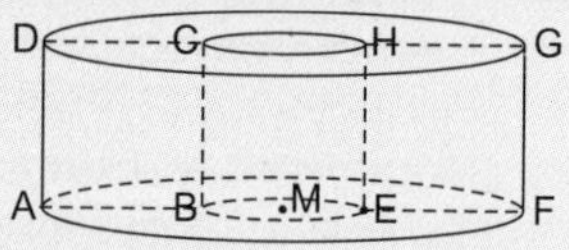

$V = V_{\text{Zyl. groß}} - V_{\text{Zyl. klein}}$

$V = |\overline{AM}|^2 \cdot \pi \cdot |\overline{BC}| - |\overline{BM}|^2 \cdot \pi \cdot |\overline{BC}|$

$V = (1{,}5^2 \cdot \pi \cdot 1 - 0{,}5^2 \cdot \pi \cdot 1)\,\text{cm}^3$

$V = (2{,}25\pi - 0{,}25\pi)\,\text{cm}^3 = 2\pi\,\text{cm}^3$

33.2 $O = A_{\text{Mantel Zyl. groß}} + A_{\text{Mantel Zyl. klein}} + 2 \cdot (A_{\text{Kreis groß}} - A_{\text{Kreis klein}})$

$$O = 2 \cdot |\overline{AM}| \cdot \pi \cdot |\overline{BC}| + 2 \cdot |\overline{BM}| \cdot \pi \cdot |\overline{BC}| + 2 \cdot \left(|\overline{AM}|^2 \cdot \pi - |\overline{BM}|^2 \cdot \pi\right)$$

$$O = [2 \cdot 1{,}5 \cdot \pi \cdot 1 + 2 \cdot 0{,}5 \cdot \pi \cdot 1 + 2 \cdot (1{,}5^2 \cdot \pi - 0{,}5^2 \cdot \pi)]\ \text{cm}^2$$

$$O = [3\pi + \pi + 2 \cdot (2{,}25\pi - 0{,}25\pi)]\ \text{cm}^2$$

$$O = [4\pi + 2 \cdot 2\pi]\ \text{cm}^2$$

$$O = 8\pi\ \text{cm}^2$$

34.1

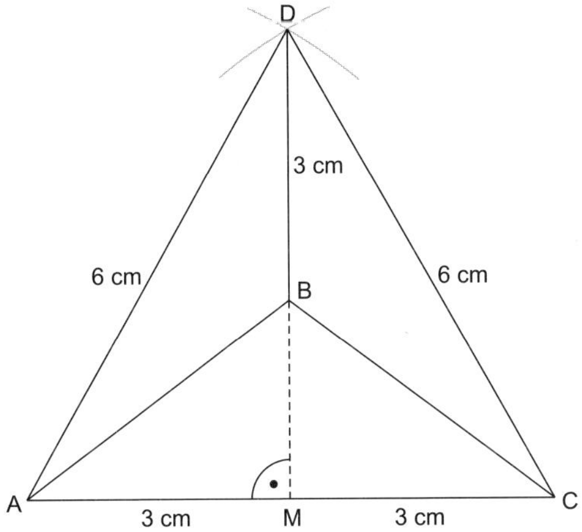

34.2

> **TIPP** Das Volumen des Rotationskörpers setzt sich folgendermaßen zusammen:
> - $V_{\text{Kegel groß}}$ mit dem Axialschnitt ACD
> - abzüglich $V_{\text{Kegel klein}}$ mit dem Axialschnitt ACB

Für die Höhe $|\overline{MD}|$ im gleichseitigen Dreieck ACD gilt:

$$|\overline{MD}| = \frac{|\overline{AC}|}{2} \cdot \sqrt{3} = 3\sqrt{3}\ \text{cm}$$

Für die Höhe $|\overline{MB}|$ im gleichschenkligen Dreieck ACB gilt:

$$|\overline{MB}| = |\overline{MD}| - |\overline{BD}| = (3\sqrt{3} - 3)\ \text{cm}$$

Berechnung des Kegelvolumens:

$V = V_{\text{Kegel groß}} - V_{\text{Kegel klein}}$

$V = \frac{1}{3} \cdot |\overline{AM}|^2 \cdot \pi \cdot |\overline{MD}| - \frac{1}{3} \cdot |\overline{AM}|^2 \cdot \pi \cdot |\overline{MB}|$

$V = \left(\frac{1}{3} \cdot 3^2 \pi \cdot 3\sqrt{3} - \frac{1}{3} \cdot 3^2 \pi \cdot (3\sqrt{3} - 3)\right) \text{cm}^3$

$V = \left(9\sqrt{3} \cdot \pi - 3\pi \cdot (3\sqrt{3} - 3)\right) \text{cm}^3$

$V = \left(9\sqrt{3} \cdot \pi - 9\sqrt{3} \cdot \pi + 9\pi\right) \text{cm}^3$

$V = 9\pi \text{ cm}^3$

oder: Vereinfachung ohne Einsetzen der Zahlen

$V = \frac{1}{3} \cdot r^2 \cdot \pi \cdot h - \frac{1}{3} \cdot r^2 \cdot \pi \cdot (h - r)$

$V = \frac{1}{3} \cdot r^2 \pi \cdot (h - h + r)$

$V = \frac{1}{3} \cdot r^2 \pi \cdot r$

$V = \frac{1}{3} \cdot 3^2 \cdot \pi \cdot 3 \text{ cm}^3$

$V = 9\pi \text{ cm}^3$

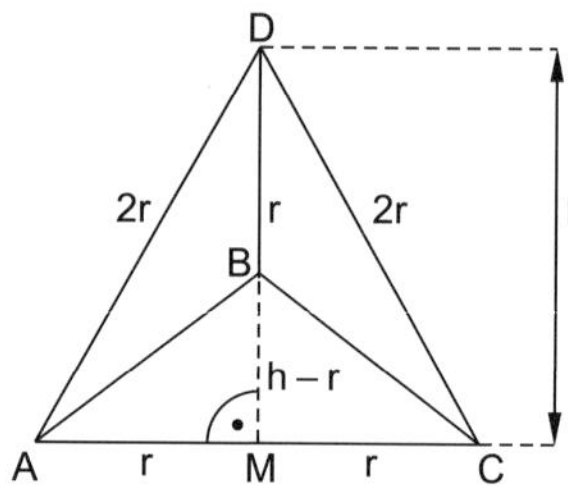

35.1 Zeichnen des Drachenvierecks ABCD

TIPP

- Man zeichnet die Symmetrieachse (hier wurde sie vertikal eingezeichnet) und legt darauf den Punkt C fest.
- Man zeichnet den Winkel DCB ein, der von der Symmetrieachse in zwei 60°-Winkel halbiert wird.
- Mit $|\overline{BC}| = |\overline{CD}| = 3$ cm erhält man die Punkte B und D.
- Da das Drachenviereck bei B und D jeweils rechtwinklig ist, kann man den Punkt A einzeichnen.
- Durch Einzeichnen der Diagonalen $\overline{BD}$ erhält man den Diagonalenschnittpunkt M.

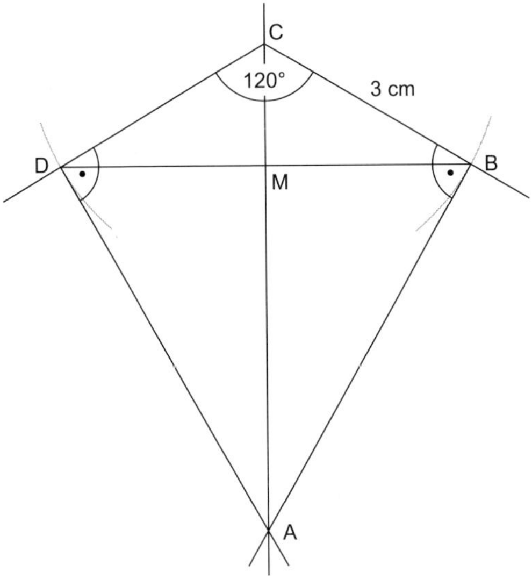

35.2 $\sphericalangle MCB = \frac{1}{2} \cdot \sphericalangle DCB = \frac{1}{2} \cdot 120° = 60°$

$\sphericalangle CBM = 180° - \sphericalangle MCB - \sphericalangle BMC$ (Innenwinkelsumme in ΔMBC)

$\sphericalangle CBM = 180° - 60° - 90° = 30°$

$\sphericalangle MBA = \sphericalangle CBA - \sphericalangle CBM = 90° - 30° = 60°$

Aus Symmetriegründen folgt, dass das Dreieck ABD gleichseitig ist.

oder:

$\sphericalangle ACB = \frac{1}{2} \cdot \sphericalangle DCB = \frac{1}{2} \cdot 120° = 60°$

$\sphericalangle BAC = 180° - \sphericalangle ACB - \sphericalangle CBA$ (Innenwinkelsumme in ΔBAC)

$\sphericalangle BAC = 180° - 60° - 90° = 30°$

$\sphericalangle BAD = 2 \cdot \sphericalangle BAC = 2 \cdot 30° = 60°$

Aus Symmetriegründen folgt, dass das Dreieck ABD gleichseitig ist.

35.3

TIPP Das Volumen des Rotationskörpers setzt sich folgendermaßen zusammen:

- $V_{\text{Kegel klein}}$ mit dem Axialschnitt DBC
- $V_{\text{Kegel groß}}$ mit dem Axialschnitt ABD

Zunächst bestimmt man die Radien und Höhen dieser Kegel.

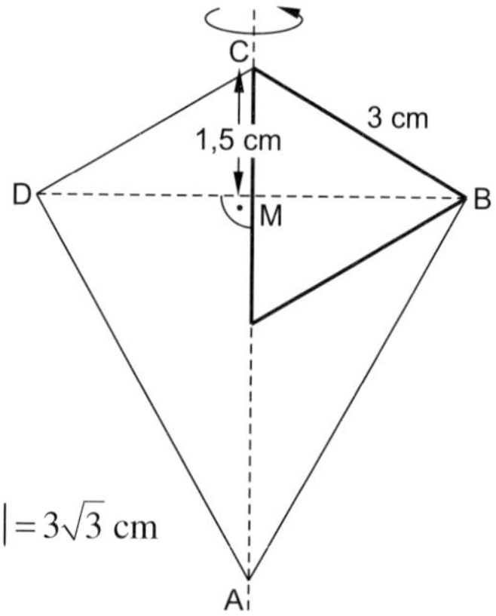

Das Dreieck CMB ist wegen $\sphericalangle MCB = 60°$ ein „halbes gleichseitiges Dreieck". Somit gelten:

- $|\overline{CM}| = \frac{|\overline{BC}|}{2} = 1{,}5\text{ cm}$
- $|\overline{MB}| = \frac{|\overline{BC}|}{2}\sqrt{3} = \frac{3}{2}\sqrt{3}\text{ cm}$

  (Höhe in einem gleichseitigen Dreieck)

Auch im gleichseitigen Dreieck ABD gilt:

$|\overline{AM}| = \frac{|\overline{BD}|}{2}\sqrt{3}$ mit $|\overline{BD}| = 2 \cdot |\overline{MB}| = 3\sqrt{3}\text{ cm}$

$|\overline{AM}| = \frac{3\sqrt{3}}{2}\sqrt{3}\text{ cm}$

$|\overline{AM}| = \frac{3 \cdot 3}{2}\text{ cm}$

$|\overline{AM}| = 4{,}5\text{ cm}$

Bestimmung des Volumens des Rotationskörpers:

$V = V_{\text{Kegel klein}} + V_{\text{Kegel groß}}$

$$V = \frac{1}{3} \cdot |\overline{MB}|^2 \cdot \pi \cdot |\overline{CM}| + \frac{1}{3} \cdot |\overline{MB}|^2 \cdot \pi \cdot |\overline{AM}|$$

$$V = \left[\frac{1}{3} \cdot \left(\frac{3}{2} \cdot \sqrt{3}\right)^2 \cdot \pi \cdot 1{,}5 + \frac{1}{3} \cdot \left(\frac{3}{2} \cdot \sqrt{3}\right)^2 \cdot \pi \cdot 4{,}5\right]\text{cm}^3$$

$$V = \left[\frac{1}{3} \cdot \frac{9}{4} \cdot 3 \cdot \pi \cdot 1{,}5 + \frac{1}{3} \cdot \frac{9}{4} \cdot 3 \cdot \pi \cdot 4{,}5\right]\text{cm}^3$$

$$V = \left[\frac{9}{4} \cdot \pi \cdot (1{,}5 + 4{,}5)\right]\text{cm}^3$$

$$V = \frac{9}{4} \cdot \pi \cdot 6\text{ cm}^3$$

$$V = 13{,}5\pi\text{ cm}^3$$

36.0

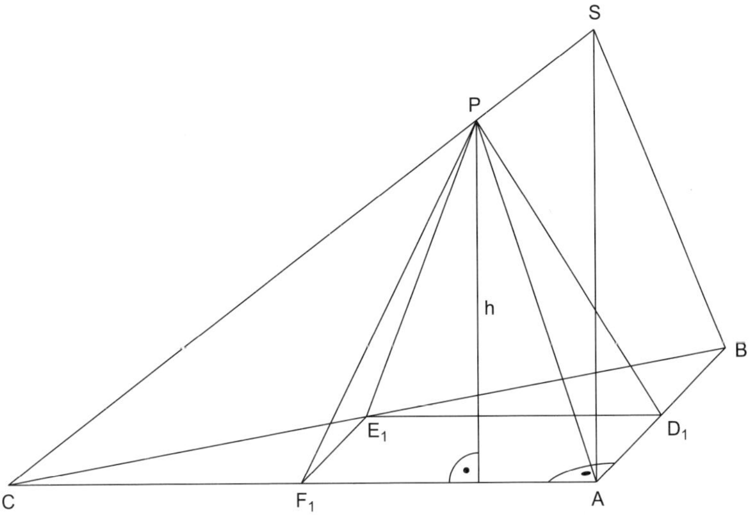

36.1 Wegen $\sphericalangle SAC = 90°$ gilt mit dem Satz des Pythagoras im rechtwinkligen Dreieck ASC:

$$|\overline{CS}|^2 = |\overline{AC}|^2 + |\overline{AS}|^2$$

$$|\overline{CS}| = \sqrt{8^2 + 6^2}\ \text{cm}$$

$$|\overline{CS}| = \sqrt{64 + 36}\ \text{cm}$$

$$|\overline{CS}| = 10\ \text{cm}$$

36.2 Einzeichnen des Rechtecks $AD_1E_1F_1$

TIPP

- F_1 liegt auf $\overline{AC}$ und ist 4 cm von A entfernt.
- Für E_1 gilt: $E_1 \in \overline{BC}$ und $\overline{F_1E_1}$ verläuft parallel zu $\overline{AB}$.
- Für D_1 gilt: $D_1 \in \overline{AB}$ und $\overline{E_1D_1}$ verläuft parallel zu $\overline{AC}$.

Bestimmung von $|\overline{E_nF_n}|(x)$ mithilfe des Strahlensatzes:

$$\frac{|\overline{E_nF_n}|}{|\overline{AB}|} = \frac{|\overline{CF_n}|}{|\overline{AC}|} \qquad \text{mit } |\overline{CF_n}| = |\overline{AC}| - x\ \text{cm} \qquad x \in \mathbb{R};\ 0 < x < 8$$

$$\frac{|\overline{E_nF_n}|}{5\ \text{cm}} = \frac{(8-x)\ \text{cm}}{8\ \text{cm}} \qquad |\cdot 5\ \text{cm}$$

$$|\overline{E_nF_n}|(x) = \left(5 - \frac{5}{8}x\right)\text{cm}$$

36.3 TIPP Ein Quadrat ist ein Rechteck mit gleich langen Seiten, also $|\overline{AF_0}| = |\overline{E_0F_0}|$.

Bestimmung des Wertes für x, für den man das Quadrat $AD_0E_0F_0$ erhält: $|\overline{AF_n}| = |\overline{E_nF_n}|$

$$x = \left(5 - \frac{5}{8}x\right) \quad \left| + \frac{5}{8}x \right. \qquad x \in \mathbb{R};\ 0 < x < 8$$

$$\Leftrightarrow \quad \frac{13}{8}x = 5 \quad \left| \cdot \frac{8}{13} \right.$$

$$\Leftrightarrow \quad x = \frac{40}{13}$$

$$\Leftrightarrow \quad x = 3\frac{1}{13}$$

$$L = \left\{3\frac{1}{13}\right\}$$

36.4 Für den Flächeninhalt der Rechtecke $AD_nE_nF_n$ gilt:

$$A = |\overline{E_nF_n}| \cdot |\overline{AF_n}|$$

$$A(x) = \left(5 - \frac{5}{8}x\right) \cdot x\ \text{cm}^2 \qquad x \in \mathbb{R}; 0 < x < 8$$

$$A(x) = \left(-\frac{5}{8}x^2 + 5x\right)\text{cm}^2$$

Bestimmung des Wertes für x, für den die Rechteckfläche maximal wird, mithilfe von quadratischer Ergänzung:

$$A(x) = \left(-\frac{5}{8}x^2 + 5x\right)\text{cm}^2$$

$$A(x) = -\frac{5}{8}(x^2 - 8x + 16 - 16)\ \text{cm}^2$$

$$A(x) = \left[-\frac{5}{8}(x-4)^2 + \frac{16 \cdot 5}{8}\right]\text{cm}^2$$

$$A(x) = \left[-\frac{5}{8}(x-4)^2 + 10\right]\text{cm}^2$$

Für $x = 4$ wird der Flächeninhalt mit $A_{max} = 10\ \text{cm}^2$ maximal.

36.5 Einzeichnen der Pyramide $AD_1E_1F_1P$ und der zugehörigen Höhe h

> **TIPP**
> - P liegt auf $\overline{CS}$ und ist 2 cm von S entfernt.
> - Zeichnen der Pyramide mit der Grundfläche $AD_1E_1F_1$ und der Spitze P.
> - h steht senkrecht auf $\overline{AF_1}$.

36.6 Berechnung von h mithilfe des Strahlensatzes:

$$\frac{h}{|\overline{AS}|} = \frac{|\overline{CP}|}{|\overline{CS}|} \qquad \text{mit } |\overline{CP}| = |\overline{CS}| - |\overline{PS}|$$

$$\frac{h}{6\text{ cm}} = \frac{(10-2)\text{ cm}}{10\text{ cm}} \qquad |\cdot 6\text{ cm}$$

$$h = \frac{8 \cdot 6}{10}\text{ cm}$$

$$h = 4{,}8\text{ cm}$$

36.7

> **TIPP** Da die Höhe h der Pyramiden $AD_nE_nF_nP$ stets gleich ist, erhält man die Pyramide mit maximalem Volumen für den Wert von x, für den die Grundfläche $AD_nE_nF_n$ maximal wird. Dies wurde in Teilaufgabe 36.4 berechnet.

Man erhält für x = 4 das maximale Volumen:

$$V_{max} = \frac{1}{3} \cdot A_{max} \cdot h = \frac{1}{3} \cdot 10 \cdot 4{,}8\text{ cm}^3 = \frac{48}{3}\text{ cm}^3 = 16\text{ cm}^3$$

Daten und Zufall

1.1 Marianne erinnert sich bei einem Regensburger Autokennzeichen nur noch daran, dass in der Mitte zwei unterschiedliche Buchstaben standen und dann eine dreistellige Zahl folgte. Ob hier gleiche Ziffern vorkamen, konnte sie nicht sagen.

R – XX – XXX

Ermitteln Sie, wie viele Möglichkeiten es für das Kennzeichen gibt.

Hinweis: Als Buchstaben kommen die 26 Großbuchstaben des lateinischen Alphabets infrage.

1.2 Lea erinnert sich bei einem Augsburger Autokennzeichen nur noch daran, dass in der Mitte zwei gleiche Buchstaben standen und dann eine dreistellige Zahl folgte. Dabei waren die Hunderter- und die Zehnerstelle sicher gleich und es handelte sich um eine gerade Zahl.

A – XX – XXX

Ermitteln Sie, wie viele Möglichkeiten es für das Kennzeichen gibt.

Hinweis: Als Buchstaben kommen die 26 Großbuchstaben des lateinischen Alphabets infrage.

2 Aus zwölf Eissorten werden je vier verschiedene in einem Becher gekauft. Die Anordnung der Eissorten ist egal.

Bestimmen Sie, wie viele Möglichkeiten es gibt.

3 Eine Klasse besteht aus 24 Schülerinnen und Schülern. In der Klasse gibt es nur einen Felix. Für eine Gruppenarbeit sollen per Losverfahren Vierergruppen gebildet werden.

Ermitteln Sie, wie viele Möglichkeiten der Gruppenzusammensetzung es für die Gruppe gibt, in der der Schüler Felix ist.

4 Bei einem Turnier gibt es elf Teams. Alle Teams sollen genau einmal gegeneinander spielen.

Ermitteln Sie, wie viele Spiele es gibt.

5.0 Beim Spiel „Mastermind professional“ wählt Spieler A aus acht verschiedenfarbigen Stiften fünf aus und ordnet diese in einer Reihe an. Spieler B muss diesen Farb-Code erraten.

5.1 Bestimmen Sie die Gesamtanzahl an möglichen Farb-Codes.

5.2 Spieler B hat bereits beim ersten Versuch erraten, welche Farben Spieler A ausgewählt hat. Er muss nun nur noch die Reihenfolge herausfinden.

Bestimmen Sie die Anzahl der Möglichkeiten, die Farbstifte anzuordnen.

5.3 In den folgenden Teilaufgaben sind für jede der acht Farben fünf Stifte vorhanden.

Bestimmen Sie die Anzahl an möglichen Farb-Codes, wenn die fünf ausgewählten Stifte im Farb-Code nicht verschiedenfarbig sein müssen.

5.4 Bestimmen Sie die Anzahl an möglichen Farb-Codes, wenn der Farb-Code aus vier grünen und einem gelben Stift bestehen soll.

5.5 Bestimmen Sie die Anzahl an möglichen Farb-Codes, wenn der Farb-Code aus drei blauen und zwei grünen Stiften bestehen soll.

6.0 Bei einer Verlosung befinden sich insgesamt 20 Lose in der Trommel. Es wird mit „jedes vierte Los gewinnt“ geworben.

6.1 Bestimmen Sie, wie viele Gewinnlose und wie viele Nieten in der Lostrommel sind.

6.2 Herr Kunz kauft zwei Lose.

Zeichnen Sie ein zugehöriges Baumdiagramm, in dem die Wahrschein lichkeiten ersichtlich sind. Bestimmen Sie sodann …

a) die Wahrscheinlichkeit, dass Herr Kunz zwei Gewinne zieht.

b) die Wahrscheinlichkeit, dass Herr Kunz zwei Nieten zieht.

c) die Wahrscheinlichkeit, dass Herr Kunz mindestens einen Gewinn zieht.

7.0 In einem Säckchen befinden sich sechs gleichartige Kugeln, die sich nur durch ihre Farbe unterscheiden. Es sind drei blaue, zwei rote und eine gelbe Kugel. Aus dem Säckchen werden zwei Kugeln **ohne** Zurücklegen gezogen.

7.1 Bestimmen Sie die Wahrscheinlichkeit, dass zwei rote Kugeln gezogen werden.

7.2 Bestimmen Sie die Wahrscheinlichkeit, dass zwei blaue Kugeln gezogen werden.

7.3 Bestimmen Sie die Wahrscheinlichkeit, dass zwei verschiedenfarbige Kugeln gezogen werden.

7.4 Bestimmen Sie die Wahrscheinlichkeit, dass keine rote Kugel gezogen wird.

7.5 Bestimmen Sie die Wahrscheinlichkeit, dass mindestens eine rote Kugel gezogen wird.

8.0 In einem Säckchen befinden sich sechs gleichartige Kugeln, die sich nur durch ihre Farbe unterscheiden. Es sind drei blaue, zwei rote und eine gelbe Kugel. Aus dem Säckchen werden zwei Kugeln **mit** Zurücklegen gezogen.

8.1 Bestimmen Sie die Wahrscheinlichkeit, dass zwei rote Kugeln gezogen werden.

8.2 Bestimmen Sie die Wahrscheinlichkeit, dass zwei blaue Kugeln gezogen werden.

8.3 Bestimmen Sie die Wahrscheinlichkeit, dass zwei verschiedenfarbige Kugeln gezogen werden.

8.4 Bestimmen Sie die Wahrscheinlichkeit, dass keine rote Kugel gezogen wird.

8.5 Bestimmen Sie die Wahrscheinlichkeit, dass mindestens eine rote Kugel gezogen wird.

9.0 Mittags wird ein Menü angeboten, das aus einer Vorspeise, einer Hauptspeise und einem Nachtisch besteht. Dabei kann man aus zwei Vorspeisen wählen, wobei Vorspeise 1 nicht vegetarisch ist und Vorspeise 2 vegetarisch ist. Bei der Hauptspeise stehen zwei Fleischgerichte und ein vegetarisches Gericht zur Auswahl. Schließlich kann man sich noch für eine der zwei vegetarischen Nachspeisen entscheiden.

9.1 Bei der Menüzusammenstellung hat sich gezeigt, dass sich 75 % für Vorspeise 1 entscheiden, die Hauptspeisen gleich wahrscheinlich sind und Nachspeise 1 doppelt so oft gewählt wird wie Nachspeise 2.

Geben Sie die Anzahl an Möglichkeiten für die Menüzusammenstellung an. Zeichnen Sie ein zugehöriges Baumdiagramm und bestimmen Sie damit für alle möglichen Menüzusammenstellungen die jeweiligen Wahrscheinlichkeiten.

9.2 Bestimmen Sie die Wahrscheinlichkeit, dass ein vegetarisches Menü gewählt wird.

10.0 Beim Elfmeterschießen erzielt Spieler 1 mit einer Wahrscheinlichkeit von 80 % ein Tor und Spieler 2 mit einer Wahrscheinlichkeit von 75 %. Beide Spieler schießen einen Elfmeter.

10.1 Zeichnen Sie ein zugehöriges Baumdiagramm, in dem die Wahrscheinlichkeiten ersichtlich sind.

10.2 Bestimmen Sie die Wahrscheinlichkeit in Prozent, dass zwei Tore fallen.

10.3 Bestimmen Sie die Wahrscheinlichkeit in Prozent, dass kein Tor fällt.

10.4 Bestimmen Sie die Wahrscheinlichkeit in Prozent, dass genau ein Tor fällt.

Lösungsvorschlag

1.1 Da die Buchstaben verschieden waren, gibt es hier
$26 \cdot 25 = 650$ Möglichkeiten.

Da es eine 3-stellige Zahl war, kommen infrage:
- für die Hunderterstelle nur die Ziffern 1 bis 9 (9 Möglichkeiten)
- für die Zehner- sowie Einerstelle die Ziffern 0 bis 9 (jeweils 10 Möglichkeiten)

Für die 3-stellige Zahl gibt es also
$9 \cdot 10 \cdot 10 = 900$ Möglichkeiten.

Insgesamt gibt es somit
$650 \cdot 900 = 585\,000$ Möglichkeiten.

1.2 Da die Buchstaben gleich waren, ist der zweite Buchstabe durch den ersten Buchstaben festgelegt und es gibt hier 26 Möglichkeiten.

Da es eine 3-stellige Zahl war, kommen für die Hunderterstelle nur die Ziffern 1 bis 9 infrage (9 Möglichkeiten).

Da die Hunderter- und die Zehnerstelle gleich waren, ist die Zehnerstelle durch die Hunderterstelle festgelegt (keine weitere Möglichkeit).

Da die Zahl außerdem gerade war, kommen nur die Einerziffern 0, 2, 4, 6 und 8 infrage (5 Möglichkeiten).

Für die 3-stellige Zahl gibt es also
$9 \cdot 5 = 45$ Möglichkeiten.

Insgesamt gibt es also
$26 \cdot 45 = 1\,170$ Möglichkeiten.

2 Für die Auswahl von 4 verschiedenen Eissorten aus den 12 zur Verfügung stehenden gibt es
$12 \cdot 11 \cdot 10 \cdot 9 = 11\,880$ Möglichkeiten.

> **TIPP** Da die Anordnung der Eissorten egal ist, muss durch die Anzahl der Anordnungen (Permutationen) geteilt werden.

Es gibt $4 \cdot 3 \cdot 2 \cdot 1 = 24$ verschiedene Anordnungen von 4 Eissorten.

Die gesuchte Anzahl an Möglichkeiten beträgt also:

$$\frac{11\,880}{24} = 495$$

3 Da Felix in seiner Gruppe feststeht, müssen noch 3 Gruppenmitglieder „gezogen" werden. Hierfür gibt es $23 \cdot 22 \cdot 21 = 10\,626$ Möglichkeiten.

Da es egal ist, in welcher Reihenfolge die Gruppenmitglieder gezogen werden, und es für 3 Personen $3 \cdot 2 \cdot 1 = 6$ verschiedene Anordnungen (Permutationen) gibt, beträgt die Anzahl der möglichen Gruppenzusammensetzungen:

$$\frac{10\,626}{6} = 1\,771$$

4 Jedes der 11 Teams spielt gegen 10 andere. Das wären $11 \cdot 10 = 110$ mögliche Partien.

Da jedes Team genau einmal gegen ein anderes spielt, wird nicht zwischen „Team A gegen Team B" oder „Team B gegen Team A" unterschieden.

Somit halbiert sich die Anzahl an möglichen Partien auf insgesamt 55.

oder:

Team 1 spielt gegen 10 gegnerische Teams.

Team 2 spielt noch gegen 9 weitere Teams
(neben dem bereits stattgefundenen Spiel gegen Team 1).

Team 3 spielt noch gegen 8 weitere Teams
(neben den bereits stattgefundenen Spielen gegen Team 1 und 2).

...

Team 10 spielt noch gegen 1 weiteres Team
(neben den bereits stattgefundenen Spielen gegen die Teams 1 bis 9).

Die Summe an Spielen beträgt somit:
$10 + 9 + 8 + 7 + 6 + 5 + 4 + 3 + 2 + 1 = 55$

Es finden 55 Spiele statt.

5.1 Es gibt $8 \cdot 7 \cdot 6 \cdot 5 \cdot 4 = 6\,720$ Möglichkeiten.

5.2 Es gibt $5 \cdot 4 \cdot 3 \cdot 2 \cdot 1 = 120$ Möglichkeiten.

5.3 Es gibt $8 \cdot 8 \cdot 8 \cdot 8 \cdot 8 = 8^5 = 32\,768$ Möglichkeiten.

5.4 Der gelbe Stift kann auf Position 1, 2, 3, 4 oder 5 sein.
Es gibt also 5 Möglichkeiten.

5.5 Würde man die Stiftfarben mit 1 bis 5 nummerieren (z. B. $blau_1$, $blau_2$, $blau_3$, $grün_4$, $grün_5$), hätte man insgesamt $5 \cdot 4 \cdot 3 \cdot 2 \cdot 1 = 120$ Möglichkeiten.

Da es aber egal ist, welche Nummerierung ein blauer Stift besitzt, und es für die blauen Stifte $3 \cdot 2 \cdot 1 = 6$ mögliche Anordnungen (Permutationen) gibt, erhält man nur noch $120 : 6 = 20$ Möglichkeiten.

Da es auch egal ist, welche Nummerierung ein grüner Stift besitzt, und es für die grünen Stifte $2 \cdot 1 = 2$ mögliche Anordnungen (Permutationen) gibt, erhält man nur noch $20 : 2 = 10$ Möglichkeiten.

oder:

Wenn ein grüner Stift auf Position 5 steht, gibt es für den anderen grünen Stift 4 Möglichkeiten (Position 1 bis 4).

Wenn ein grüner Stift auf Position 4 steht, gibt es für den anderen grünen Stift neben der oben abgedeckten Möglichkeit 3 weitere Möglichkeiten (Position 1 bis 3).

Wenn ein grüner Stift auf Position 3 steht, gibt es für den anderen grünen Stift neben den oben abgedeckten Möglichkeiten 2 weitere Möglichkeiten (Positionen 1 und 2).

Wenn ein grüner Stift auf Position 2 steht, gibt es für den anderen grünen Stift neben den oben abgedeckten Möglichkeiten 1 weitere Möglichkeit (Position 1).

Es gibt also insgesamt $4 + 3 + 2 + 1 = 10$ Möglichkeiten.

6.1 Die Anzahl an Gewinnlosen beträgt $20 : 4 = 5$.
Es sind somit 5 Gewinnlose und 15 Nieten in der Trommel.

6.2 a) Mit „G“ für Gewinn und „N“ für Niete ergibt sich:

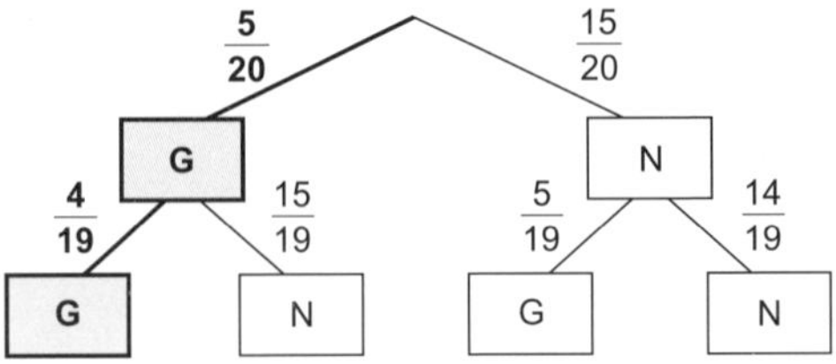

Die Wahrscheinlichkeit für 2 Gewinne beträgt:

$$\frac{5}{20} \cdot \frac{4}{19} = \frac{1}{19}$$

TIPP Der Pfad für 2 Gewinne ist im Baumdiagramm hervorgehoben.

b) Die Wahrscheinlichkeit für 2 Nieten beträgt:

$$\frac{15}{20} \cdot \frac{14}{19} = \frac{21}{38}$$

TIPP Der Pfad für 2 Nieten ist hervorgehoben:

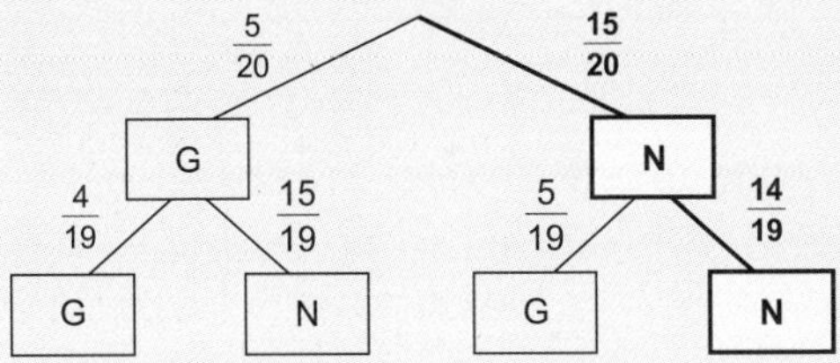

c) „Mindestens ein Gewinn" ist das Gegenereignis zu „2 Nieten" aus Teil b. Die gesuchte Wahrscheinlichkeit beträgt also:

$$1 - \frac{21}{38} = \frac{17}{38}$$

oder mithilfe der Pfadregeln:

$$\frac{5}{20} \cdot \frac{4}{19} + \frac{5}{20} \cdot \frac{15}{19} + \frac{15}{20} \cdot \frac{5}{19} = \frac{17}{38}$$

TIPP Die benutzen Pfade sind hervorgehoben:

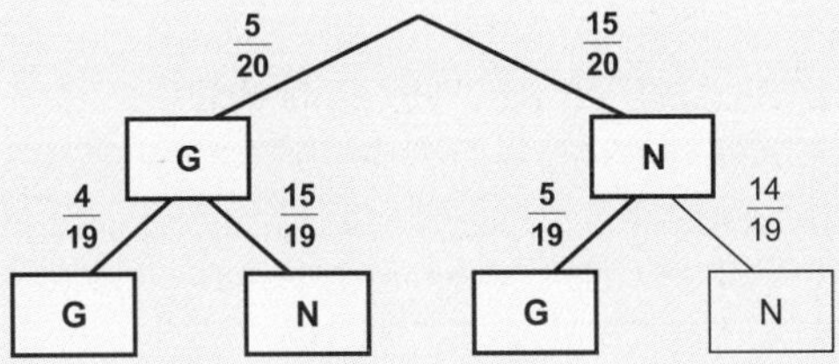

oder kürzer:

$$\frac{5}{20}+\frac{15}{20}\cdot\frac{5}{19}=\frac{17}{38}$$

TIPP Die benutzten Pfade sind hervorgehoben:

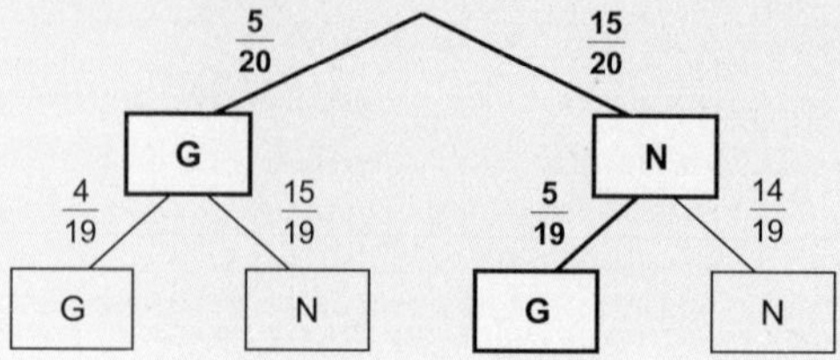

7.1 Beim ersten Zug sind 2 der insgesamt 6 Kugeln im Säckchen rot.

Da nicht zurückgelegt wird, ist in diesem Fall beim zweiten Zug 1 der insgesamt 5 Kugeln im Säckchen rot.

Die Wahrscheinlichkeit für 2 rote Kugeln beträgt:

$$\frac{2}{6}\cdot\frac{1}{5}=\frac{1}{15}$$

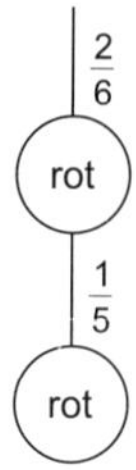

7.2 Beim ersten Zug sind 3 der insgesamt 6 Kugeln im Säckchen blau.

Da nicht zurückgelegt wird, sind in diesem Fall beim zweiten Zug 2 der insgesamt 5 Kugeln im Säckchen blau.

Die Wahrscheinlichkeit für 2 blaue Kugeln beträgt:

$$\frac{3}{6}\cdot\frac{2}{5}=\frac{1}{5}$$

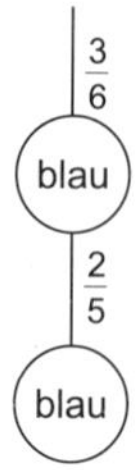

7.3 „2 verschiedenfarbige Kugeln“ ist das Gegenereignis zu „2 gleichfarbige Kugeln“.

TIPP Die Wahrscheinlichkeit, dass 2 gleichfarbige Kugeln gezogen werden, ist gleich der Wahrscheinlichkeit, dass 2 rote oder 2 blaue Kugeln gezogen werden (Summe der Wahrscheinlichkeiten aus den Teilaufgaben 7.1 und 7.2).

Daher beträgt die gesuchte Wahrscheinlichkeit:

$$1-\left(\frac{1}{15}+\frac{1}{5}\right)=1-\frac{4}{15}=\frac{11}{15}$$

oder:

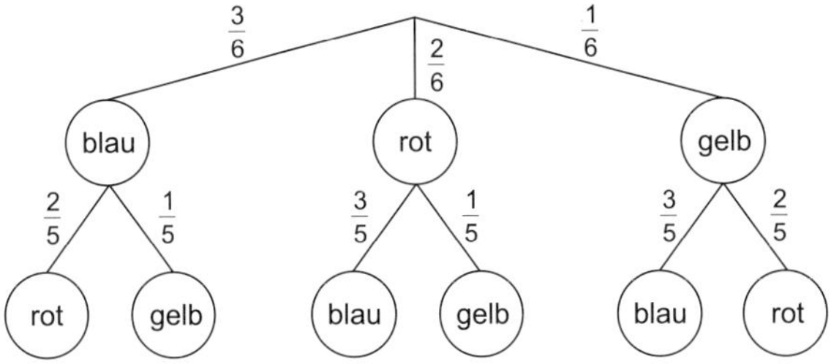

$$\frac{3}{6}\cdot\frac{2}{5} + \frac{3}{6}\cdot\frac{1}{5} + \frac{2}{6}\cdot\frac{3}{5} + \frac{2}{6}\cdot\frac{1}{5} + \frac{1}{6}\cdot\frac{3}{5} + \frac{1}{6}\cdot\frac{2}{5} =$$

$$\frac{6}{30} + \frac{3}{30} + \frac{6}{30} + \frac{2}{30} + \frac{3}{30} + \frac{2}{30} = \frac{22}{30} = \frac{11}{15}$$

7.4 Da nur Blau oder Gelb gezogen werden darf und sich somit 4 mögliche Kugeln im Säckchen befinden, beträgt die Wahrscheinlichkeit beim ersten Zug $\frac{4}{6}$ und beim zweiten Zug $\frac{3}{5}$.

Die Wahrscheinlichkeit, dass keine rote Kugel gezogen wird, beträgt also:

$$\frac{4}{6}\cdot\frac{3}{5}=\frac{2}{5}$$

oder:

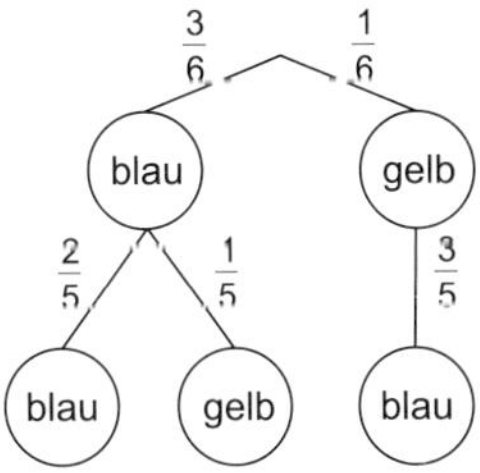

$$\frac{3}{6}\cdot\frac{2}{5} + \frac{3}{6}\cdot\frac{1}{5} + \frac{1}{6}\cdot\frac{3}{5} =$$

$$\frac{6}{30} + \frac{3}{30} + \frac{3}{30} = \frac{12}{30} = \frac{2}{5}$$

7.5 „Mindestens eine rote Kugel“ ist das Gegenereignis zu „Keine rote Kugel“ aus Teilaufgabe 7.4.

Die Wahrscheinlichkeit, mindestens eine rote Kugel zu ziehen, beträgt also:

$$1-\frac{2}{5}=\frac{3}{5}$$

oder:

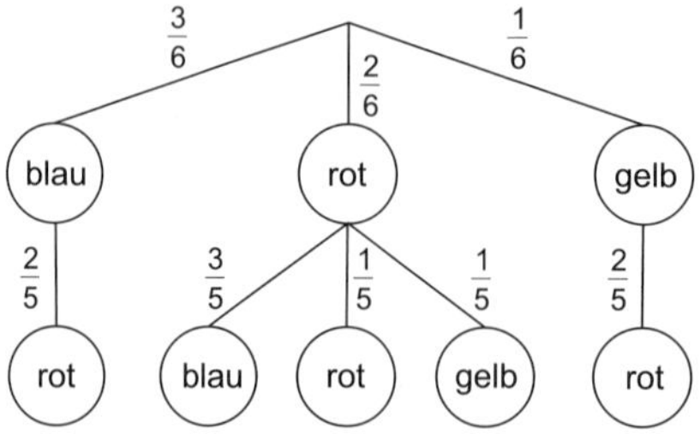

$$\frac{3}{6}\cdot\frac{2}{5}+\frac{2}{6}\cdot\frac{3}{5}+\frac{2}{6}\cdot\frac{1}{5}+\frac{2}{6}\cdot\frac{1}{5}+\frac{1}{6}\cdot\frac{2}{5}=$$

$$\frac{6}{30}+\frac{6}{30}+\frac{2}{30}+\frac{2}{30}+\frac{2}{30}=\frac{18}{30}=\frac{3}{5}$$

8.1 Beim ersten Zug sind 2 der insgesamt 6 Kugeln im Säckchen rot.

Da zurückgelegt wird, sind in diesem Fall auch beim zweiten Zug 2 der insgesamt 6 Kugeln im Säckchen rot.

Die Wahrscheinlichkeit für 2 rote Kugeln beträgt:

$$\frac{2}{6}\cdot\frac{2}{6}=\frac{1}{9}$$

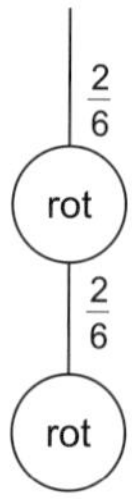

8.2 Beim ersten Zug sind 3 der insgesamt 6 Kugeln im Säckchen blau.

Da zurückgelegt wird, sind in diesem Fall auch beim zweiten Zug 3 der insgesamt 6 Kugeln im Säckchen blau.

Die Wahrscheinlichkeit für 2 blaue Kugeln beträgt:

$$\frac{3}{6}\cdot\frac{3}{6}=\frac{1}{4}$$

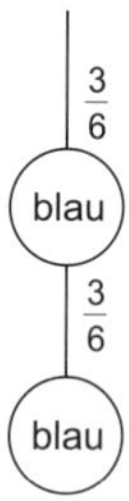

8.3 „2 verschiedenfarbige Kugeln" ist das Gegenereignis zu „2 gleichfarbige Kugeln".

> **TIPP** Um die Wahrscheinlichkeit des Gegenereignisses zu bestimmen, fehlt noch die Wahrscheinlichkeit für 2 gelbe Kugeln. Die Wahrscheinlichkeit für 2 rote Kugeln bzw. für 2 blaue Kugeln wurde bereits in Teilaufgabe 8.1 bzw. 8.2 bestimmt.

Beim ersten Zug ist 1 der insgesamt 6 Kugeln im Säckchen gelb.

Da zurückgelegt wird, ist auch beim zweiten Zug 1 der insgesamt 6 Kugeln im Säckchen gelb.

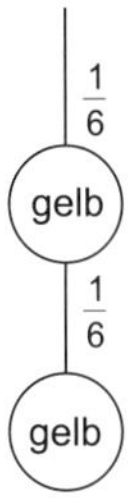

Die Wahrscheinlichkeit für 2 gelbe Kugeln beträgt:

$$\frac{1}{6} \cdot \frac{1}{6} = \frac{1}{36}$$

Daher beträgt die gesuchte Wahrscheinlichkeit:

$$1 - \left(\frac{1}{9} + \frac{1}{4} + \frac{1}{36}\right) = 1 - \left(\frac{4}{36} + \frac{9}{36} + \frac{1}{36}\right) = 1 - \frac{14}{36} = \frac{22}{36} = \frac{11}{18}$$

oder:

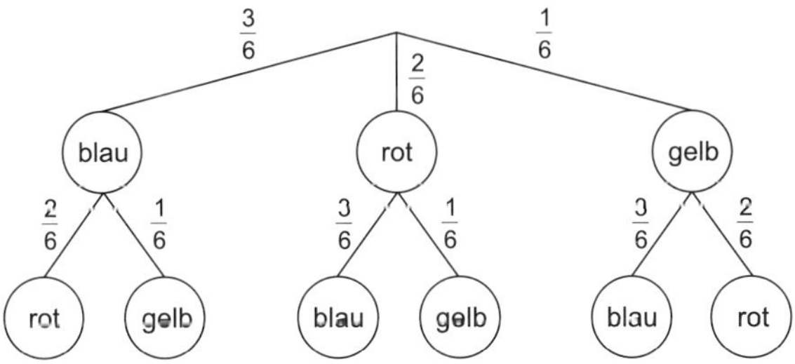

$$\frac{3}{6} \cdot \frac{2}{6} + \frac{3}{6} \cdot \frac{1}{6} + \frac{2}{6} \cdot \frac{3}{6} + \frac{2}{6} \cdot \frac{1}{6} + \frac{1}{6} \cdot \frac{3}{6} + \frac{1}{6} \cdot \frac{2}{6} =$$

$$\frac{6}{36} + \frac{3}{36} + \frac{6}{36} + \frac{2}{36} + \frac{3}{36} + \frac{2}{36} = \frac{22}{36} = \frac{11}{18}$$

8.4 Da nur Blau oder Gelb gezogen werden darf und sich somit 4 mögliche Kugeln im Säckchen befinden, beträgt die Wahrscheinlichkeit beim ersten Zug und beim zweiten Zug jeweils $\frac{4}{6}$.

Die Wahrscheinlichkeit, dass keine rote Kugel gezogen wird, beträgt also:

$$\frac{4}{6} \cdot \frac{4}{6} = \frac{4}{9}$$

oder:

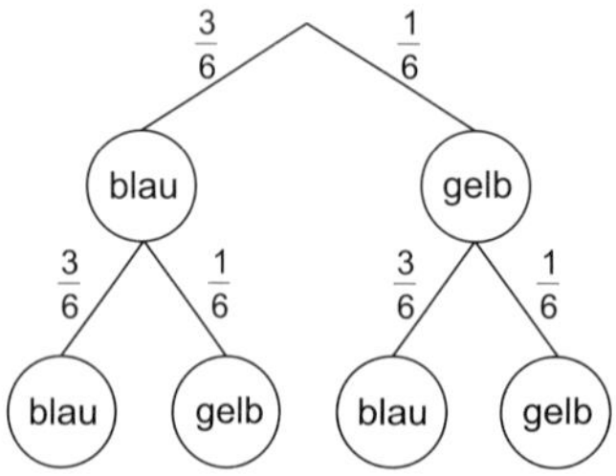

$$\frac{3}{6} \cdot \frac{3}{6} + \frac{3}{6} \cdot \frac{1}{6} + \frac{1}{6} \cdot \frac{3}{6} + \frac{1}{6} \cdot \frac{1}{6} =$$

$$\frac{9}{36} + \frac{3}{36} + \frac{3}{36} + \frac{1}{36} = \frac{16}{36} = \frac{4}{9}$$

8.5 „Mindestens eine rote Kugel" ist das Gegenereignis zu „Keine rote Kugel" aus Teilaufgabe 8.4.

Die Wahrscheinlichkeit, mindestens eine rote Kugel zu ziehen, beträgt:

$$1 - \frac{4}{9} = \frac{5}{9}$$

oder:

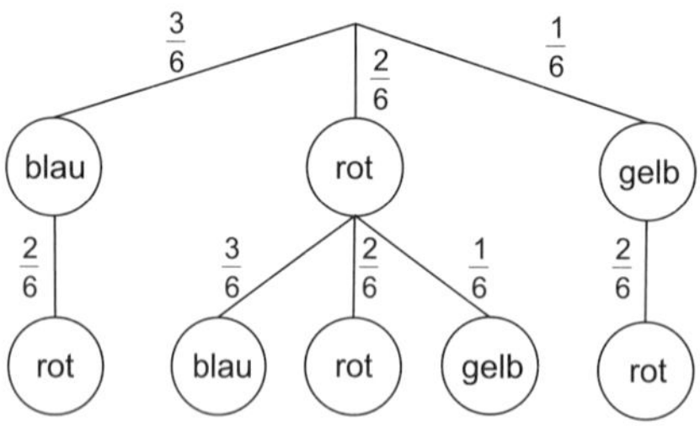

$$\frac{3}{6} \cdot \frac{2}{6} + \frac{2}{6} \cdot \frac{3}{6} + \frac{2}{6} \cdot \frac{2}{6} + \frac{2}{6} \cdot \frac{1}{6} + \frac{1}{6} \cdot \frac{2}{6} =$$

$$\frac{6}{36} + \frac{6}{36} + \frac{4}{36} + \frac{2}{36} + \frac{2}{36} = \frac{20}{36} = \frac{5}{9}$$

9.1 Es gibt insgesamt $2 \cdot 3 \cdot 2 = 12$ verschiedene Möglichkeiten für die Menüzusammenstellung.

Zeichnen eines Baumdiagramms:
Vorspeisen werden mit „V“ abgekürzt, Hauptspeisen mit „H“ und Nachspeisen mit „N“. Durch den Zusatz „veg“ wird angegeben, welche davon jeweils vegetarisch sind.

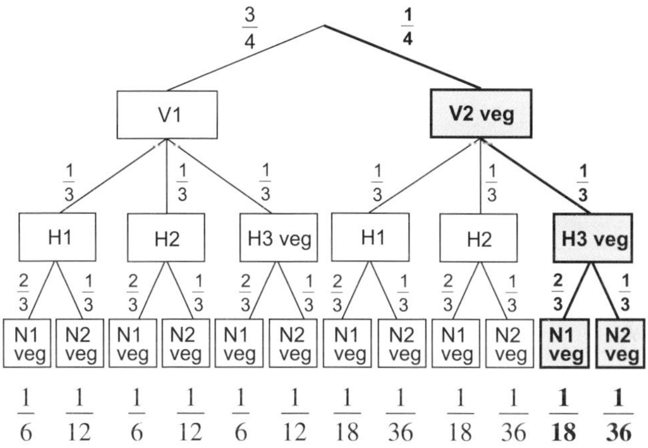

9.2 Die Wahrscheinlichkeit, dass ein vegetarisches Menü bestellt wird, beträgt:

$$\frac{1}{18} + \frac{1}{36} = \frac{3}{36} = \frac{1}{12}$$

TIPP Die Pfade für die vegetarischen Menüs sind im Baumdiagramm aus Teilaufgabe 9.1 hervorgehoben.

oder:

Da die Nachspeise immer vegetarisch ist, muss nur die Wahl der Vorspeise und der Hauptspeise betrachtet werden und die gesuchte Wahrscheinlichkeit beträgt:

$$\frac{1}{4} \cdot \frac{1}{3} = \frac{1}{12}$$

10.1

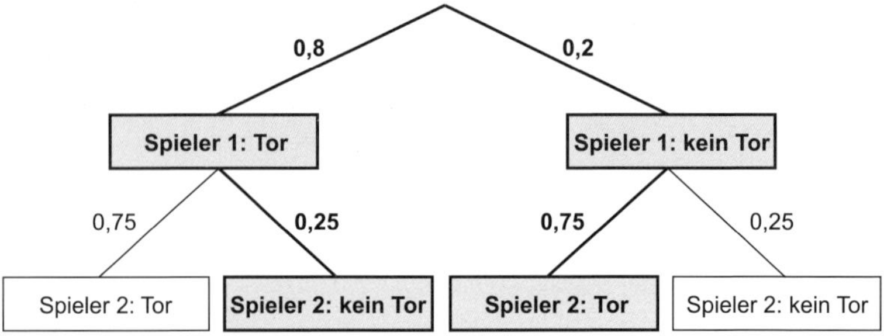

10.2 Die Wahrscheinlichkeit, dass 2 Tore fallen, beträgt:
$0{,}8 \cdot 0{,}75 = 0{,}6$ also 60 %

10.3 Die Wahrscheinlichkeit, dass kein Tor fällt, beträgt:
$0{,}2 \cdot 0{,}25 = 0{,}05$ also 5 %

10.4 Die Wahrscheinlichkeit, dass genau ein Tor fällt, beträgt:

> **TIPP** Die zugehörigen Pfade sind im Baumdiagramm aus Teilaufgabe 10.1 hervorgehoben.

$0{,}8 \cdot 0{,}25 + 0{,}2 \cdot 0{,}75 = 0{,}35$ also 35 %

oder:

„Genau ein Tor" ist das Gegenereignis zu „2 Tore oder keines".

> **TIPP** Die benötigten Wahrscheinlichkeiten für 2 Tore und für kein Tor wurden in den Teilaufgaben 10.2 und 10.3 bestimmt.

Die Wahrscheinlichkeit für genau ein Tor beträgt:
$100\,\% - (60\,\% + 5\,\%) = 35\,\%$

MUSTERPRÜFUNGEN

Hinweise des Bayerischen Staatsministeriums für Unterricht und Kultus

Die Beispielaufgaben für die Abschlussprüfung sowie die Muster-Abschlussprüfung sollen insbesondere Folgendes veranschaulichen:

- Mögliche Gestaltung der Abschlussprüfung ab dem Jahr 2023
- Integration eines Prüfungsteils A, der ohne Taschenrechner zu bearbeiten ist
- Neuerungen bei den Prüfungsinhalten, insbesondere auch aus dem Bereich Daten und Zufall (sowohl im Prüfungsteil A als auch im Prüfungsteil B)
- Lehrplanbedingte, formale Änderungen (z. B. neuer Zeichenkatalog)
- Integration neuer Aufgabenformate
- Bedeutung von Operatoren in Aufgabenstellungen
- Orientierung zu Korrektur und Bepunktung
- Bewahrung bewährter Aufgabenformate und Kontinuität im Hinblick auf die bisherige Abschlussprüfung:
  - weitgehende Übernahme von Prüfungsaufgaben aus vergangenen Jahren im Teil B
  - Aufgaben aus vergangenen Jahren als Grundlage einer gezielten Vorbereitung auch für die Abschlussprüfung ab 2023

Bitte beachten Sie, dass die Beispielaufgaben sowie die Muster-Abschlussprüfungen im Zusammenhang betrachtet werden sollten. So können etwa Aufgabenformate oder die Zusammensetzung bzw. der Aufbau von Prüfungen, wie sie etwa für Mathematik I aufgezeigt werden, grundsätzlich auch in Mathematik II vorkommen und umgekehrt. Zudem dienen die Materialien in erster Linie der Orientierung bei der Vorbereitung auf die Prüfungen ab 2023 und haben somit exemplarischen Charakter.
Verbindliche Rückschlüsse auf Prüfungsaufgaben sind nicht möglich.

Raumgeometrie

BE

A 1 Der zylinderförmige Teil der abgebildeten Litfaßsäule besitzt die Höhe h und den Durchmesser d. Dieser Teil wird vollständig mit Werbeplakaten beklebt.

Ermitteln Sie den ungefähren Flächeninhalt A der beklebten Fläche in Wirklichkeit. Schätzen Sie die dafür benötigten Größen mithilfe des Bildes ab. 4

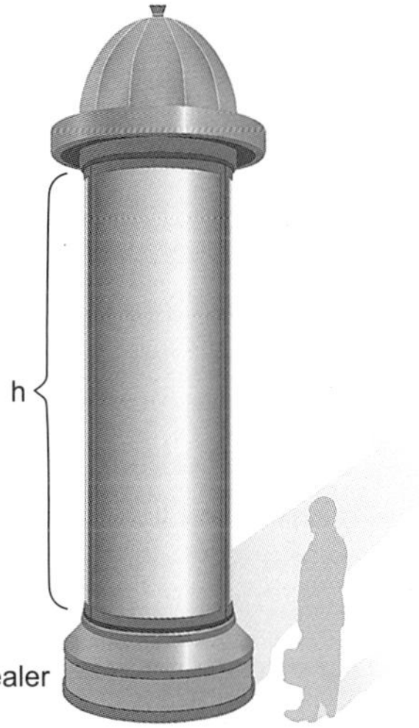

© ClipDealer

A 2.0 Eine Umfrage unter den 620 Schülern einer Realschule ergibt, dass sich jeder vierte dieser Schüler eine größere Auswahl beim Pausenverkauf wünscht.

A 2.1 Berechnen Sie, wie viele Schüler diesen Wunsch geäußert haben. 1

A 2.2 Um den Schülern entgegenzukommen, gibt es beim Pausenverkauf ab sofort die Möglichkeit, sich sein Brötchen nach Wunsch belegen zu lassen.
Dazu wählen die Schüler zwischen Weizen-, Dinkel- und Roggenbrötchen, treffen anschließend eine Entscheidung zwischen Salami (Sa), Schinken (Sch), Kräuterquark (Kr) und Käse (Kä) und wählen dann noch zwischen Gurken (G) oder Tomaten (T) aus.

Erstellen Sie einen Ausschnitt eines Baumdiagramms, der alle Pfade enthält, die sich für vollständig belegte Weizenbrötchen ergeben.

Nennen Sie sodann die Anzahl der verschiedenen Kombinationsmöglichkeiten für vollständig belegte Brötchen. 3

A 2.3 Alle Kombinationsmöglichkeiten sind gleich beliebt.

Geben Sie die Wahrscheinlichkeit dafür an, dass als erstes Brötchen eines mit Schinken verkauft wird. 1

A 2.4 Freitags gibt es nur Überraschungsbrötchen. Von allen Kombinationsmöglichkeiten werden gleich viele Brötchen vorbereitet. Beim Kauf erhält man ein zufällig ausgewähltes Überraschungsbrötchen.

Bestimmen Sie, mit welcher Wahrscheinlichkeit das erste verkaufte Überraschungsbrötchen entweder eines mit Salami und Gurke oder ein Roggenbrötchen mit Kräuterquark ist. 2

Lösungsvorschlag

A 1 TIPP Gesucht ist die Mantelfläche A des Zylinders. Um die Höhe h und den Durchmesser d des Zylinders abschätzen zu können, vergleicht man diese mit der Größe des Mannes. Für die Größe des Mannes nimmt man einen realistischen Wert an, z. B. 1,80 m. Unter dieser Annahme ist die Litfaßsäule ca. 3,60 m hoch (gerundet: 4 m) und hat einen Durchmesser von ca. 1,20 m (gerundet: 1 m). Da es sich lediglich um eine Abschätzung handelt, nimmt man als Näherungswert zudem $\pi = 3$ an.
Je nach angenommener Größe des Mannes sind unterschiedliche Ergebnisse möglich.

Größe des Mannes in Wirklichkeit: ca. 1,80 m
Folglich gilt:
Höhe h der Litfaßsäule: ca. 4 m
Durchmesser d der Litfaßsäule: ca. 1 m

Abschätzung der Mantelfläche:
$A = d \cdot \pi \cdot h$
$A = 1 \cdot 3 \cdot 4 \text{ m}^2$
$A = 12 \text{ m}^2$

Die zu beklebende Fläche hat einen Flächeninhalt von ca. 12 m^2.

A 2.1 TIPP Jeder vierte Schüler ist gleichbedeutend mit $\frac{1}{4}$ der Schüler.

$620 : 4 = 155$

Den Wunsch haben 155 Schüler geäußert.

A 2.2 Baumdiagramm-Ausschnitt:

TIPP Beim Baumdiagramm spielt die Art des Brötchens keine Rolle, da hier von einer Weizensemmel ausgegangen wird.

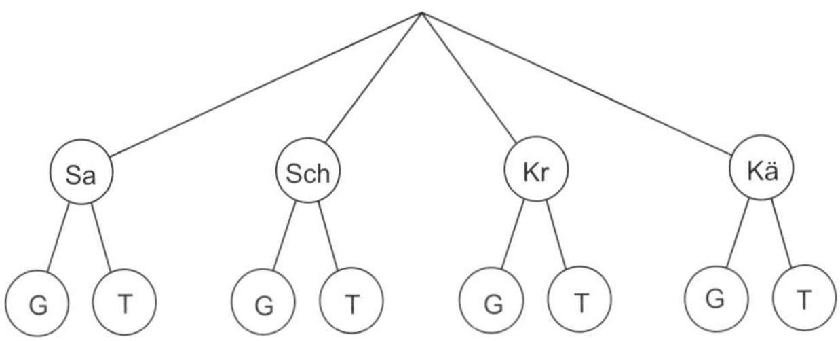

Gesamtanzahl an Kombinationsmöglichkeiten:

TIPP Bei den Gesamtmöglichkeiten werden nun auch die 3 verschiedenen Brotarten berücksichtigt.

Es gibt $3 \cdot 4 \cdot 2 = 24$ verschiedene Kombinationsmöglichkeiten.

A 2.3 **TIPP** Neben Schinken (Sch) gibt es noch 3 weitere Möglichkeiten (Sa, Kr und Kä). Es gibt also 4 gleich beliebte Möglichkeiten.

25 %

TIPP Auch gleichwertige Lösungen wie z. B. $\frac{1}{4}$, 0,25 oder $\frac{6}{24}$ (Begründung: 6 der 24 Brötchen-Kombinationen beinhalten Schinken) sind bei derartigen Aufgaben gültig.

A 2.4 Wahrscheinlichkeit für „mit Salami und Gurke“:

TIPP Nur 1 von 4 Grundbelägen (Salami) ist günstig (Faktor $\frac{1}{4}$).
Nur 1 von 2 Toppings (Gurken) ist günstig (Faktor $\frac{1}{2}$).

$$\frac{1}{4} \cdot \frac{1}{2} = \frac{1}{8}$$

Wahrscheinlichkeit für „Roggenbrötchen mit Kräuterquark“:

TIPP Nur 1 von 3 Brötchen (Roggen) ist günstig (Faktor $\frac{1}{3}$).
Nur 1 von 4 Grundbelägen (Kräuterquark) ist günstig (Faktor $\frac{1}{4}$).

$$\frac{1}{3} \cdot \frac{1}{4} = \frac{1}{12}$$

Gesamtwahrscheinlichkeit: $\frac{1}{8} + \frac{1}{12} = \frac{3}{24} + \frac{2}{24} = \frac{5}{24}$

oder: $$\underbrace{3 \cdot \frac{1}{3} \cdot \frac{1}{4} \cdot \frac{1}{2}}_{\text{3 Pfade mit Salami und Gurke, die jeweils mit Wahrscheinlichkeit } \frac{1}{3}\cdot\frac{1}{4}\cdot\frac{1}{2} \text{ auftreten}} + \underbrace{2 \cdot \frac{1}{3} \cdot \frac{1}{4} \cdot \frac{1}{2}}_{\text{2 Pfade mit Roggenbrötchen und Kräuterquark, die jeweils mit Wahrscheinlichkeit } \frac{1}{3}\cdot\frac{1}{4}\cdot\frac{1}{2} \text{ auftreten}} = \frac{1}{8} + \frac{1}{12} = \frac{3}{24} + \frac{2}{24} = \frac{5}{24}$$

Funktionen

BE

B 1.0 Auf Meereshöhe beträgt der Luftdruck unter normalen Bedingungen 1 013 hPa (Hektopascal). Mit zunehmender Höhe nimmt der Luftdruck ab.

Der Wert des Luftdrucks kann annähernd durch die Funktion f mit der Gleichung $y = 1\,013 \cdot 0{,}87^x$ ($x \in \mathbb{R}_0^+$; $y \in \mathbb{R}_0^+$) beschrieben werden, wobei y den Luftdruck in hPa und x die Höhe in Kilometern über Meereshöhe angibt.

B 1.1 Der minimale Luftdruck, bei dem Menschen nachweislich dauerhaft leben können, liegt bei etwa 460 hPa.

Berechnen Sie mithilfe der Funktion f, in welcher Höhe dieser minimale Luftdruck vorherrscht.

Runden Sie auf eine Stelle nach dem Komma. 2

B 1.2 In der Luftfahrt verwendet man für den Zusammenhang zwischen Höhe und Luftdruck die Faustregel: „Alle 5,5 km halbiert sich der Luftdruck.“ Die momentane Reisehöhe eines Flugzeugs der Fluglinie „RisingAir“ liegt bei 11 km.

Berechnen Sie, um wie viel Prozent der Wert des Luftdrucks entsprechend der Faustregel größer ist als der Funktionswert, der sich für diese Höhe ergibt. Runden Sie auf Ganze. 3

B 2 Nebenstehende Skizze zeigt den Axialschnitt eines Rotationskörpers, der das Glas einer Sanduhr darstellt.
Es gilt:

$|\overline{MC}| = |\overline{ME}| = |\overline{MD}| = r = 10 \text{ mm};$

$|\overline{AG}| = 2 \text{ mm};$

$\sphericalangle FBA = 59°;\ \overline{BC} \parallel \overline{EF};\ \overline{AG} \parallel \overline{BF}$

Die beiden Hälften des Glases sind jeweils 50 mm hoch. Die untere Hälfte ist bis zur Fülllinie BF mit Sand gefüllt.

Wird die Sanduhr umgedreht, rieseln pro Sekunde durchschnittlich 50 mm^3 des Sandes von der oberen in die untere Hälfte des Glases.

Berechnen Sie, nach welcher Zeit sich der Sand wieder vollständig in der unteren Hälfte des Glases befindet. Runden Sie auf Ganze.

[Zwischenergebnis: $|\overline{BC}| = 25$ mm] 5

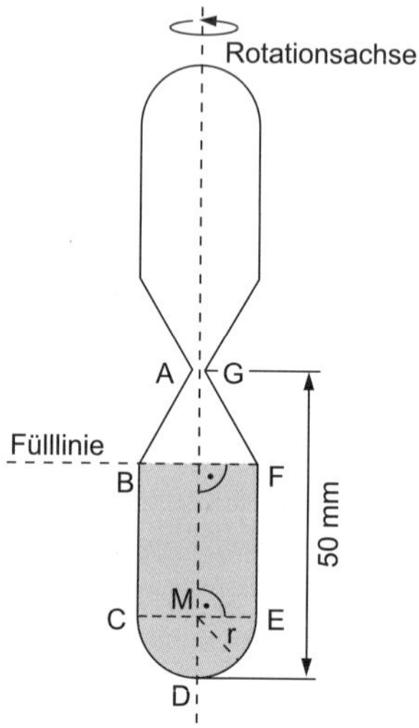

B 3.0 Die Parabel p mit dem Scheitel S(4 | 2) verläuft durch den Punkt P(–2 | –7).

Sie hat eine Gleichung der Form $y = ax^2 + bx + c$ mit $a \in \mathbb{R} \setminus \{0\}$ und $b, c, x, y \in \mathbb{R}$. Die Gerade g hat die Gleichung $y = -0{,}5x + 5$ mit $x, y \in \mathbb{R}$.

Runden Sie im Folgenden auf zwei Stellen nach dem Komma.

B 3.1 Geben Sie die Gleichung der Symmetrieachse der Parabel p an und zeigen Sie rechnerisch, dass die Parabel die Gleichung $y = -0{,}25x^2 + 2x - 2$ hat.

Zeichnen Sie die Parabel p und die Gerade g für $x \in [-1; 9]$ in ein Koordinatensystem.

Für die Zeichnung: Längeneinheit 1 cm; $-2 \leq x \leq 10$; $-5 \leq y \leq 6$ 5

B 3.2 Punkte $A_n(x \mid -0{,}25x^2 + 2x - 2)$ auf p und Punkte $B_n(x \mid -0{,}5x + 5)$ auf g haben dieselbe Abszisse x. Sie sind zusammen mit Punkten C_n und D_n Eckpunkte von gleichschenkligen Trapezen $A_nB_nC_nD_n$ mit $A_nB_n \parallel C_nD_n$. Die Höhen h der Trapeze haben eine Länge von 4 LE.
Weiter gilt: $|\overline{C_nD_n}| = 6$ LE.

Zeichnen Sie die Trapeze $A_1B_1C_1D_1$ für $x = 4$ und $A_2B_2C_2D_2$ für $x = 8{,}5$ in das Koordinatensystem zu B 3.1 ein. 2

B 3.3 Zeigen Sie rechnerisch, dass für den Flächeninhalt A der Trapeze $A_nB_nC_nD_n$ in Abhängigkeit von der Abszisse x der Punkte A_n gilt:
$A(x) = (0{,}5x^2 - 5x + 26)$ FE.
[Zwischenergebnis: $|\overline{A_nB_n}|(x) = (0{,}25x^2 - 2{,}5x + 7)$ LE] 2

B 3.4 Die Trapeze $A_3B_3C_3D_3$ und $A_4B_4C_4D_4$ haben einen Flächeninhalt von 25 FE.

Berechnen Sie die zugehörigen Werte für x.

Sie diese Trapeze Rechtecke? Begründen Sie Ihre Entscheidung. 4

B 3.5 Berechnen Sie das Maß des Winkels $D_1C_1B_1$. 2

B 4.0 Nebenstehend ist die Vorlage für ein Firmenlogo in Form eines Fisches skizziert.

Die Raute ABCD mit dem Diagonalenschnittpunkt M ist Grundlage für den Fischkörper, der durch den Kreisbogen $\widehat{OA}$ um den Mittelpunkt B, den Kreisbogen $\widehat{AP}$ um den Mittelpunkt D und die Strecke $\overline{OP}$ begrenzt wird. Das gleichschenklige Trapez OPQR bildet die Schwanzflosse.

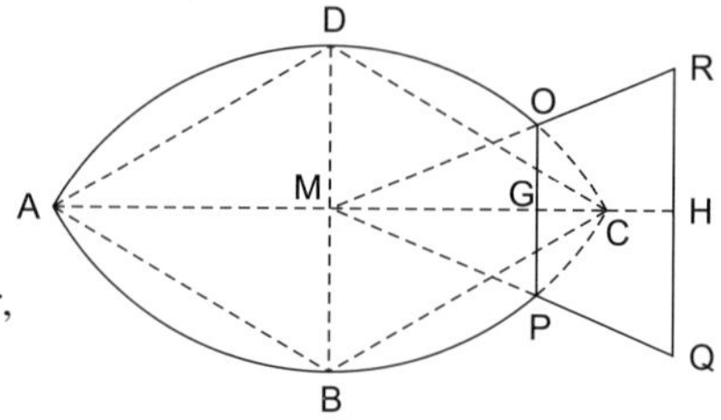

Es gilt:

$|\overline{BM}| = 3\text{ cm}$; $|\overline{BC}| = 6\text{ cm}$; $|\overline{MH}| = 6{,}5\text{ cm}$;

$|\overline{RQ}| = 5{,}2\text{ cm}$; $DB \parallel OP \parallel RQ$

Runden Sie im Folgenden auf zwei Stellen nach dem Komma.

B 4.1 Berechnen Sie die Länge der Strecke $\overline{CM}$ und zeigen Sie, dass für das Maß des Winkels CBA gilt: $\sphericalangle CBA = 120°$.
[Teilergebnis: $|\overline{CM}| = 5{,}20\text{ cm}$] 2

B 4.2 Zeichnen Sie die Vorlage des Firmenlogos. 3

B 4.3 Für die Strecke $\overline{OP}$ gilt: $|\overline{OP}| = 0{,}6 \cdot |\overline{RQ}|$.
Berechnen Sie die Längen der Strecken $\overline{MG}$ und $\overline{OR}$.
[Ergebnis: $|\overline{MG}| = 3{,}90\text{ cm}$; $|\overline{OR}| = 2{,}80\text{ cm}$] 4

B 4.4 Zur farbigen Gestaltung werden das Dreieck MPO und die Figur, die durch die Kreisbögen $\widehat{DA}$ und $\widehat{AB}$ sowie die Strecke $\overline{BD}$ begrenzt wird, silbern eingefärbt.
Berechnen Sie den Inhalt A der silbern eingefärbten Fläche. 2

B 4.5 Bestimmen Sie rechnerisch den Umfang u der Vorlage.
[Zwischenergebnis: $\sphericalangle OBA = 100{,}54°$; Ergebnis: $u = 31{,}86\text{ cm}$] 4

B 4.6 Das Firmenlogo wird später auf T-Shirts aufgenäht. Man geht davon aus, dass der benötigte Faden um 200 % länger als der Umfang der Vorlage ist. Auf einer Rolle befinden sich 500 m Faden.
Berechnen Sie, wie viele Firmenlogos mit einer Rolle höchstens aufgenäht werden können. 2

Lösungsvorschlag

B 1.1 **TIPP** Man bestimmt die Höhe x km, bei der der Luftdruck $y\,\text{hPa} = 460\,\text{hPa}$ beträgt.

$$460 = 1\,013 \cdot 0{,}87^x \quad \Big|:1\,013 \qquad x \in \mathbb{R}_0^+$$

$$\Leftrightarrow \quad 0{,}87^x = \frac{460}{1\,013}$$

$$\Leftrightarrow \quad x = \log_{0{,}87} \frac{460}{1\,013}$$

$$\Leftrightarrow \quad x = \frac{\ln \frac{460}{1\,013}}{\ln 0{,}87}$$

$$\Leftrightarrow \quad x = 5{,}7$$

$L = \{5{,}7\}$

Der gesuchte Luftdruck herrscht in einer Höhe von 5,7 km vor.

B 1.2 **TIPP** Laut Faustregel halbiert sich der Luftdruck nach 5,5 km. Nach weiteren 5,5 km halbiert sich der Luftdruck erneut. Laut Faustregel beträgt der Luftdruck in $2 \cdot 5{,}5\,\text{km} = 11\,\text{km}$ Höhe also nur noch $\frac{1}{4}$ des ursprünglichen Luftdrucks.

Luftdruck entsprechend der Faustregel:

$$\frac{1}{4} \cdot 1\,013\,\text{hPa} = 253\,\text{hPa}$$

Luftdruck entsprechend der Funktion:

$$1\,013 \cdot 0{,}87^{11}\,\text{hPa} = 219\,\text{hPa}$$

Prozentualer Luftdruckunterschied:

$$\frac{253 - 219}{219} \cdot 100\,\% = 16\,\%$$

Der Wert entsprechend der Faustregel ist um 16 % größer als der Wert, der sich aus der Funktion f ergibt.

B 2 TIPP Zunächst bestimmt man das Volumen $V = V_{Halbkugel} + V_{Zylinder}$ des Sandes. Dazu benötigt man die Höhe $|\overline{BC}|$ des Zylinders. Für $|\overline{BC}|$ gilt $|\overline{BC}| = 50\text{ mm} - r - h$ (vgl. Skizze), wobei h die Höhe des Kegelstumpfs mit dem Axialschnitt BFGA ist.

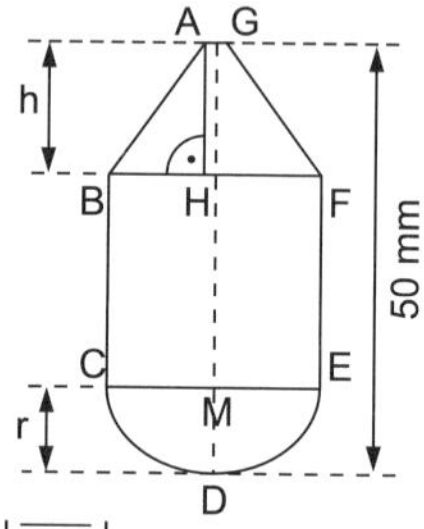

Es sei H der Fußpunkt des Lotes von A auf $\overline{BF}$.

Berechnung der Höhe $h = |\overline{AH}|$ des Kegelstumpfs im rechtwinkligen Dreieck ABH:

$$\tan\sphericalangle FBA = \frac{|\overline{AH}|}{|\overline{BH}|} \qquad \Big| \cdot |\overline{BH}|$$

$$|\overline{AH}| = |\overline{BH}| \cdot \tan\sphericalangle FBA \qquad \text{mit } |\overline{BH}| = |\overline{MC}| - 0{,}5 \cdot |\overline{AG}|$$

$$|\overline{AH}| = (10 - 0{,}5 \cdot 2) \cdot \tan 59° \text{ mm}$$

$$|\overline{AH}| = 15 \text{ mm}$$

Berechnung der Höhe $|\overline{BC}|$ des Zylinders:

$$|\overline{BC}| = 50 \text{ mm} - r - h \qquad \text{mit } h = |\overline{AH}|$$

$$|\overline{BC}| = (50 - 10 - 15) \text{ mm}$$

$$|\overline{BC}| = 25 \text{ mm}$$

Berechnung des Volumens des Sandes:

$$V = V_{Halbkugel} + V_{Zylinder}$$

$$V = \frac{1}{2} \cdot \frac{4}{3} \cdot r^3 \cdot \pi + r^2 \cdot \pi \cdot |\overline{BC}|$$

$$V = \left(\frac{1}{2} \cdot \frac{4}{3} \cdot 10^3 \cdot \pi + 10^2 \cdot \pi \cdot 25\right) \text{mm}^3$$

$$V = 9\,948 \text{ mm}^3$$

Zeit, bis der Sand vollständig in die untere Hälfte läuft:

$$9\,948 \text{ mm}^3 : 50 \frac{\text{mm}^3}{\text{s}} = 199 \text{ s}$$

Der Sand befindet sich nach 199 s wieder vollständig in der unteren Hälfte.

B 3.1 TIPP Die Symmetrieachse einer Parabel verläuft vertikal durch die x-Koordinate des Scheitels der Parabel.

Gleichung der Symmetrieachse: $x = 4$

Ermittlung der Parabelgleichung in Scheitelpunktform:

$y = a \cdot (x - x_S)^2 + y_S$ mit $S(4\,|\,2)$

$y = a \cdot (x - 4)^2 + 2$

$P(-2\,|\,-7) \in p$:

$$-7 = a \cdot (-2-4)^2 + 2 \qquad a \in \mathbb{R}\setminus\{0\}$$

$$\Leftrightarrow \quad -7 = a \cdot (-6)^2 + 2 \qquad |-2$$

$$\Leftrightarrow \quad -9 = a \cdot 36 \qquad |:36$$

$$\Leftrightarrow \quad a = -0{,}25$$

$L = \{-0{,}25\}$

Umformung in die allgemeine Form:

$y = -0{,}25 \cdot (x-4)^2 + 2 \qquad x, y \in \mathbb{R}$

$y = -0{,}25 \cdot (x^2 - 8x + 16) + 2$

$y = -0{,}25x^2 + 2x - 4 + 2$

$y = -0{,}25x^2 + 2x - 2$

Zeichnen der Geraden g mit der Steigung $-\frac{1}{2}$ und dem y-Achsenabschnitt 5

Zeichnen der Parabel p, z. B. mithilfe folgender Wertetabelle

x	−1	0	1	2	3	4	5
$-0{,}25x^2+2x-2$	−4,25	−2	−0,25	1	1,75	2	1,75

x	6	7	8	9
$-0{,}25x^2+2x-2$	1	−0,25	−2	−4,25

oder:

Man zeichnet die Parabel mithilfe folgender Information ein:
Die Parabel p hat den Scheitel $S(4\,|\,2)$, ist nach unten geöffnet und mit dem Faktor 0,25 gestaucht.

TIPP Von $S(4\,|\,2)$ geht man um 1 LE nach links bzw. rechts und um $0{,}25 \cdot 1^2$ LE $= 0{,}25$ LE nach unten. Von S geht man um 2 LE nach links bzw. rechts und um $0{,}25 \cdot 2^2$ LE $= 1$ LE nach unten. Von S geht man um 3 LE nach links bzw. rechts und um $0{,}25 \cdot 3^2$ LE $= 2{,}25$ LE nach unten …

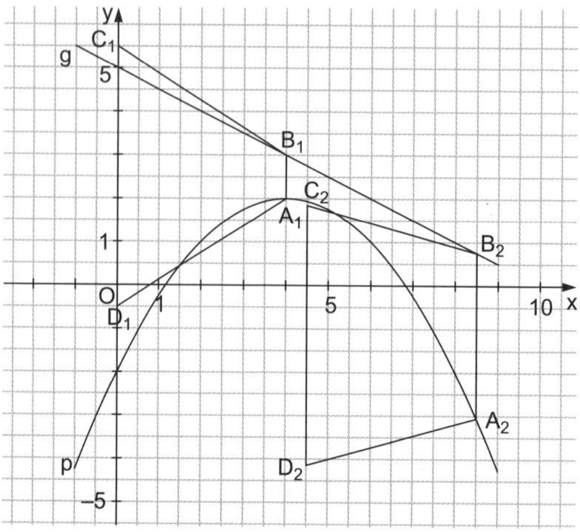

(Darstellung im Maßstab 1 : 2)

B 3.2 Einzeichnen des gleichschenkligen Trapezes $A_1B_1C_1D_1$ für $x=4$

TIPP

- A_1 liegt auf der Parabel p und hat die x-Koordinate 4, also $A_1(4\,|\,2)$.
- B_1 liegt auf der Geraden g und hat ebenfalls die x-Koordinate 4, also $B_1(4\,|\,3)$.
- Da die Höhen der Trapeze 4 LE betragen und $|\overline{C_nD_n}|$ stets 6 LE ist, geht man vom Mittelpunkt von $\overline{A_1B_1}$ um 4 LE nach links und trägt von dort 3 LE nach oben ab, um C_1 zu erhalten, bzw. 3 LE nach unten ab, um D_1 zu erhalten.

Einzeichnen des gleichschenkligen Trapezes $A_2B_2C_2D_2$ für $x=8{,}5$

TIPP

- A_2 liegt auf der Parabel p und hat die x-Koordinate 8,5.
- B_2 liegt auf der Geraden g und hat ebenfalls die x-Koordinate 8,5.
- Da die Höhen der Trapeze 4 LE betragen und $|\overline{C_nD_n}|$ stets 6 LE ist, geht man vom Mittelpunkt von $\overline{A_2B_2}$ um 4 LE nach links und trägt von dort 3 LE nach oben ab, um C_2 zu erhalten, bzw. 3 LE nach unten ab, um D_2 zu erhalten.

B 3.3 **TIPP** Die Trapeze haben stets die Höhe h = 4 LE und $|\overline{C_nD_n}|$ ist stets 6 LE. Um den Flächeninhalt der Trapeze ermitteln zu können, benötigt man also noch $|\overline{A_nB_n}|(x)$.

Bestimmung der Länge der Trapezseiten $\overline{A_nB_n}$ in Abhängigkeit von x:

TIPP Da A_n und B_n jeweils dieselbe x-Koordinate haben, kann $|\overline{A_nB_n}|$ über die y-Koordinaten berechnet werden.

$$|\overline{A_nB_n}| = (y_{B_n} - y_{A_n})\ \text{LE}$$

$$|\overline{A_nB_n}|(x) = [(-0{,}5x+5)-(-0{,}25x^2+2x-2)]\ \text{LE} \qquad x \in \mathbb{R}$$

$$|\overline{A_nB_n}|(x) = (-0{,}5x+5+0{,}25x^2-2x+2)\ \text{LE}$$

$$|\overline{A_nB_n}|(x) = (0{,}25x^2-2{,}5x+7)\ \text{LE}$$

Bestimmung des Flächeninhalts A der Trapeze in Abhängigkeit von x:

$$A = 0{,}5 \cdot \left(|\overline{A_nB_n}| + |\overline{C_nD_n}|\right) \cdot h$$

$$A(x) = 0{,}5 \cdot (0{,}25x^2-2{,}5x+7+6) \cdot 4\ \text{FE} \qquad x \in \mathbb{R}$$

$$A(x) = 2 \cdot (0{,}25x^2-2{,}5x+13)\ \text{FE}$$

$$A(x) = (0{,}5x^2-5x+26)\ \text{FE}$$

B 3.4

$$0{,}5x^2-5x+26 = 25 \qquad |-25 \qquad x \in \mathbb{R}$$

$$\Leftrightarrow \quad 0{,}5x^2-5x+1 = 0$$

$$\Leftrightarrow \quad x = \frac{-(-5)-\sqrt{(-5)^2-4\cdot 0{,}5\cdot 1}}{2\cdot 0{,}5} \vee x = \frac{-(-5)+\sqrt{(-5)^2-4\cdot 0{,}5\cdot 1}}{2\cdot 0{,}5}$$

$$\Leftrightarrow \quad x = 0{,}20 \vee x = 9{,}80$$

$$\mathbb{L} = \{0{,}20; 9{,}80\}$$

Wären die Trapeze $A_3B_3C_3D_3$ und $A_4B_4C_4D_4$ Rechtecke, so müsste gelten:
$|\overline{A_3B_3}| = |\overline{A_4B_4}| = |\overline{C_3D_3}| = |\overline{C_4D_4}| = 6$ LE und
$|\overline{B_3C_3}| = |\overline{B_4C_4}| = |\overline{D_3A_3}| = |\overline{D_4A_4}| = h = 4$ LE

Somit würde sich ein Flächeninhalt von $6 \cdot 4$ FE $= 24$ FE ergeben.

Dies trifft für die beiden Trapeze nicht zu, da sie einen Flächeninhalt von 25 FE haben.

Folglich sind sie keine Rechtecke.

B 3.5 Es sei F_1 der Fußpunkt des Lotes von B_1 auf $\overline{C_1D_1}$.

TIPP Der Winkel $F_1C_1B_1$ (und damit der Winkel $D_1C_1B_1$) kann mit dem Tangens im rechtwinkligen Dreieck $F_1B_1C_1$ berechnet werden. Dazu ermittelt man zunächst die Seitenlänge $|\overline{C_1F_1}|$.

Berechnung der Länge der Seite $\overline{C_1F_1}$:

$|\overline{C_1F_1}| = 0{,}5 \cdot \left(|\overline{C_1D_1}| - |\overline{A_1B_1}| \right)$ mit $|\overline{A_1B_1}| = (0{,}25 \cdot 4^2 - 2{,}5 \cdot 4 + 7)$ LE $= 1$ LE

$|\overline{C_1F_1}| = 0{,}5 \cdot (6 - 1)$ LE

$|\overline{C_1F_1}| = 2{,}5$ LE

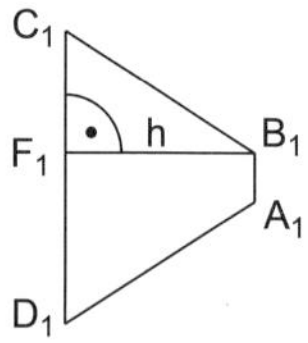

Im rechtwinkligen Dreieck $F_1B_1C_1$ gilt:

$\tan \sphericalangle F_1C_1B_1 = \dfrac{|\overline{F_1B_1}|}{|\overline{C_1F_1}|}$ mit $|\overline{F_1B_1}| = h = 4$ LE und $\sphericalangle F_1C_1B_1 = \sphericalangle D_1C_1B_1$

$\tan \sphericalangle D_1C_1B_1 = \dfrac{4}{2{,}5}$

$\sphericalangle D_1C_1B_1 = 57{,}99°$

B 4.1 Berechnung von $|\overline{CM}|$ mithilfe des Pythagoras im rechtwinkligen Dreieck BCM:

$|\overline{BC}|^2 = |\overline{BM}|^2 + |\overline{CM}|^2$

$|\overline{CM}| = \sqrt{|\overline{BC}|^2 - |\overline{BM}|^2}$

$|\overline{CM}| = \sqrt{6^2 - 3^2}$ cm

$|\overline{CM}| = 5{,}20$ cm

Da $|\overline{BC}| = 6$ cm, sind alle Seiten der Raute ABCD 6 cm lang.

Da $|\overline{BD}| = 2 \cdot |\overline{BM}| = 2 \cdot 3\text{ cm} = 6$ cm, sind die Dreiecke ABD und BCD gleichseitig.

Folglich gilt:
$\sphericalangle CBD = 60°$ und $\sphericalangle DBA = 60°$

Für das gesuchte Winkelmaß folgt:
$\sphericalangle CBA = \sphericalangle CBD + \sphericalangle DBA = 60° + 60° = 120°$

B 4.2 Zeichnen der Vorlage des Firmenlogos

TIPP

- Zeichnen der Raute ABCD, die sich aus den gleichseitigen Dreiecken ABD und BCD mit jeweiliger Seitenlänge 6 cm zusammensetzt.
- Mit $|\overline{MH}| = 6{,}5$ cm kann H eingezeichnet werden.
- H ist der Mittelpunkt der Strecke $\overline{RQ}$ und es gilt $|\overline{RQ}| = 5{,}2$ cm. Somit können R und Q eingezeichnet werden.
- Einzeichnen des Kreisbogens $\overset{\frown}{CA}$ mit dem Radius 6 cm um den Mittelpunkt B.
- Einzeichnen des Kreisbogens $\overset{\frown}{AC}$ mit dem Radius 6 cm um den Mittelpunkt D.
- Der Schnittpunkt der Strecke $\overline{MR}$ mit dem Kreisbogen $\overset{\frown}{CA}$ ist der Punkt O.
- Der Schnittpunkt der Strecke $\overline{MQ}$ mit dem Kreisbogen $\overset{\frown}{AC}$ ist der Punkt P.
- Der Schnittpunkt der Strecke $\overline{OP}$ mit der Strecke $\overline{MH}$ ist der Punkt G.

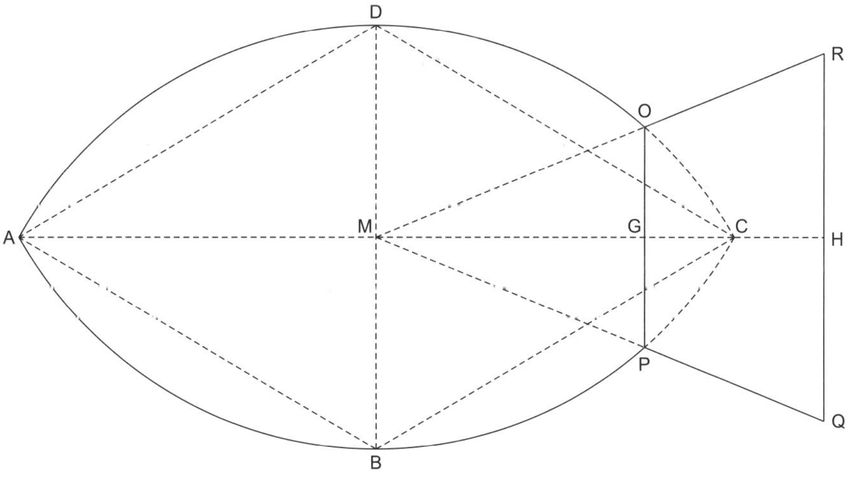

B 4.3 Berechnung von $|\overline{OP}|$:

$|\overline{OP}| = 0,6 \cdot |\overline{RQ}|$

$|\overline{OP}| = 0,6 \cdot 5,2\text{ cm}$

$|\overline{OP}| = 3,12\text{ cm}$

Berechnung von $|\overline{MG}|$ mithilfe des Strahlensatzes:

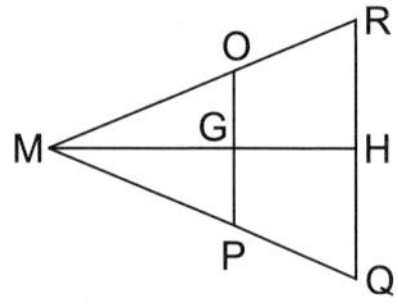

$$\frac{|\overline{MG}|}{|\overline{MH}|} = \frac{|\overline{OP}|}{|\overline{RQ}|} \qquad \Big|\cdot|\overline{MH}|$$

$$|\overline{MG}| = \frac{|\overline{OP}|\cdot|\overline{MH}|}{|\overline{RQ}|}$$

$$|\overline{MG}| = \frac{3,12\cdot 6,5}{5,2}\text{ cm}$$

$$|\overline{MG}| = 3,90\text{ cm}$$

TIPP Es gilt $|\overline{OR}| = |\overline{MR}| - |\overline{MO}|$. Die Längen $|\overline{MR}|$ und $|\overline{MO}|$ lassen sich mithilfe des Pythagoras in den rechtwinkligen Dreiecken MHR und MGO berechnen.

Berechnung von $|\overline{MR}|$ mithilfe des Pythagoras im rechtwinkligen Dreieck MHR:

$|\overline{MR}|^2 = |\overline{MH}|^2 + |\overline{HR}|^2 \qquad$ mit $|\overline{HR}| = 0,5\cdot|\overline{RQ}|$

$|\overline{MR}| = \sqrt{6,5^2 + (0,5\cdot 5,2)^2}\text{ cm}$

$|\overline{MR}| = 7,00\text{ cm}$

Berechnung von $|\overline{MO}|$ mithilfe des Pythagoras im rechtwinkligen Dreieck MGO:

$|\overline{MO}|^2 = |\overline{MG}|^2 + |\overline{GO}|^2 \qquad$ mit $|\overline{GO}| = 0,5\cdot|\overline{OP}|$

$|\overline{MO}| = \sqrt{3,90^2 + (0,5\cdot 3,12)^2}\text{ cm}$

$|\overline{MO}| = 4,20\text{ cm}$

Berechnung von $|\overline{OR}|$:

$|\overline{OR}| = |\overline{MR}| - |\overline{MO}|$

$|\overline{OR}| = (7,00 - 4,20)\text{ cm}$

$|\overline{OR}| = 2,80\text{ cm}$

oder:

Berechnung von $|\overline{MO}|$ mithilfe des Strahlensatzes:

$$\frac{|\overline{MO}|}{|\overline{MR}|} = \frac{|\overline{MG}|}{|\overline{MH}|} \qquad \left| \cdot |\overline{MR}| \right.$$

$$|\overline{MO}| = \frac{|\overline{MG}| \cdot |\overline{MR}|}{|\overline{MH}|}$$

$$|\overline{MO}| = \frac{3{,}90 \cdot 7{,}00}{6{,}5} \text{ cm}$$

$$|\overline{MO}| = 4{,}20 \text{ cm}$$

Berechnung von $|\overline{OR}|$ wie oben

B 4.4 **TIPP** Die silbern eingefärbte Fläche setzt sich zusammen aus der Fläche der Figur, die durch die Kreisbögen $\overset{\frown}{DA}$ und $\overset{\frown}{AB}$ sowie die Strecke $\overline{BD}$ begrenzt wird, und der Fläche des Dreiecks MPO.

Berechnung des Flächeninhalts A_F der Figur, die durch die Kreisbögen $\overset{\frown}{DA}$ und $\overset{\frown}{AB}$ sowie die Strecke $\overline{BD}$ begrenzt wird:

TIPP Man addiert die Flächeninhalte der Kreissektoren BDA und DAB und zieht den „doppelt verwendeten" Flächeninhalt des Dreiecks ABD wieder ab. Das Dreieck ABD ist gleichseitig (vgl. Teilaufgabe B 4.1). Somit betragen $\sphericalangle ADB$ und $\sphericalangle DBA$ jeweils 60°. Also sind auch die Flächeninhalte der Kreissektoren BDA und DAB gleich groß.

$$A_F = A_{\text{Sektor BDA}} + A_{\text{Sektor DAB}} - A_{\Delta ABD} \qquad \text{mit } A_{\text{Sektor BDA}} = A_{\text{Sektor DAB}}$$

$$A_F = 2 \cdot A_{\text{Sektor BDA}} - A_{\Delta ABD}$$

$$A_F = 2 \cdot \frac{\sphericalangle DBA}{360°} \cdot |\overline{BD}|^2 \cdot \pi - \frac{|\overline{BD}|^2}{4} \cdot \sqrt{3} \qquad \text{mit } |\overline{BD}| = 6 \text{ cm}$$

$$A_F = \left(2 \cdot \frac{60°}{360°} \cdot 6^2 \cdot \pi - \frac{6^2}{4} \cdot \sqrt{3} \right) \text{cm}^2 = 22{,}11 \text{ cm}^2$$

Berechnung des Flächeninhalts der silbern eingefärbten Fläche:

$$A = A_F + A_{\Delta MPO}$$

$$A = A_F + 0{,}5 \cdot |\overline{OP}| \cdot |\overline{MG}|$$

$$A = (22{,}11 + 0{,}5 \cdot 3{,}12 \cdot 3{,}90) \text{ cm}^2$$

$$A = 28{,}19 \text{ cm}^2$$

B 4.5 **TIPP** Der Umfang der Figur setzt sich folgendermaßen zusammen:

$u = |\overset{\frown}{OA}| + |\overset{\frown}{AP}| + |\overline{PQ}| + |\overline{RQ}| + |\overline{OR}|$ mit $|\overset{\frown}{AP}| = |\overset{\frown}{OA}|$ und $|\overline{PQ}| = |\overline{OR}|$

$u = 2 \cdot |\overset{\frown}{OA}| + 2 \cdot |\overline{OR}| + |\overline{RQ}|$

Um die Länge des Kreisbogens $\overset{\frown}{OA}$ berechnen zu können, benötigt man das Maß des zugehörigen Mittelpunktswinkel OBA.
Es gilt $\sphericalangle OBA = \sphericalangle OBD + \sphericalangle DBA$.
Da $\sphericalangle OBD = \sphericalangle OBM$ und da man $\sphericalangle OBM$ im Dreieck BOM mithilfe des Kosinussatzes bestimmen kann, kennt man $\sphericalangle OBD$.

Berechnung von $\sphericalangle OBM$ mithilfe des Kosinussatzes im Dreieck BOM:

$$\cos \sphericalangle OBM = \frac{|\overline{BO}|^2 + |\overline{BM}|^2 - |\overline{MO}|^2}{2 \cdot |\overline{BO}| \cdot |\overline{BM}|}$$ mit $|\overline{BO}| = |\overline{BC}| = 6\,\text{cm}$ (Radius) und $|\overline{MO}| = 4{,}20\,\text{cm}$ (vgl. B 4.3)

$$\cos \sphericalangle OBM = \frac{6^2 + 3^2 - 4{,}20^2}{2 \cdot 6 \cdot 3}$$

$$\sphericalangle OBM = 40{,}54°$$

Berechnung von $\sphericalangle OBA$:

$\sphericalangle OBA = \sphericalangle OBM + \sphericalangle DBA$

$\sphericalangle OBA = 40{,}54° + 60°$

$\sphericalangle OBA = 100{,}54°$

Berechnung des Umfangs der Vorlage:

$u = 2 \cdot |\overset{\frown}{OA}| + 2 \cdot |\overline{OR}| + |\overline{RQ}|$

$$u = 2 \cdot \frac{\sphericalangle OBA}{360°} \cdot 2 \cdot |\overline{BO}| \cdot \pi + 2 \cdot |\overline{OR}| + |\overline{RQ}|$$

$$u = \left(2 \cdot \frac{100{,}54°}{360°} \cdot 2 \cdot 6 \cdot \pi + 2 \cdot 2{,}80 + 5{,}2\right)\text{cm}$$

$u = 31{,}86\,\text{cm}$

B 4.6 **TIPP** Wenn der Faden um 200 % länger als der Umfang u sein soll, dann entspricht die Fadenlänge 300 % des Umfangs, also dem 3-fachen Umfang.

Es werden $3 \cdot 31{,}86\,\text{cm} = 95{,}58\,\text{cm}$ Faden pro Firmenlogo benötigt.

$500\,\text{m} : 95{,}58\,\text{cm} = 500 \cdot 100\,\text{cm} : 95{,}58\,\text{cm} = 523{,}12$

Folglich können mit einer Rolle höchstens 523 Firmenlogos aufgenäht werden.

BE

A 1.0 Gegeben ist das gleichschenklige Dreieck ABC.
Es gilt: $A(-2\,|\,1)$; $B(2\,|-2)$; $\overrightarrow{AC}=\begin{pmatrix}3\\4\end{pmatrix}$.

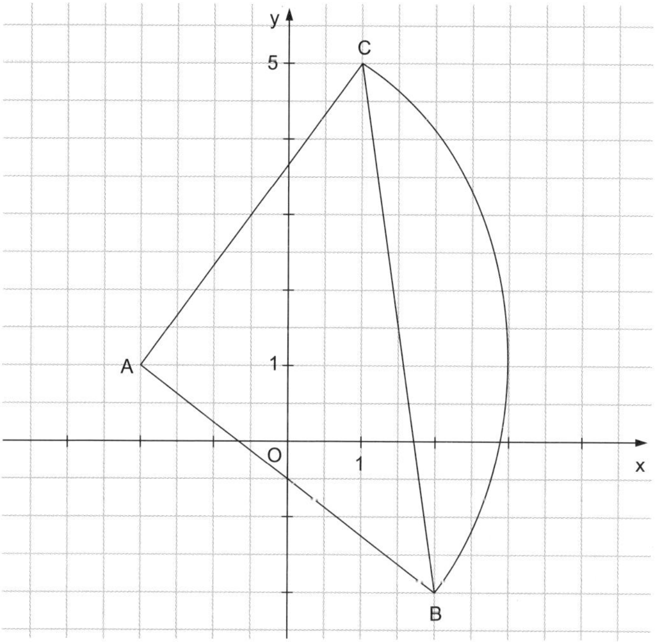

A 1.1 Begründen Sie rechnerisch, weshalb das Dreieck ABC rechtwinklig ist. 2

A 1.2 Der Kreis um A mit dem Radius 5 LE schneidet die Strecke $\overline{BC}$ in den Punkten B und C.
Berechnen Sie den Flächeninhalt $A_{Segment}$ des Kreissegments, das durch die Strecke $\overline{BC}$ und den Kreisbogen $\overset{\frown}{BC}$ begrenzt wird. Geben Sie das exakte Ergebnis an. 2

A 2 Zeichnen Sie die Parabel p mit der Gleichung $y = -0{,}5 \cdot (x-1)^2 + 2$ $(x, y \in \mathbb{R})$ für $x \in [-3; 5]$ in das Koordinatensystem ein. 1,5

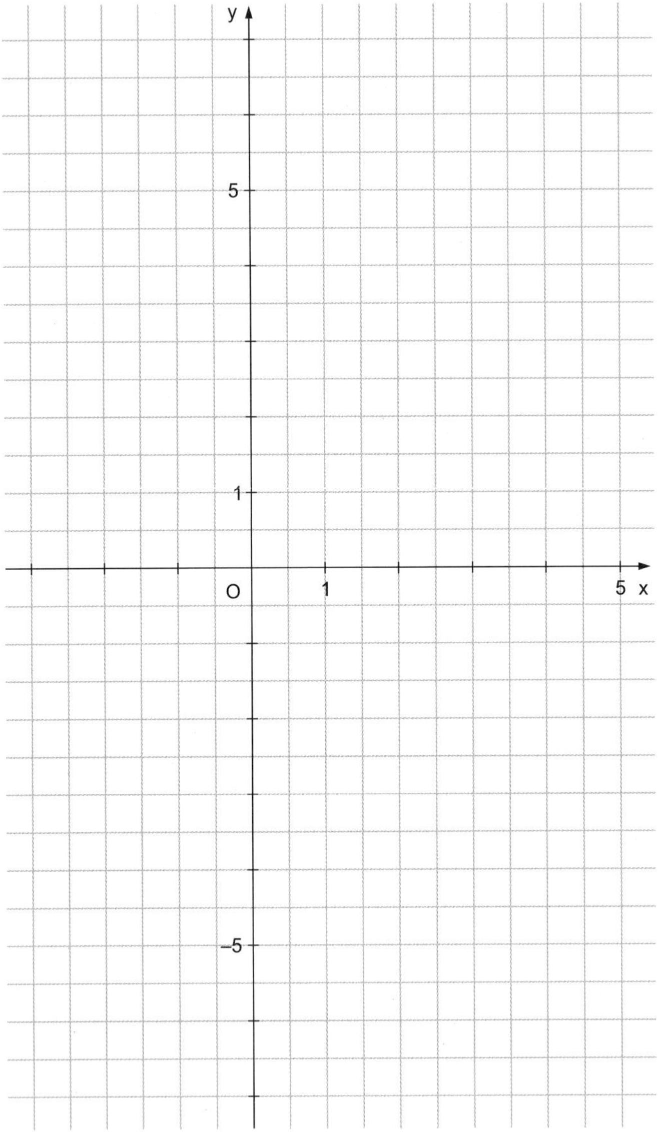

A 3 Ermitteln Sie rechnerisch die Lösung der Gleichung
$0{,}5x^2 + 18 = 6x \quad (x \in \mathbb{R})$. 2

A 4.0 In einem Kartenspiel mit insgesamt 100 Karten befinden sich jeweils 20 Ziffernkarten in den Farben Rot, Gelb, Grün und Blau. Pro Farbe sind jeweils zwei Karten mit den Ziffern 0 bis 9 beschriftet. Die übrigen 20 Karten sind Sonderkarten.

Die Karten werden gemischt und verdeckt verteilt. Bruno erhält die beiden ersten Karten.

A 4.1 Geben Sie die Wahrscheinlichkeit dafür an, dass Bruno als Erstes eine gelbe Ziffernkarte mit der Ziffer 0 erhält. 1

A 4.2 Geben Sie die Wahrscheinlichkeit dafür an, dass Bruno als Erstes eine grüne oder eine rote Ziffernkarte erhält. 1

A 4.3 Berechnen Sie die Wahrscheinlichkeit dafür, dass Bruno zwei Sonderkarten erhält. 2

Lösungsvorschlag

A 1.1 **TIPP** Mithilfe der Steigungen m_{AB} und m_{AC} der Geraden AB und AC zeigt man, dass diese zueinander senkrecht verlaufen.

Berechnung des Vektors $\overrightarrow{AB}$:

$$\overrightarrow{AB} = \begin{pmatrix} 2-(-2) \\ -2-1 \end{pmatrix}$$

$$\overrightarrow{AB} = \begin{pmatrix} 4 \\ -3 \end{pmatrix}$$

Mit $\overrightarrow{AC} = \begin{pmatrix} 3 \\ 4 \end{pmatrix}$ (vgl. Angabe) ergeben sich die Steigungen:

$$m_{AB} = -\frac{3}{4} \quad \text{und} \quad m_{AC} = \frac{4}{3}$$

Somit gilt:

$$m_{AB} \cdot m_{AC} = -\frac{3}{4} \cdot \frac{4}{3}$$

$$m_{AB} \cdot m_{AC} = -1$$

Folglich gilt $AB \perp AC$.

Also ist das Dreieck ABC rechtwinklig.

A 1.2 **TIPP** Man zieht vom Flächeninhalt des Kreissektors ABC den Flächeninhalt des Dreiecks ABC ab.

Das Dreieck ABC ist rechtwinklig bei A. Somit handelt es sich beim Kreissektor ABC um einen Viertelkreis. Die Längen der Dreiecksseiten $\overline{AB}$ und $\overline{AC}$ entsprechen dem Radius des Viertelkreises:

$|\overline{AB}| = 5$ LE und $|\overline{AC}| = 5$ LE

$$A_{Segment} = A_{Sektor\ ABC} - A_{\Delta ABC}$$

$$A_{Segment} = \frac{1}{4} \cdot |\overline{AB}|^2 \cdot \pi - \frac{1}{2} \cdot |\overline{AB}| \cdot |\overline{AC}|$$

$$A_{Segment} = \left(\frac{1}{4} \cdot 5^2 \cdot \pi - \frac{1}{2} \cdot 5^2\right) \text{FE}$$

$$A_{Segment} = \left(\frac{25}{4} \cdot \pi - \frac{25}{2}\right) \text{FE}$$

$$A_{Segment} = (6{,}25 \cdot \pi - 12{,}5) \text{ FE}$$

A 2 TIPP Die Parabel p hat den Scheitel S(1 | 2), ist nach unten geöffnet und mit dem Faktor 0,5 gestaucht.

- Von S geht man um 1 LE nach links bzw. rechts und um $0{,}5 \cdot 1^2$ LE = 0,5 LE nach unten.
- Von S geht man um 2 LE nach links bzw. rechts und um $0{,}5 \cdot 2^2$ LE = 2 LE nach unten.
- Von S geht man um 3 LE nach links bzw. rechts und um $0{,}5 \cdot 3^2$ LE = 4,5 LE nach unten …

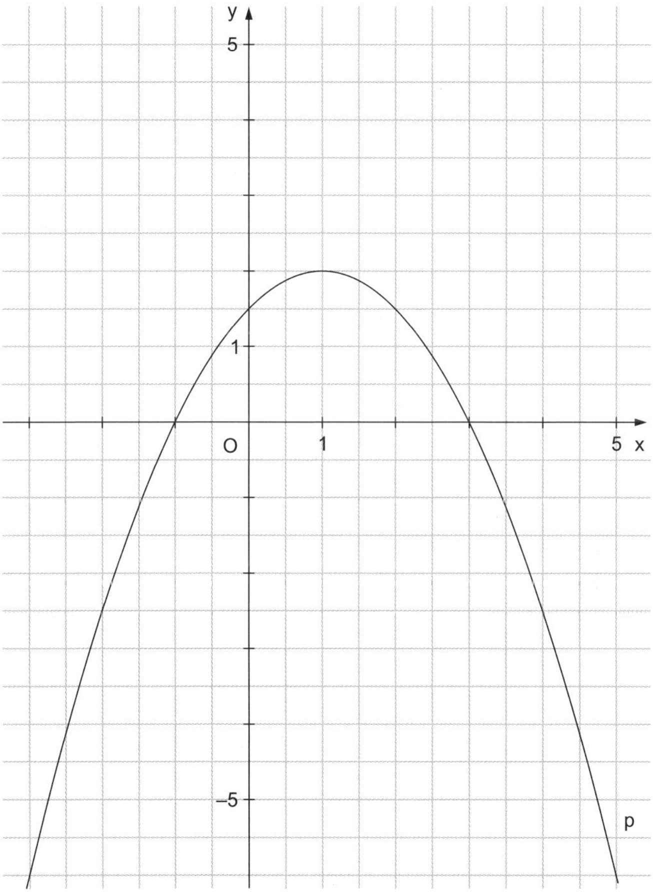

A 3

$$0{,}5x^2+18=6x \qquad |-6x \qquad x\in\mathbb{R}$$

$$\Leftrightarrow\quad 0{,}5x^2-6x+18=0$$

$$\Leftrightarrow\quad x=\frac{-(-6)-\sqrt{(-6)^2-4\cdot 0{,}5\cdot 18}}{2\cdot 0{,}5} \vee x=\frac{-(-6)+\sqrt{(-6)^2-4\cdot 0{,}5\cdot 18}}{2\cdot 0{,}5}$$

$$\Leftrightarrow\quad x=\frac{6-0}{1} \vee x=\frac{6+0}{1}$$

$$\Leftrightarrow\quad x=6$$

$L=\{6\}$

oder:

$$0{,}5x^2-6x+18=0 \qquad |\cdot 2 \qquad x\in\mathbb{R}$$

$$\Leftrightarrow\quad x^2-12x+36=0$$

$$\Leftrightarrow\quad (x-6)^2=0$$

$$\Leftrightarrow\quad x=6$$

$L=\{6\}$

A 4.1

TIPP Brunos erste Karte soll eine gelbe Karte mit der Ziffer 0 sein. Unter den 100 Karten gibt es 2 gelbe Karten mit der Ziffer 0.

$$\frac{2}{100}$$

TIPP Auch gleichwertige Lösungen wie z. B. 2 %, 0,02 oder $\frac{1}{50}$ sind bei derartigen Aufgaben gültig.

A 4.2

TIPP Brunos erste Karte soll eine grüne oder eine rote Ziffernkarte sein. Das Kartenspiel enthält 20 grüne und 20 rote Ziffernkarten.

$$\frac{40}{100}$$

A 4.3

TIPP Zu Beginn befinden sich 20 Sonderkarten unter den 100 Karten. Nachdem Bruno eine Sonderkarte erhalten hat, befinden sich noch 19 Sonderkarten unter den restlichen 99 Karten.

$$\frac{20}{100}\cdot\frac{19}{99}=\frac{380}{9\,900}$$

Bayern ▪ Realschule ▪ Musterprüfung

Mathematik II/III – Teil B – mit Taschenrechner

Aufgabe B 1

BE

B 1.0 In einer Glasfabrik werden ausschließlich Flaschen aus weißem („W“) und braunem („B“) Glas hergestellt. Dabei beträgt der Anteil der weißen Flaschen p % ($p \in \mathbb{R}^+$).

Bei der Produktion treten bei manchen Flaschen Fehler („F“) auf. Von den weißen Flaschen haben 22 % Fehler. Bei den braunen Flaschen ist der Anteil der Flaschen mit Fehlern nur halb so groß. Der Rest der Flaschen hat keine Fehler („KF“).

B 1.1 Zeichnen Sie ein zugehöriges Baumdiagramm, in dem die prozentualen Anteile ersichtlich sind. 2,5

B 1.2 Bei den letzten Qualitätskontrollen hat sich gezeigt, dass man bei einer zufällig ausgewählten Flasche mit einer Wahrscheinlichkeit von 14 % eine weiße Flasche mit einem Fehler erhält.

Berechnen Sie den Anteil p % der produzierten weißen Flaschen.

Runden Sie auf Ganze. 2

Aufgabe B 2

B 2.0 Am 21.02.2021 kaufte sich Claudia für 2 000 € Aktien. Sie geht davon aus, dass der Wert y € ihrer Aktien nach x Jahren durch die Funktion f: $y = 2\,000 \cdot 1{,}07^x$ mit $x \in \mathbb{R}_0^+$ und $y \in \mathbb{R}^+$ dargestellt werden kann.

B 2.1 Ergänzen Sie die folgende Aussage.

Claudia nimmt an, dass der Wert ihrer Aktien jährlich um ___ Prozent zunimmt. 1

B 2.2 Claudia plant, am 21.02.2066 in den Ruhestand zu gehen.

Bestimmen Sie rechnerisch, wie viel ihre Aktien zu diesem Zeitpunkt nach der oben getroffenen Annahme wert wären.

Runden Sie auf ganze Euro. 1

B 2.3 Jeweils am 21. Februar eines Jahres soll Claudia eine Mitteilung über den momentanen Wert der Aktien erhalten.

Ermitteln Sie rechnerisch das Datum, an dem Claudia erstmals erfahren würde, dass sich der Wert des Anfangskapitals verfünffacht hätte. 3

Aufgabe B 3

B 3.0 Nebenstehende Skizze zeigt das Viereck ABCD, für das gilt:
$|\overline{AB}| = |\overline{AC}| = 10\ \text{cm}$; $|\overline{AD}| = 8\ \text{cm}$;
$\sphericalangle BAD = 100°$; $\overline{AB} \parallel \overline{CD}$.

Runden Sie im Folgenden auf zwei Stellen nach dem Komma.

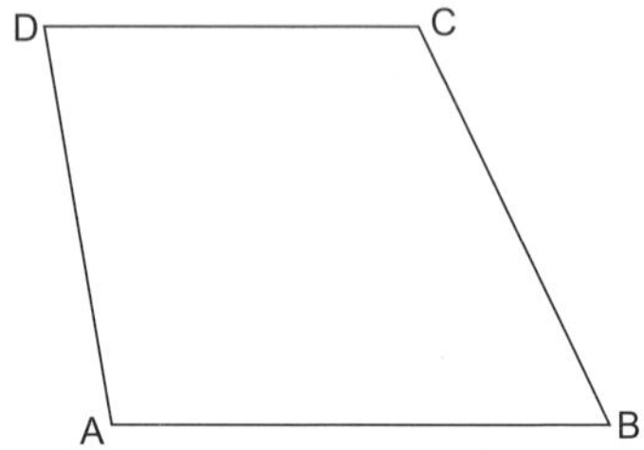

B 3.1 Zeichnen Sie das Viereck ABCD mit den Diagonalen $\overline{AC}$ und $\overline{BD}$.

Berechnen Sie sodann die Länge der Strecke $\overline{BD}$ sowie das Maß des Winkels DBA.

[Ergebnis: $|\overline{BD}| = 13{,}85\ \text{cm}$; $\sphericalangle DBA = 34{,}67°$] 4

B 3.2 Berechnen Sie das Maß des Winkels DCA und begründen Sie, dass gilt: $\sphericalangle BAC = \sphericalangle DCA = 51{,}98°$. 2

B 3.3 Berechnen Sie den Flächeninhalt A_{ABCD} des Vierecks ABCD.
[Ergebnis: $A_{ABCD} = 69{,}12\ \text{cm}^2$] 2

B 3.4 Der Punkt M ist der Mittelpunkt der Strecke $\overline{AB}$. Ein Kreis um M berührt die Strecke $\overline{BD}$ im Punkt E und schneidet die Strecke $\overline{AM}$ im Punkt F.

Ergänzen Sie die Zeichnung zu B 3.1 um die Strecke $\overline{ME}$ und den Kreisbogen $\overset{\frown}{EF}$ mit dem Mittelpunkt M. 1

B 3.5 Die Strecken $\overline{FB}$ und $\overline{BE}$ sowie der Kreisbogen $\overset{\frown}{EF}$ legen die Figur FBE fest. Berechnen Sie den prozentualen Anteil des Flächeninhalts A_{FBE} der Figur FBE am Flächeninhalt A_{ABCD} des Vierecks ABCD.

[Zwischenergebnis: $|\overline{ME}| = 2{,}84\ \text{cm}$] 5

B 3.6 Der Punkt G ist der Schnittpunkt der Diagonalen des Vierecks ABCD.

Berechnen Sie das Maß des Winkels CGD.

Begründen Sie sodann, dass gilt: $|\overline{DG}| > d(D; \overline{AC})$. 2

Aufgabe B 4

B 4.0 Die nebenstehende Skizze zeigt ein Schrägbild der Pyramide ABCDS mit der Höhe $\overline{MS}$, deren Grundfläche die Raute ABCD mit dem Diagonalenschnittpunkt M ist.

Es gilt:

$|\overline{AC}| = 13\text{ cm}$; $|\overline{BD}| = 12\text{ cm}$;

$|\overline{MS}| = 12\text{ cm}$.

Runden Sie im Folgenden auf zwei Stellen nach dem Komma.

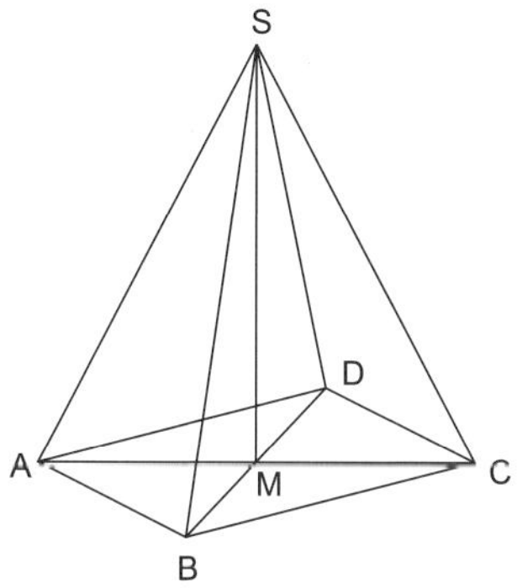

B 4.1 Zeichnen Sie das Schrägbild der Pyramide ABCDS, wobei die Strecke $\overline{AC}$ auf der Schrägbildachse und der Punkt A links vom Punkt C liegen soll.

Für die Zeichnung gilt: $q = \frac{1}{2}$; $\omega = 45°$.

Berechnen Sie sodann die Länge der Strecke $\overline{CS}$ und das Maß des Winkels SCA.

[Teilergebnis: $|\overline{CS}| = 13{,}65\text{ cm}$] 4

B 4.2 Punkte H_n liegen auf der Strecke $\overline{AM}$ mit $|\overline{AH_n}|(x) = x\text{ cm}$ ($x \in \mathbb{R}; 0 < x < 6{,}5$). Sie sind Mittelpunkte von Strecken $\overline{P_nQ_n}$ mit $P_n \in \overline{AB}$, $Q_n \in \overline{AD}$ und $\overline{P_nQ_n} \parallel \overline{BD}$. Punkte R_n sind Spitzen von Pyramiden $AP_nCQ_nR_n$ mit den Grundflächen AP_nCQ_n und den Höhen $\overline{H_nR_n}$, wobei gilt: $|\overline{CR_n}| = |\overline{CS}|$.

Zeichnen Sie die Pyramide $AP_1CQ_1R_1$ und die zugehörige Höhe $\overline{H_1R_1}$ für $x = 3$ in das Schrägbild zu B 4.1 ein. 2

B 4.3 Zeigen Sie rechnerisch, dass für das Volumen V_1 der Pyramide $AP_1CQ_1R_1$ gilt: $V_1 = 111{,}51\text{ cm}^3$.

Bestimmen Sie sodann den prozentualen Anteil des Volumens V_1 am Volumen V der Pyramide ABCDS. 5

B 4.4 In der Pyramide $AP_2CQ_2R_2$ gilt: $|\overline{H_2R_2}| = 6\text{ cm}$.

Bestimmen Sie rechnerisch den zugehörigen Wert für x. 2

B 4.5 Zeigen Sie, dass für die Höhen $\overline{H_nR_n}$ der Pyramiden $AP_nCQ_nR_n$ in Abhängigkeit von x gilt: $|\overline{H_nR_n}|(x) = \sqrt{-x^2 + 26x + 17{,}32}\text{ cm}$. 2

B 4.6 Begründen Sie, weshalb es unter den Pyramiden $AP_nCQ_nR_n$ keine Pyramide $AP_3CQ_3R_3$ mit $\sphericalangle R_3CA = 15°$ gibt. 2

Lösungsvorschlag

B 1.1 TIPP Da es nur weiße und braune Flaschen gibt und der Anteil der weißen Flaschen p % beträgt, ist der Anteil der braunen Flaschen 100 % – p %.
Bei den weißen Flaschen beträgt der Anteil der fehlerhaften Flaschen 22 %. Somit haben 100 % – 22 % = 78 % der weißen Flaschen keine Fehler.
Bei den braunen Flaschen ist der Anteil der fehlerhaften Flaschen halb so groß, also 11 %. Somit haben 100 % – 11 % = 89 % der braunen Flaschen keine Fehler.

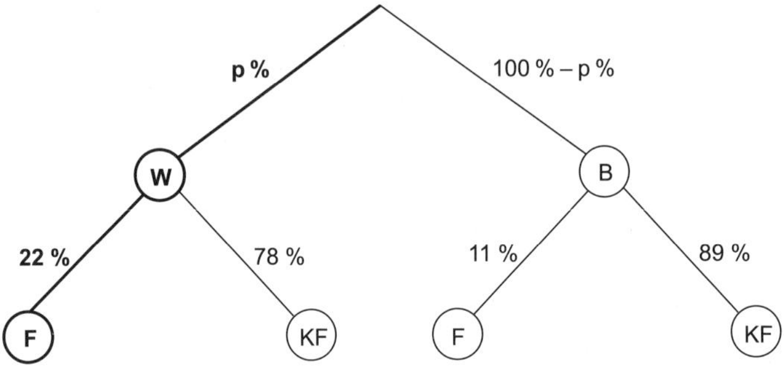

B 1.2 TIPP Der Pfad, für den die 1. Pfadregel (Produktregel) 14 % ergeben soll, ist in der Zeichnung in Teilaufgabe B 1.1 **hervorgehoben**.

$$0{,}14 = \frac{p}{100} \cdot 0{,}22 \quad |:0{,}22 \qquad p \in \mathbb{R}^+$$

$$\frac{0{,}14}{0{,}22} = \frac{p}{100} \quad |\cdot 100$$

$$p = \frac{0{,}14}{0{,}22} \cdot 100$$

$$p = 64$$

$$L = \{64\}$$

Der Anteil der produzierten weißen Flaschen beträgt 64 %.

B 2.1 **TIPP** Der Anfangswert der Aktien beträgt 2 000 €. Dieser Wert vergrößert sich jährlich mit dem Faktor $1{,}07 = 1 + \frac{7}{100}$.

Claudia nimmt an, dass der Wert ihrer Aktien jährlich um **7** Prozent zunimmt.

B 2.2 **TIPP** Man bestimmt den Aktienwert y € nach $x = 2066 - 2021$ Jahren.

$y = 2\,000 \cdot 1{,}07^{2066-2021}$

$y = 42\,005$

Die Aktien wären zu diesem Zeitpunkt 42 005 € wert.

B 2.3 **TIPP** Man bestimmt zunächst die Zeitspanne x Jahre, nach der der Aktienwert $5 \cdot 2000$ € beträgt.

$$
\begin{aligned}
& 5 \cdot 2\,000 = 2\,000 \cdot 1{,}07^x \qquad |:2\,000 \qquad x \in \mathbb{R}_0^+ \\
\Leftrightarrow\quad & 5 = 1{,}07^x \\
\Leftrightarrow\quad & x = \log_{1,07} 5 \\
\Leftrightarrow\quad & x = \frac{\ln 5}{\ln 1{,}07} \\
\Leftrightarrow\quad & x = 23{,}79
\end{aligned}
$$

$L = \{23{,}79\}$

TIPP 24 Jahre nach dem 21.2.2021 liegt der 21.2.2045.

Claudia würde es erstmals am 21.02.2045 erfahren.

B 3.1 Zeichnen des Vierecks ABCD mit den Diagonalen $\overline{AC}$ und $\overline{BD}$

TIPP

- Zeichnen der Strecke $\overline{AB}$ mit der Länge 10 cm.
- D liegt auf dem freien Schenkel des Winkels BAD mit dem Maß 100° und es gilt $|\overline{AD}| = 8$ cm.
- C liegt auf der Parallelen zu AB durch den Punkt D und es gilt $|\overline{AC}| = 10$ cm. Der Punkt C ist also ein Schnittpunkt des Kreises um A mit Radius 10 cm und der Parallelen.
- Weiterhin sollen die Diagonalen $\overline{AC}$ und $\overline{BD}$ eingezeichnet werden.

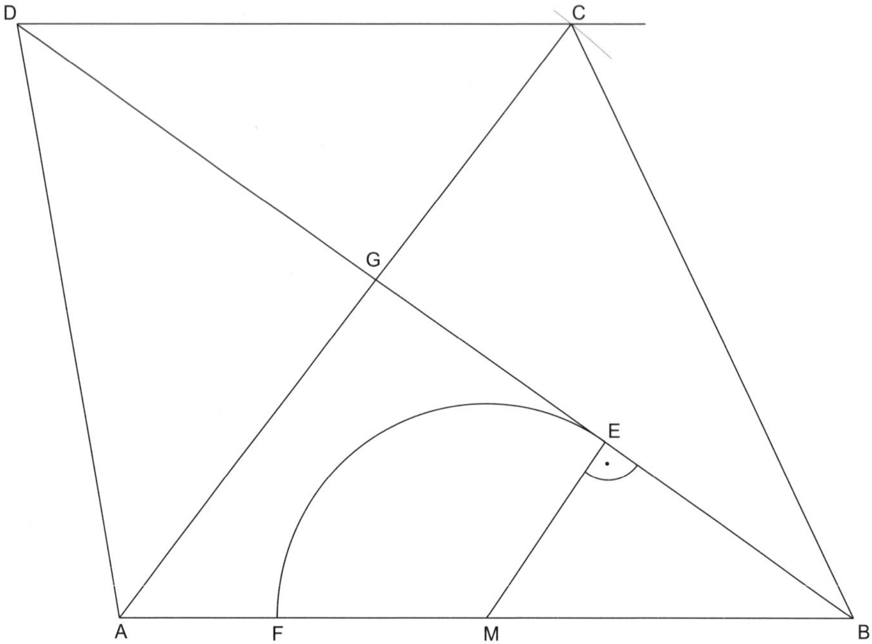

Berechnung von $|\overline{BD}|$ mit dem Kosinussatz im Dreieck ABD:

$$|\overline{BD}|^2 = |\overline{AB}|^2 + |\overline{AD}|^2 - 2 \cdot |\overline{AB}| \cdot |\overline{AD}| \cdot \cos\sphericalangle BAD \qquad |\sqrt{\ }$$

$$|\overline{BD}| = \sqrt{10^2 + 8^2 - 2 \cdot 10 \cdot 8 \cdot \cos 100^\circ}\ \text{cm}$$

$$|\overline{BD}| = 13{,}85\ \text{cm}$$

Berechnung von $\sphericalangle DBA$ mithilfe des Sinussatzes im Dreieck ABD:

$$\frac{\sin\sphericalangle DBA}{|\overline{AD}|} = \frac{\sin\sphericalangle BAD}{|\overline{BD}|} \qquad \left| \cdot |\overline{AD}| \right.$$

$$\sin\sphericalangle DBA = \frac{|\overline{AD}|}{|\overline{BD}|} \cdot \sin\sphericalangle BAD$$

$$\sin\sphericalangle DBA = \frac{8}{13{,}85} \cdot \sin 100^\circ$$

$$\sphericalangle DBA = 34{,}67^\circ$$

B 3.2 **TIPP** Da $\overline{AB} \parallel \overline{CD}$, ergänzen sich der Winkel BAD und der Stufenwinkel zu ADC (vgl. Skizze) zu 180°. Es gilt also $\sphericalangle ADC = 180° - \sphericalangle BAD$.

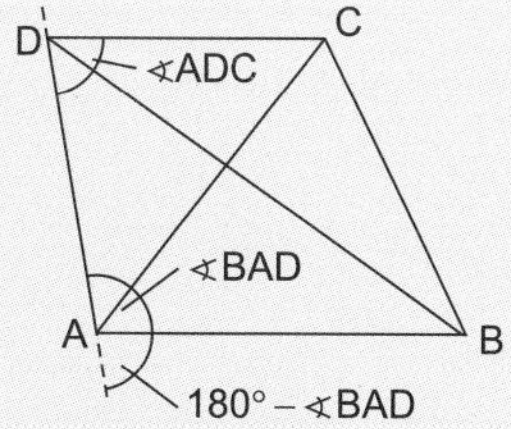

Berechnung von $\sphericalangle DCA$ mithilfe des Sinussatzes im Dreieck ACD:

$$\frac{\sin \sphericalangle DCA}{|\overline{AD}|} = \frac{\sin \sphericalangle ADC}{|\overline{AC}|} \qquad \Big| \cdot |\overline{AD}|$$

$$\sin \sphericalangle DCA = \frac{|\overline{AD}|}{|\overline{AC}|} \cdot \sin \sphericalangle ADC \qquad \text{mit } \sphericalangle ADC = 180° - \sphericalangle BAD$$

$$\sin \sphericalangle DCA = \frac{8}{10} \cdot \sin(180° - 100°)$$

$$\sphericalangle DCA = 51{,}98°$$

Der Winkel BAC und der Scheitelwinkel zu DCA sind Wechselwinkel an den zueinander parallelen Geraden AB und CD. Folglich gilt:
$\sphericalangle BAC = \sphericalangle DCA = 51{,}98°$

B 3.3 **TIPP** Das Viereck ABCD setzt sich aus den Dreiecken ABC und ACD zusammen. Für den Flächeninhalt des Dreiecks ACD benötigt man das Maß des Winkels CAD.

Berechnung von $\sphericalangle CAD$:

$$\sphericalangle CAD = \sphericalangle BAD - \sphericalangle BAC$$

$$\sphericalangle CAD = 100° - 51{,}98°$$

$$\sphericalangle CAD = 48{,}02°$$

Berechnung des Flächeninhalts des Vierecks ABCD:

$$A_{ABCD} = A_{\Delta ABC} + A_{\Delta ACD}$$

$$A_{ABCD} = 0{,}5 \cdot |\overline{AB}| \cdot |\overline{AC}| \cdot \sin \sphericalangle BAC + 0{,}5 \cdot |\overline{AC}| \cdot |\overline{AD}| \cdot \sin \sphericalangle CAD$$

$$A_{ABCD} = (0{,}5 \cdot 10 \cdot 10 \cdot \sin 51{,}98° + 0{,}5 \cdot 10 \cdot 8 \cdot \sin 48{,}02°)\ \text{cm}^2$$

$$A_{ABCD} = 69{,}12\ \text{cm}^2$$

B 3.4 Einzeichnen der Strecke $\overline{ME}$ und des Kreisbogens $\overset{\frown}{EF}$

> **TIPP** Da der Kreis um M die Diagonale $\overline{BD}$ im Punkt E berührt, muss $\overline{ME}$ senkrecht zu $\overline{BD}$ verlaufen. Man zeichnet also zunächst den Mittelpunkt M von $\overline{AB}$ ein. Dann fällt man das Lot von M auf $\overline{BD}$ und erhält den Punkt E. Anschließend zeichnet man den Kreisbogen $\overset{\frown}{EF}$ mit Mittelpunkt M und Radius $\overline{ME}$.

B 3.5

> **TIPP** Die Figur FBE setzt sich aus dem Kreissektor MEF und dem Dreieck MBE zusammen.
> Zur Berechnung der Dreiecksfläche verwendet man $|\overline{MB}|$, $|\overline{ME}|$ und das Maß des Zwischenwinkels BME.
> Um die Fläche des Kreissektors zu berechnen, verwendet man den Radius $|\overline{ME}|$ und das Maß des Mittelpunktswinkels EMF.

Berechnung von ∢BME mithilfe der Winkelsumme im Dreieck MBE:

$\sphericalangle BME = 180° - 90° - \sphericalangle EBM$ mit $\sphericalangle EBM = \sphericalangle DBA$

$\sphericalangle BME = 180° - 90° - 34{,}67°$

$\sphericalangle BME = 55{,}33°$

Berechnung von ∢EMF:

$\sphericalangle EMF = 180° - 55{,}33°$ (Ergänzungswinkel zu ∢BME)

$\sphericalangle EMF = 124{,}67°$

Berechnung von $|\overline{ME}|$ im rechtwinkligen Dreieck MBE:

$\sin \sphericalangle EBM = \dfrac{|\overline{ME}|}{|\overline{MB}|}$ $\quad \Big| \cdot |\overline{MB}|$

$|\overline{ME}| = |\overline{MB}| \cdot \sin \sphericalangle EBM$ mit $|\overline{MB}| = 0{,}5 \cdot |\overline{AB}|$

$|\overline{ME}| = 0{,}5 \cdot 10 \cdot \sin 34{,}67° \text{ cm}$

$|\overline{ME}| = 2{,}84 \text{ cm}$

Berechnung des Flächeninhalts A_{FBE} der Figur FBE:

$A_{FBE} = A_{\text{Sektor MEF}} + A_{\Delta MBE}$

$A_{FBE} = \dfrac{\sphericalangle EMF}{360°} \cdot |\overline{ME}|^2 \cdot \pi + 0{,}5 \cdot |\overline{MB}| \cdot |\overline{ME}| \cdot \sin \sphericalangle BME$

$A_{FBE} = \left(\dfrac{124{,}67°}{360°} \cdot 2{,}84^2 \cdot \pi + 0{,}5 \cdot 0{,}5 \cdot 10 \cdot 2{,}84 \cdot \sin 55{,}33° \right) \text{cm}^2$

$A_{FBE} = 14{,}61 \text{ cm}^2$

Berechnung des prozentualen Anteils des Flächeninhalts der Figur an der Gesamtfläche:

$$\frac{A_{FBE}}{A_{ABCD}} \cdot 100\ \% = \frac{14,61}{69,12} \cdot 100\ \% = 21,14\ \%$$

B 3.6 **TIPP** Der Winkel CGD und der Winkel AGB sind Scheitelwinkel. Um $\sphericalangle$CGD zu bestimmen, berechnet man daher $\sphericalangle$AGB mithilfe der Innenwinkelsumme im Dreieck ABG.

Im Dreieck ABG gilt:

$\sphericalangle AGB = 180° - \sphericalangle BAG - \sphericalangle GBA$ mit $\sphericalangle GBA = \sphericalangle DBA$ und $\sphericalangle BAG = \sphericalangle BAC$

$\sphericalangle AGB = 180° - 51,98° - 34,67°$

$\sphericalangle AGB = 93,35°$

Also: $\sphericalangle CGD = 93,35°$ (Scheitelwinkel)

Wegen $\sphericalangle CGD \neq 90°$ gilt:

$|\overline{DG}| > d(D; \overline{AC})$

B 4.1 Zeichnen der Pyramide ABCDS

TIPP

- $\overline{AC}$ liegt auf der Schrägbildachse und wird somit in wahrer Länge angetragen. A soll links von C liegen.
- Da $\overline{BD}$ senkrecht zur Zeichenebene verläuft, wird $\overline{BD}$ mit dem Faktor $q = \frac{1}{2}$ verkürzt und $\overline{BD}$ schließt mit der Schrägbildachse den Winkel $\omega = 45°$ ein. Da die Grundfläche eine Raute ist, halbiert M sowohl $\overline{AC}$ als auch $\overline{BD}$.
- $\overline{MS}$ liegt in der Zeichenebene und wird in wahrer Länge angetragen.

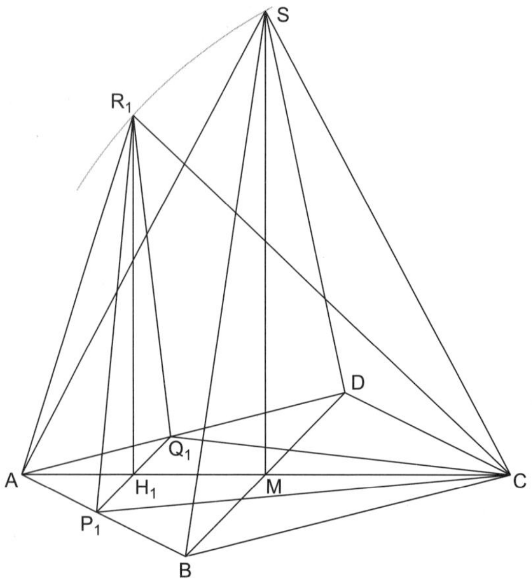

(Darstellung im Maßstab 1 : 2)

Berechnung von $|\overline{CS}|$ mit dem Pythagoras im rechtwinkligen Dreieck MCS:

$|\overline{CS}|^2 = |\overline{MC}|^2 + |\overline{MS}|^2$ mit $|\overline{MC}| = 0{,}5 \cdot |\overline{AC}|$

$|\overline{CS}| = \sqrt{(0{,}5 \cdot 13)^2 + 12^2}$ cm

$|\overline{CS}| = 13{,}65$ cm

Im rechtwinkligen Dreieck MCS gilt:

$\tan \sphericalangle SCM = \dfrac{|\overline{MS}|}{|\overline{MC}|}$ mit $\sphericalangle SCM = \sphericalangle SCA$

$\tan \sphericalangle SCA = \dfrac{12}{0{,}5 \cdot 13}$

$\sphericalangle SCA = 61{,}56°$

B 4.2 Einzeichnen der Pyramide $AP_1CQ_1R_1$ und der Höhe $\overline{H_1R_1}$ für $x = 3$

TIPP

- H_1 liegt auf $\overline{AM}$ und ist 3 cm von A entfernt.
- $\overline{P_1Q_1}$ verläuft parallel zu $\overline{BD}$ und wird von H_1 halbiert. P_1 liegt auf $\overline{AB}$ und Q_1 auf $\overline{AD}$.
- R_1 liegt senkrecht über H_1 und es gilt $|\overline{CR_1}| = |\overline{CS}|$.

B 4.3 **TIPP** Um das Volumen V_1 berechnen zu können, benötigt man die Diagonalenlänge $|\overline{P_1Q_1}|$ des Drachenvierecks AP_1CQ_1.
Weiterhin benötigt man die Höhe $|\overline{H_1R_1}|$.

Berechnung von $|\overline{P_1Q_1}|$ mithilfe des Strahlensatzes:

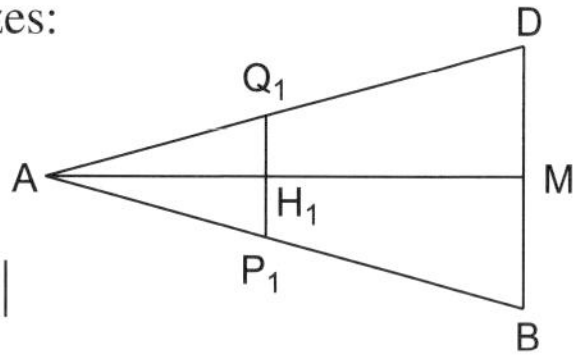

$$\frac{|\overline{P_1Q_1}|}{|\overline{BD}|} = \frac{|\overline{AH_1}|}{|\overline{AM}|} \qquad \Big| \cdot |\overline{BD}|$$

$$|\overline{P_1Q_1}| = \frac{|\overline{AH_1}| \cdot |\overline{BD}|}{|\overline{AM}|} \qquad \text{mit } |\overline{AM}| = 0{,}5 \cdot |\overline{AC}|$$

$$|\overline{P_1Q_1}| = \frac{3 \cdot 12}{0{,}5 \cdot 13}\,\text{cm}$$

$$|\overline{P_1Q_1}| = 5{,}54\,\text{cm}$$

Berechnung der Höhe $|\overline{H_1R_1}|$ mit dem Pythagoras im Dreieck CR_1H_1:

$$|\overline{CR_1}|^2 = |\overline{H_1C}|^2 + |\overline{H_1R_1}|^2$$

$$|\overline{H_1R_1}| = \sqrt{|\overline{CR_1}|^2 - |\overline{H_1C}|^2} \qquad \text{mit } |\overline{CR_1}| = |\overline{CS}| \text{ und } |\overline{H_1C}| = |\overline{AC}| - |\overline{AH_1}|$$

$$|\overline{H_1R_1}| = \sqrt{13{,}65^2 - (13-3)^2}\,\text{cm}$$

$$|\overline{H_1R_1}| = 9{,}29\,\text{cm}$$

Berechnung des Volumens V_1 der Pyramide $AP_1CQ_1R_1$:

$$V_1 = \frac{1}{3} \cdot A_{AP_1CQ_1} \cdot |\overline{H_1R_1}|$$

$$V_1 = \frac{1}{3} \cdot \frac{1}{2} \cdot |\overline{AC}| \cdot |\overline{P_1Q_1}| \cdot |\overline{H_1R_1}|$$

$$V_1 = \frac{1}{3} \cdot \frac{1}{2} \cdot 13 \cdot 5{,}54 \cdot 9{,}29\,\text{cm}^3$$

$$V_1 = 111{,}51\,\text{cm}^3$$

TIPP Dieses Volumen soll mit dem Volumen V der Pyramide ABCDS verglichen werden, das zunächst berechnet wird.

Berechnung des Volumens V der Pyramide ABCDS:

$V = \frac{1}{3} \cdot A_{ABCD} \cdot |\overline{MS}|$

$V = \frac{1}{3} \cdot \frac{1}{2} \cdot |\overline{AC}| \cdot |\overline{BD}| \cdot |\overline{MS}|$

$V = \frac{1}{3} \cdot \frac{1}{2} \cdot 13 \cdot 12 \cdot 12 \text{ cm}^3$

$V = 312 \text{ cm}^3$

Berechnung des prozentualen Verhältnisses von V_1 zu V:

$\frac{V_1}{V} \cdot 100\,\% = \frac{111{,}51}{312} \cdot 100\,\% = 35{,}74\,\%$

B 4.4 **TIPP** Um den zugehörigen Wert für x zu bestimmen, berechnet man die Länge $|\overline{AH_2}| = x$ cm. Da $|\overline{AH_2}| = |\overline{AC}| - |\overline{H_2C}|$, berechnet man zunächst $|\overline{H_2C}|$.

Berechnung von $|\overline{H_2C}|$ mit dem Pythagoras im Dreieck H_2CR_2:

$|\overline{CR_2}|^2 = |\overline{H_2C}|^2 + |\overline{H_2R_2}|^2$

$|\overline{H_2C}| = \sqrt{|\overline{CR_2}|^2 - |\overline{H_2R_2}|^2}$ mit $|\overline{CR_2}| = |\overline{CS}|$

$|\overline{H_2C}| = \sqrt{13{,}65^2 - 6^2}$ cm

$|\overline{H_2C}| = 12{,}26$ cm

Berechnung von $|\overline{AH_2}|$:

$|\overline{AH_2}| = |\overline{AC}| - |\overline{H_2C}|$

$|\overline{AH_2}| = (13 - 12{,}26)$ cm

$|\overline{AH_2}| = 0{,}74$ cm

Für die Pyramide $AP_2CQ_2R_2$ gilt folglich $x = 0{,}74$.

B 4.5 Mit dem Satz des Pythagoras im Dreieck H_nCR_n gilt:

$|\overline{H_nR_n}| = \sqrt{|\overline{CR_n}|^2 - |\overline{H_nC}|^2}$ mit $|\overline{CR_n}| = |\overline{CS}|$; $|\overline{H_nC}| = |\overline{AC}| - x$ cm

$|\overline{H_nR_n}|(x) = \sqrt{13{,}65^2 - (13 - x)^2}$ cm $\qquad x \in \mathbb{R}; 0 < x < 6{,}5$

$|\overline{H_nR_n}|(x) = \sqrt{186{,}32 - (169 - 26x + x^2)}$ cm

$|\overline{H_nR_n}|(x) = \sqrt{186{,}32 - 169 + 26x - x^2}$ cm

$|\overline{H_nR_n}|(x) = \sqrt{-x^2 + 26x + 17{,}32}$ cm

B 4.6 Wenn es eine Pyramide $AP_3CQ_3R_3$ mit $\sphericalangle R_3CA = 15°$ gäbe, dann würde im Dreieck H_3CR_3 gelten:

$$\cos\sphericalangle R_3CA = \frac{|\overline{H_3C}|}{|\overline{CR_3}|} \qquad \Big|\cdot|\overline{CR_3}|$$

$$|\overline{H_3C}| = |\overline{CR_3}| \cdot \cos\sphericalangle R_3CA \qquad \text{mit } |\overline{CR_3}| = |\overline{CS}|$$

$$|\overline{H_3C}| = 13{,}65 \cdot \cos 15° \text{ cm}$$

$$|\overline{H_3C}| = 13{,}18 \text{ cm}$$

Wegen $13{,}18 \text{ cm} > 13 \text{ cm}$ gilt $|\overline{H_3C}| > |\overline{AC}|$.

Dies kann aber nicht sein, da dann $H_3 \notin \overline{AM}$ wäre.

oder:

Da H_n auf $\overline{AM}$ liegt, können die Punkte R_n nicht weiter nach links rücken als der Punkt R_4, der senkrecht über A liegt. Dann ist der Winkel R_4CA der kleinste unter den Winkeln R_nCA. Im rechtwinkligen Dreieck ACR_4 gilt:

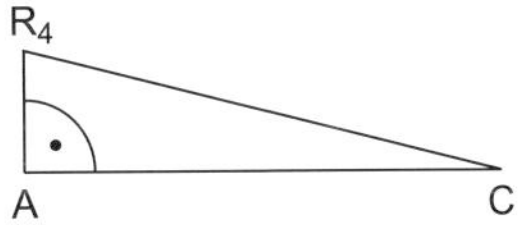

$$\cos\sphericalangle R_4CA = \frac{|\overline{AC}|}{|\overline{CR_4}|} \qquad \text{mit } |\overline{CR_4}| = |\overline{CS}|$$

$$\cos\sphericalangle R_4CA = \frac{13}{13{,}65}$$

$$\sphericalangle R_4CA = 17{,}75°$$

Der kleinstmögliche Winkel ist also 17,75°.

Somit gibt es die Pyramide $AP_3CQ_3R_3$ nicht.

PRÜFUNGSAUFGABEN

Aufgabe A 1

BE

A 1.0 Ein 90 °C heißes Getränk wird zur Abkühlung ins Freie gestellt. Nach x Minuten beträgt die Temperatur des Getränks y °C. Die Funktion f mit der Gleichung $y = 90 \cdot 0{,}94^x$ mit $\mathbb{G} = \mathbb{R}_0^+ \times \mathbb{R}^+$ beschreibt näherungsweise den Abkühlvorgang in den ersten 20 Minuten.

A 1.1 Ergänzen Sie die Wertetabelle auf Ganze gerundet und zeichnen Sie sodann den Graphen zu f in das Koordinatensystem ein. 2

x	0	5	10	15	20
$90 \cdot 0{,}94^x$					

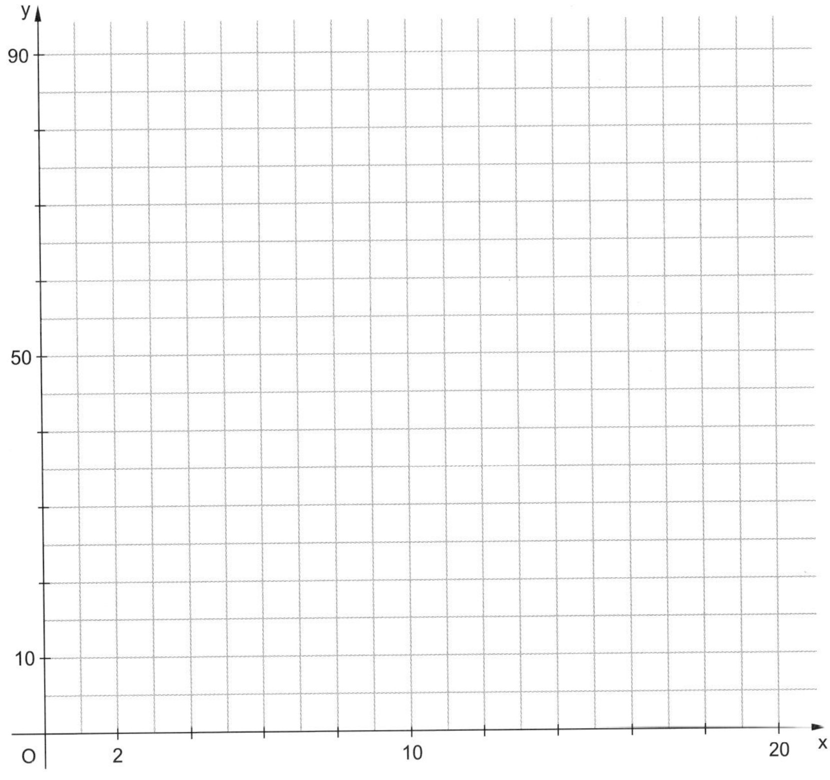

A 1.2 Geben Sie an, um wie viel Prozent das Getränk pro Minute kälter wird. 1

A 1.3 Ermitteln Sie mithilfe des Graphen zu f, nach wie vielen Minuten die Temperatur des Getränkes noch 40 °C beträgt. 1

A 1.4 Um wie viel Prozent ist die Temperatur des Getränkes nach sechs Minuten insgesamt gesunken? Kreuzen Sie den zutreffenden Wert an.

☐ 31 % ☐ 36 % ☐ 41 % ☐ 69 % 1

Aufgabe A 2

A 2.0 Das Rechteck ABCD mit $\overline{AB} = 12$ cm und $\overline{BC} = 7$ cm ist die Grundfläche der Pyramide ABCDS (siehe Zeichnung nächste Seite).
Die Spitze S liegt senkrecht über dem Mittelpunkt E der Strecke [AD] mit $\overline{ES} = 7$ cm. Der Punkt F ist der Mittelpunkt der Strecke [BC].

Runden Sie im Folgenden auf zwei Stellen nach dem Komma.

A 2.1 Berechnen Sie das Maß φ des Winkels SFE sowie die Länge der Strecke [FS].

[Ergebnisse: $\varphi = 30{,}26°$; $\overline{FS} = 13{,}89$ cm] 2

A 2.2 Der Punkt P liegt auf der Strecke [EF] mit $\overline{EP} = 5$ cm. Für Punkte M_n auf der Strecke [FS] gilt:

$\overline{FM_n}(x) = x$ cm mit $x < 13{,}89$ und $x \in \mathbb{R}^+$.

Die Punkte M_n sind die Mittelpunkte von Strecken $[Q_nR_n]$ mit $R_n \in [CS]$, $Q_n \in [BS]$ und $[Q_nR_n] \parallel [BC]$.

Die Punkte P, R_n und Q_n sind die Eckpunkte von Dreiecken PR_nQ_n.

Zeichnen Sie das Dreieck PR_1Q_1 für $x = 3$ in das Schrägbild zu A 2.0 ein. 1

A 2.3 Der Punkt M_2 auf der Strecke [FS] liegt senkrecht über dem Punkt P.

Zeichnen Sie M_2 und das Dreieck PR_2Q_2 in das Schrägbild zu A 2.0 ein. Bestimmen Sie sodann durch Rechnung den zugehörigen Wert für x und die Länge der Strecke $[R_2Q_2]$.
[Ergebnis: $\overline{R_2Q_2} = 2{,}92$ cm] 3

A 2.4 Das Dreieck PR_2Q_2 ist die Grundfläche der Pyramide PR_2Q_2F.

Ermitteln Sie rechnerisch den prozentualen Anteil des Volumens der Pyramide PR_2Q_2F am Volumen der Pyramide ABCDS. 3

Abbildung zu A 2.0

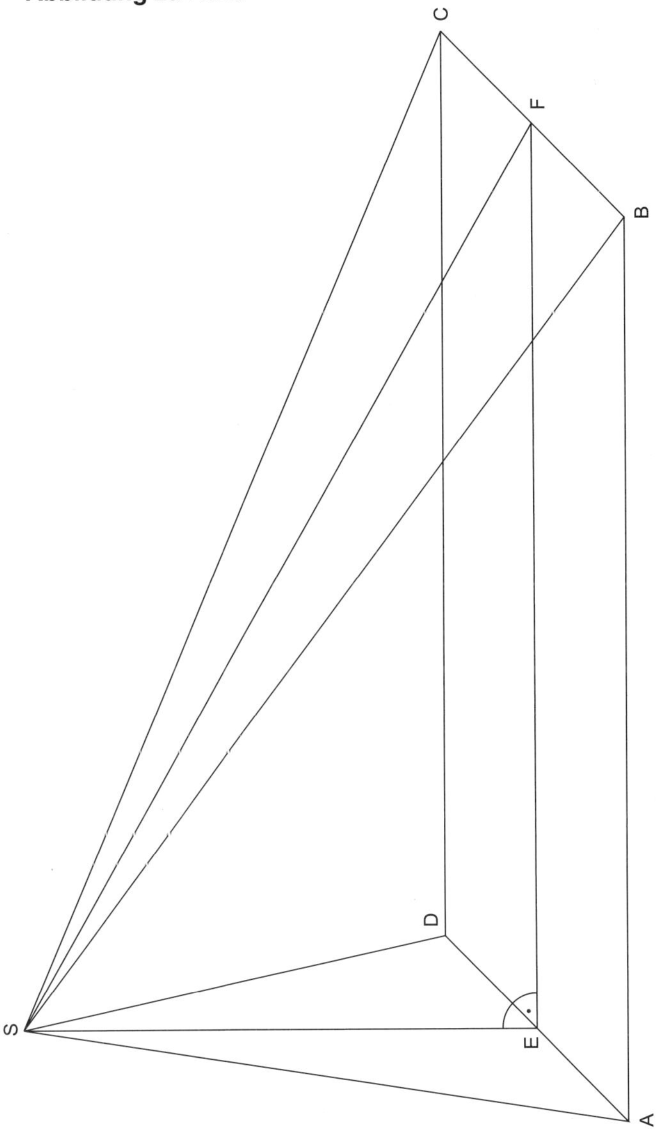

(Schrägbild gedreht dargestellt)

Aufgabe A 3

A 3.0 Die Figur ABCD dient als Schnittvorlage für eine Glasscheibe (siehe Skizze).

Der Kreisbogen $\overset{\frown}{CD}$ hat den Punkt B als Mittelpunkt und den Radius $r = \overline{BC}$.

Es gilt:

$\overline{AB} = 50{,}0$ cm; $\overline{BC} = 60{,}0$ cm;

$\sphericalangle CBA = 90°$; $\sphericalangle BAD = 120°$.

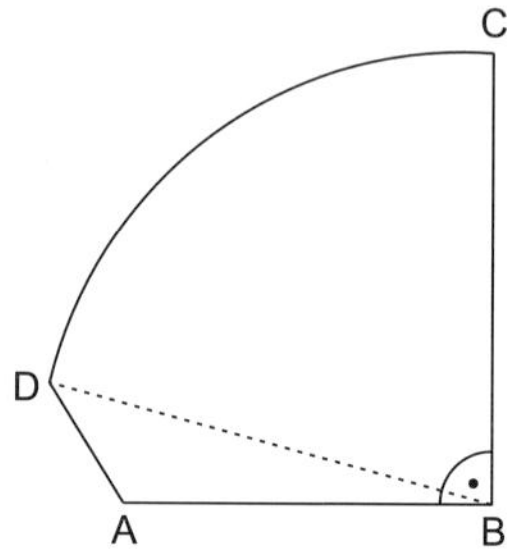

Runden Sie im Folgenden auf eine Stelle nach dem Komma.

A 3.1 Berechnen Sie die Länge der Strecke [DA].

[Teilergebnis: $\sphericalangle DBA = 13{,}8°$; Ergebnis: $\overline{DA} = 16{,}5$ cm] 3

A 3.2 Die Glasscheibe wird aus einer quadratischen Glasplatte herausgeschnitten. Dazu bewegt sich ein Laserschneider mit einer Geschwindigkeit von 30 cm pro Sekunde entlang des Kreisbogens $\overset{\frown}{CD}$ und der Strecke [DA].

Berechnen Sie die hierfür benötigte Zeit. 2

Lösungsvorschlag

A 1.1 Einzeichnen des Graphen zu f mithilfe der Wertetabelle:

x	0	5	10	15	20
$90 \cdot 0{,}94^x$	90	66	48	36	26

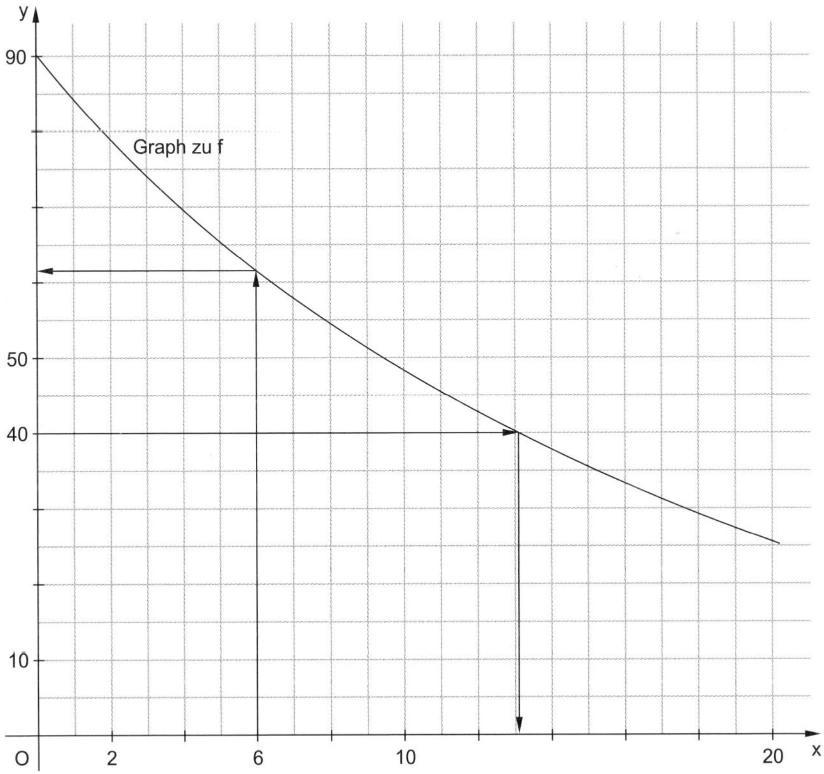

A 1.2 Jede Minute sinkt die Temperatur auf 94 % der vorhergehenden Temperatur. Das Getränk kühlt also pro Minute um 6 % ab.

A 1.3 Im Rahmen der Zeichengenauigkeit: nach 13 Minuten

A 1.4 **TIPP** Aus dem Graphen zu f ergibt sich für $x=6$ eine Temperatur von ca. 62 °C, d. h., das Getränk ist in 6 Minuten um ca. 28 °C abgekühlt.

$p=\frac{28}{90}\cdot 100\,\%$

$p=31\,\%$

oder:

$x=6$ in die Gleichung $y=90\cdot 0{,}94^x$ eingesetzt:

$y=90\cdot 0{,}94^6 \quad \Leftrightarrow \quad y=62$

D. h., das Getränk ist in 6 Minuten um ca. 28 °C abgekühlt.
Berechnung des Prozentsatzes wie oben.

oder:

Pro Minute nimmt die Temperatur um 6 % ab. Bei einer linearen Abnahme würde die Abnahme in 6 Minuten also 36 % betragen. Bei einer exponentiellen Abnahme beziehen sich die 6 % aber immer auf die „aktuelle" Temperatur. Die Gesamtabnahme der Temperatur in 6 Minuten muss daher kleiner als 36 % sein. Somit bleibt als richtige Antwort nur 31 %.

oder:

Nach 6 Minuten ist die Temperatur auf $0{,}94^6=0{,}69=69\,\%$ der Ausgangstemperatur gefallen. Sie ist also insgesamt um 31 % gefallen.

☒ 31 %

A 2.1 Im rechtwinkligen Dreieck SEF gilt:

$\tan\varphi=\frac{\overline{ES}}{\overline{EF}}$ mit $\overline{EF}=\overline{AB}=12\text{ cm}$

$\tan\varphi=\frac{7\text{ cm}}{12\text{ cm}}$

$\varphi=30{,}26°$

Berechnung von $\overline{FS}$ mit dem Satz des Pythagoras im rechtwinkligen Dreieck SEF:

$\overline{FS}^2=\overline{ES}^2+\overline{EF}^2 \quad |\sqrt{}$

$\overline{FS}=\sqrt{7^2+12^2}\text{ cm}$

$\overline{FS}=13{,}89\text{ cm}$

oder:

Im rechtwinkligen Dreieck SEF gilt:

$$\cos\varphi = \frac{\overline{EF}}{\overline{FS}} \qquad \left| \cdot \frac{\overline{FS}}{\cos\varphi} \right.$$

$$\overline{FS} = \frac{\overline{EF}}{\cos\varphi}$$

$$\overline{FS} = \frac{12\text{ cm}}{\cos 30{,}26^\circ}$$

$$\overline{FS} = 13{,}89\text{ cm}$$

oder:

Analoge Berechnung im rechtwinkligen Dreieck SEF mithilfe von $\sin\varphi$.

A 2.2 Einzeichnen des Dreiecks PR_1Q_1

> **TIPP**
> - P liegt auf [EF] und ist 5 cm von E entfernt.
> - M_1 liegt auf [FS] und ist 3 cm von F entfernt.
> - Die Parallele zu [BC] durch M_1 schneidet [BS] in Q_1 und [CS] in R_1.

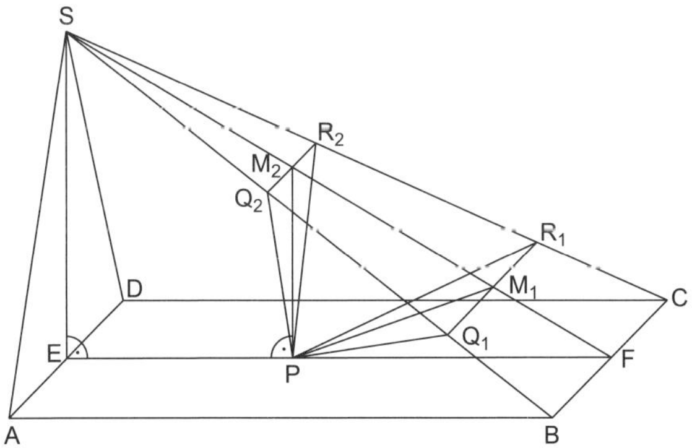

(Darstellung im Maßstab 1 : 2)

A 2.3 Einzeichnen des Punktes M_2 und des Dreiecks PR_2Q_2

> **TIPP**
> - M_2 liegt auf [FS] und senkrecht über dem Punkt P (also $[M_2P] \perp [PF]$).
> - Die Parallele zu [BC] durch M_2 schneidet [BS] in Q_2 und [CS] in R_2.

Bestimmung des zugehörigen Wertes für x:

Im rechtwinkligen Dreieck M_2PF gilt:

$$\cos\varphi = \frac{\overline{PF}}{\overline{FM_2}} \qquad \left| \cdot \frac{\overline{FM_2}}{\cos\varphi} \right.$$

$$\overline{FM_2} = \frac{\overline{PF}}{\cos\varphi} \qquad \text{mit } \overline{PF} = \overline{EF} - \overline{EP} = \overline{AB} - \overline{EP}$$

$$\overline{FM_2} = \frac{(12-5)\text{ cm}}{\cos 30{,}26°}$$

$$\overline{FM_2} = 8{,}10\text{ cm}$$

Also: $x = 8{,}10$

oder:

Strahlensatz:

$$\frac{\overline{FM_2}}{\overline{FS}} = \frac{\overline{PF}}{\overline{EF}} \qquad | \cdot \overline{FS}$$

$$\overline{FM_2} = \frac{\overline{PF}}{\overline{EF}} \cdot \overline{FS}$$

$$\overline{FM_2} = \frac{(12-5)\text{ cm}}{12\text{ cm}} \cdot 13{,}89\text{ cm}$$

$$\overline{FM_2} = 8{,}10\text{ cm}$$

Also: $x = 8{,}10$

Berechnung von $\overline{R_2Q_2}$ mit dem Strahlensatz:

$$\frac{\overline{R_2M_2}}{\overline{CF}} = \frac{\overline{SM_2}}{\overline{FS}} \qquad | \cdot \overline{CF}$$

$$\overline{R_2M_2} = \frac{\overline{SM_2}}{\overline{FS}} \cdot \overline{CF} \qquad \text{mit } \overline{SM_2} = \overline{FS} - \overline{FM_2} \text{ und } \overline{CF} = \frac{1}{2} \cdot \overline{BC}$$

$$\overline{R_2M_2} = \frac{(13{,}89 - 8{,}10)\text{ cm}}{13{,}89\text{ cm}} \cdot 3{,}5\text{ cm}$$

$$\overline{R_2M_2} = 1{,}46\text{ cm}$$

Also: $\overline{R_2Q_2} = 2 \cdot \overline{R_2M_2} = 2{,}92\text{ cm}$

oder:

TIPP Man berechnet zunächst das Winkelmaß $\frac{\sphericalangle BSC}{2}$ im rechtwinkligen Dreieck SBF und bestimmt dann $\overline{Q_2M_2}$ im rechtwinkligen Dreieck SQ_2M_2.

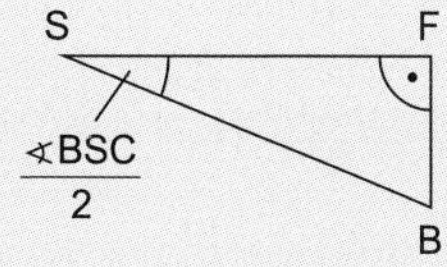

Im rechtwinkligen Dreieck SBF gilt:

$$\tan\frac{\sphericalangle BSC}{2} = \frac{\overline{BF}}{\overline{FS}} \qquad \text{mit } \overline{BF} = \frac{\overline{BC}}{2}$$

$$\tan\frac{\sphericalangle BSC}{2} = \frac{3{,}5}{13{,}89}$$

$$\frac{\sphericalangle BSC}{2} = 14{,}14°$$

Im rechtwinkligen Dreieck SQ_2M_2 gilt:

$$\tan\frac{\sphericalangle BSC}{2} = \frac{\overline{Q_2M_2}}{\overline{SM_2}} \qquad |\cdot \overline{SM_2}$$

$$\overline{Q_2M_2} = \overline{SM_2} \cdot \tan\frac{\sphericalangle BSC}{2}$$

$$\overline{Q_2M_2} = (13{,}89 - 8{,}10) \cdot \tan 14{,}14° \text{ cm}$$

$$\overline{Q_2M_2} = 1{,}46 \text{ cm}$$

Also: $\overline{R_2Q_2} = 2 \cdot \overline{Q_2M_2} = 2{,}92 \text{ cm}$

A 2.4 **TIPP** Man berechnet zunächst $\overline{PM_2}$, um das Volumen der Pyramide PR_2Q_2F zu ermitteln, bestimmt dann das Volumen der Pyramide ABCDS und schließlich den prozentualen Anteil des Volumens der Pyramide PR_2Q_2F am Volumen der Pyramide ABCDS.

Berechnung von $\overline{PM_2}$ im rechtwinkligen Dreieck M_2PF mit dem Satz des Pythagoras:

$$\overline{PM_2}^2 + \overline{PF}^2 = \overline{FM_2}^2 \qquad |-\overline{PF}^2$$

$$\overline{PM_2}^2 = \overline{FM_2}^2 - \overline{PF}^2 \qquad |\sqrt{}$$

$$\overline{PM_2} = \sqrt{\overline{FM_2}^2 - \overline{PF}^2} \qquad \text{mit } \overline{PF} = \overline{EF} - \overline{EP} = \overline{AB} - \overline{EP} = 7 \text{ cm}$$

$$\overline{PM_2} = \sqrt{8{,}10^2 - 7^2} \text{ cm}$$

$$\overline{PM_2} = 4{,}08 \text{ cm}$$

Berechnung des Volumens der Pyramide PR_2Q_2F:

$$V_{PR_2Q_2F} = \frac{1}{3} \cdot \frac{1}{2} \cdot \overline{R_2Q_2} \cdot \overline{PM_2} \cdot \overline{PF}$$

$$V_{PR_2Q_2F} = \frac{1}{3} \cdot \frac{1}{2} \cdot 2{,}92 \cdot 4{,}08 \cdot 7 \text{ cm}^3$$

$$V_{PR_2Q_2F} = 13{,}90 \text{ cm}^3$$

Berechnung des Volumens der Pyramide ABCDS:

$$V_{ABCDS} = \frac{1}{3} \cdot \overline{AB} \cdot \overline{BC} \cdot \overline{ES}$$

$$V_{ABCDS} = \frac{1}{3} \cdot 12 \cdot 7 \cdot 7 \text{ cm}^3$$

$$V_{ABCDS} = 196 \text{ cm}^3$$

Berechnung des prozentualen Anteils:

$$\frac{V_{PR_2Q_2F}}{V_{ABCDS}} = \frac{13{,}90 \text{ cm}^3}{196 \text{ cm}^3} = 0{,}0709$$

Der prozentuale Anteil beträgt 7,09 %.

A 3.1

> **TIPP** Um $\overline{DA}$ mithilfe des Kosinussatzes im Dreieck ABD berechnen zu können, benötigt man das Winkelmaß $\sphericalangle DBA$, wozu man zunächst das Maß des Winkels ADB berechnet.

Berechnung des Winkelmaßes $\sphericalangle ADB$ mit dem Sinussatz im Dreieck ABD:

$$\frac{\sin \sphericalangle ADB}{\overline{AB}} = \frac{\sin \sphericalangle BAD}{\overline{BD}} \qquad | \cdot \overline{AB}$$

$$\sin \sphericalangle ADB = \frac{\overline{AB}}{\overline{BD}} \cdot \sin \sphericalangle BAD \qquad \text{mit } \overline{BD} = \overline{BC} = 60 \text{ cm}$$

$$\sin \sphericalangle ADB = \frac{50 \text{ cm}}{60 \text{ cm}} \cdot \sin 120°$$

$$\sphericalangle ADB = 46{,}2° \quad (\vee \ \sphericalangle ADB = 133{,}8°)$$

> **TIPP** $\sphericalangle ADB = 133{,}8°$ kann nicht stimmen, da $\sphericalangle ADB$ kleiner als 60° sein muss.

Bestimmung des Winkelmaßes $\sphericalangle DBA$ mithilfe der Winkelsumme im Dreieck ABD:

$$\sphericalangle DBA = 180° - 120° - 46{,}2°$$

$$\sphericalangle DBA = 13{,}8°$$

Berechnung von $\overline{DA}$ mithilfe des Kosinussatzes im Dreieck ABD:

$$\overline{DA}^2 = \overline{AB}^2 + \overline{BD}^2 - 2 \cdot \overline{AB} \cdot \overline{BD} \cdot \cos \sphericalangle DBA \qquad |\sqrt{}$$

$$\overline{DA} = \sqrt{50^2 + 60^2 - 2 \cdot 50 \cdot 60 \cdot \cos 13{,}8^\circ}\ \text{cm}$$

$$\overline{DA} = 16{,}5\ \text{cm}$$

A 3.2 **TIPP** Um die benötigte Zeit zu ermitteln, bestimmt man zunächst die Länge b des Kreisbogens $\overset{\frown}{CD}$. Die Länge der Schnittkante ergibt sich dann als Summe aus b und $\overline{DA}$.

Berechnung der Länge b des Kreisbogens $\overset{\frown}{CD}$:

$$b = 2 \cdot \overline{BC} \cdot \pi \cdot \frac{\sphericalangle CBD}{360^\circ} \qquad \text{mit } \sphericalangle CBD = \sphericalangle CBA - \sphericalangle DBA$$

$$b = 2 \cdot 60\ \text{cm} \cdot \pi \cdot \frac{90^\circ - 13{,}8^\circ}{360^\circ}$$

$$b = 79{,}8\ \text{cm}$$

Berechnung der benötigten Zeit t:

$$t = \frac{b + \overline{DA}}{30}\ \text{s}$$

$$t = \frac{79{,}8 + 16{,}5}{30}\ \text{s}$$

$$t = 3{,}2\ \text{s}$$

Der Laserschneider benötigt 3,2 Sekunden.

Aufgabe B 1

BE

B 1.0 Die Parabel p verläuft durch die Punkte $P(-3\,|\,0)$ und $Q(5\,|\,0)$.
Sie hat eine Gleichung der Form $y = a \cdot x^2 + 0{,}5x + c$ mit $\mathbb{G} = \mathbb{R} \times \mathbb{R}$ und $a \in \mathbb{R} \setminus \{0\}$, $c \in \mathbb{R}$.
Die Gerade g hat die Gleichung $y = -0{,}1x - 2$ mit $\mathbb{G} = \mathbb{R} \times \mathbb{R}$.

B 1.1 Zeigen Sie durch Berechnung der Werte für a und c, dass die Parabel p die Gleichung $y = -0{,}25x^2 + 0{,}5x + 3{,}75$ hat.
Zeichnen Sie sodann die Gerade g sowie die Parabel p für $x \in [-4;\,7]$ in ein Koordinatensystem ein.
Für die Zeichnung: Längeneinheit 1 cm; $-5 \leqq x \leqq 8$; $-5 \leqq y \leqq 5$ — 4

B 1.2 Punkte $A_n(x\,|\,-0{,}25x^2 + 0{,}5x + 3{,}75)$ auf der Parabel p und Punkte $B_n(x\,|\,-0{,}1x - 2)$ auf der Geraden g haben dieselbe Abszisse x.
Sie sind zusammen mit Punkten C_n und D_n für $x \in \,]-3{,}74;\,6{,}14[$ die Eckpunkte von Parallelogrammen $A_nB_nC_nD_n$. Die Punkte C_n liegen ebenfalls auf der Geraden g. Dabei ist die Abszisse x der Punkte C_n jeweils um 2 größer als die Abszisse x der Punkte B_n.
Zeichnen Sie die Parallelogramme $A_1B_1C_1D_1$ für $x = -2$ und $A_2B_2C_2D_2$ für $x = 3$ in das Koordinatensystem zu B 1.1 ein. — 2

B 1.3 Berechnen Sie die Länge der Strecken $[A_nB_n]$ in Abhängigkeit von der Abszisse x der Punkte A_n.
[Ergebnis: $\overline{A_nB_n}(x) = (-0{,}25x^2 + 0{,}6x + 5{,}75)$ LE] — 2

B 1.4 Überprüfen Sie rechnerisch, ob es unter den Parallelogrammen $A_nB_nC_nD_n$ ein Parallelogramm mit einem Flächeninhalt von 13 FE gibt. — 3

B 1.5 Unter den Parallelogrammen $A_nB_nC_nD_n$ gibt es die Rauten $A_3B_3C_3D_3$ und $A_4B_4C_4D_4$.
Berechnen Sie die x-Koordinaten der Punkte A_3 und A_4 auf zwei Stellen nach dem Komma gerundet.
[Teilergebnis: $\overline{B_nC_n} = 2{,}01$ LE] — 4

B 1.6 Begründen Sie, dass es unter den Parallelogrammen $A_nB_nC_nD_n$ kein Rechteck gibt. — 2

Aufgabe B 2

B 2.0 Gegeben ist das Dreieck ABC mit $\overline{AB} = 10$ cm, $\overline{AC} = 8$ cm und $\overline{BC} = 9{,}5$ cm.

Der Punkt D ist der Fußpunkt des Lotes vom Eckpunkt A auf die Seite [BC] (siehe Skizze).

Runden Sie im Folgenden auf zwei Stellen nach dem Komma.

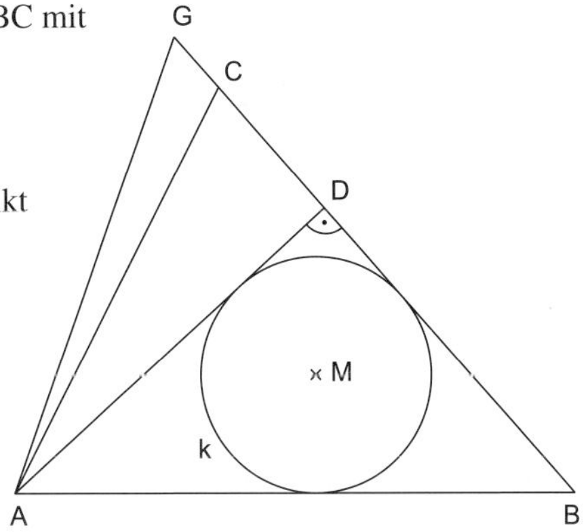

B 2.1 Zeichnen Sie das Dreieck ABC und die Strecke [AD]. 1

B 2.2 Berechnen Sie das Maß β des Winkels CBA, das Maß ε des Winkels BAD und die Länge der Strecke [AD].

[Ergebnisse: $\beta = 48{,}36°$; $\varepsilon = 41{,}64°$] 3

B 2.3 Der Punkt G auf der Verlängerung der Strecke [BC] über C hinaus ist ein Eckpunkt des Dreiecks ABG. Der Winkel BAG hat das Maß 70°.

Zeichnen Sie das Dreieck ABG und berechnen Sie die Länge der Strecke [CG]. 4

B 2.4 Im Dreieck ABD berührt der Inkreis k die Seite [AB] im Punkt E und die Seite [AD] im Punkt F.

Zeichnen Sie den Inkreis k mit seinem Mittelpunkt M und die Strecken [ME] und [MF] in die Zeichnung zu B 2.1 ein. 2

B 2.5 Berechnen Sie das Maß φ des Winkels AMB und den Inkreisradius $r = \overline{ME}$.

[Ergebnisse: $\varphi = 135°$; $r = 2{,}06$ cm] 3

B 2.6 Berechnen Sie den Flächeninhalt A des Flächenstücks AEF, das vom Kreisbogen $\widehat{FE}$ sowie von den Strecken [EA] und [AF] begrenzt wird. 4

B 1.1 $P(-3\,|\,0)$ und $Q(5\,|\,0) \in p$:

$$\begin{array}{ll} & 0 = a \cdot (-3)^2 + 0{,}5 \cdot (-3) + c \\ \wedge & 0 = a \cdot 5^2 + 0{,}5 \cdot 5 + c \end{array} \qquad a \in \mathbb{R} \setminus \{0\};\ c \in \mathbb{R}$$

$$\Leftrightarrow \begin{array}{ll} & 0 = 9a - 1{,}5 + c \\ \wedge & 0 = 25a + 2{,}5 + c \end{array}$$

$$\Leftrightarrow \begin{array}{llll} & 0 = 9a - 1{,}5 + c & & |-9a + 1{,}5 \\ \wedge & 0 = -16a - 4 & (\text{I} - \text{II}) & |+16a \end{array}$$

$$\Leftrightarrow \begin{array}{lll} & c = -9a + 1{,}5 & \\ \wedge & 16a = -4 & |:16 \end{array}$$

$$\Leftrightarrow \begin{array}{ll} & c = (-9) \cdot (-0{,}25) + 1{,}5 \\ \wedge & a = -0{,}25 \end{array}$$

$$\Leftrightarrow \begin{array}{ll} & c = 3{,}75 \\ \wedge & a = -0{,}25 \end{array}$$

$\mathbb{L}(a\,|\,c) = \{(-0{,}25\,|\,3{,}75)\}$

Gleichung der Parabel p:

$y = -0{,}25x^2 + 0{,}5x + 3{,}75 \qquad \mathbb{G} = \mathbb{R} \times \mathbb{R}$

Zeichnen der Geraden g

TIPP Die Gerade g hat die Steigung –0,1 und den y-Achsenabschnitt –2.

Zeichnen der Parabel p z. B. mit folgender Wertetabelle:

x	–4	–3	–2	–1	0	1
$y = -0{,}25x^2 + 0{,}5x + 3{,}75$	–2,25	0	1,75	3	3,75	4

x	2	3	4	5	6	7
$y = -0{,}25x^2 + 0{,}5x + 3{,}75$	3,75	3	1,75	0	–2,25	–5

oder:

Man bestimmt den Scheitel der Parabel und zeichnet eine nach unten geöffnete mit dem Faktor 0,25 gestauchte Parabel.

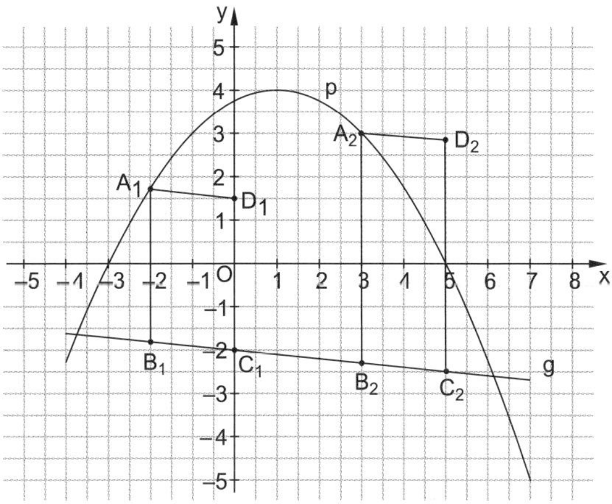

(Darstellung im Maßstab 1 : 2)

B 1.2 Einzeichnen des Parallelogramms $A_1B_1C_1D_1$ für $x = -2$

> **TIPP**
> - A_1 liegt auf der Parabel p und hat die x-Koordinate –2, also $A_1(-2 \mid 1{,}75)$.
> - B_1 liegt auf der Geraden g und hat ebenfalls die x-Koordinate –2, also $B_1(-2 \mid -1{,}8)$.
> - C_1 liegt auf der Geraden g und hat eine um 2 größere x-Koordinate als B_1, also $C_1(0 \mid -2)$.
> - Da es sich um ein Parallelogramm handelt, gilt: $\overrightarrow{C_1D_1} = \overrightarrow{B_1A_1}$

Einzeichnen des Parallelogramms $A_2B_2C_2D_2$ für $x = 3$

> **TIPP**
> - A_2 liegt auf der Parabel p und hat die x-Koordinate 3, also $A_2(3 \mid 3)$.
> - B_2 liegt auf der Geraden g und hat ebenfalls die x-Koordinate 3, also $B_2(3 \mid -2{,}3)$.
> - C_2 liegt auf der Geraden g und hat eine um 2 größere x-Koordinate als B_2, also $C_2(5 \mid -2{,}5)$.
> - Da es sich um ein Parallelogramm handelt, gilt: $\overrightarrow{C_2D_2} = \overrightarrow{B_2A_2}$

B 1.3 TIPP Da die Punkte A_n und B_n jeweils dieselbe Abszisse haben, gilt: $\overline{A_nB_n} = y_{A_n} - y_{B_n}$

$$\overline{A_nB_n}(x) = [-0{,}25x^2 + 0{,}5x + 3{,}75 - (-0{,}1x - 2)]\text{ LE} \qquad x \in \mathbb{R};\ x \in]-3{,}74; 6{,}14[$$

$$\overline{A_nB_n}(x) = (-0{,}25x^2 + 0{,}5x + 3{,}75 + 0{,}1x + 2)\text{ LE}$$

$$\overline{A_nB_n}(x) = (-0{,}25x^2 + 0{,}6x + 5{,}75)\text{ LE}$$

B 1.4 Bestimmung des Flächeninhalts der Parallelogramme $A_nB_nC_nD_n$ in Abhängigkeit von x:

TIPP Die Seiten $[A_nB_n]$ verlaufen parallel zur y-Achse und die Koordinaten der Punkte C_n haben jeweils eine um 2 größere Abszisse als B_n.

$$A(x) = (-0{,}25x^2 + 0{,}6x + 5{,}75) \cdot 2\text{ FE} \qquad x \in \mathbb{R};\ x \in]-3{,}74; 6{,}14[$$

$$A(x) = (-0{,}5x^2 + 1{,}2x + 11{,}5)\text{ FE}$$

oder:

$$\overrightarrow{B_nA_n} = \begin{pmatrix} 0 \\ -0{,}25x^2 + 0{,}6x + 5{,}75 \end{pmatrix}$$

TIPP Die Steigung der Geraden g ist −0,1.
Der Steigungsvektor ist also $\begin{pmatrix} 1 \\ -0{,}1 \end{pmatrix}$.

$$\overrightarrow{B_nC_n} = \begin{pmatrix} 2 \\ -0{,}1 \cdot 2 \end{pmatrix}$$

$$\overrightarrow{B_nC_n} = \begin{pmatrix} 2 \\ -0{,}2 \end{pmatrix}$$

Bestimmung des Flächeninhalts der Parallelogramme $A_nB_nC_nD_n$ in Abhängigkeit von x:

$$A = \left| \overrightarrow{B_nC_n} \quad \overrightarrow{B_nA_n} \right| \text{FE}$$

$$A(x) = \begin{vmatrix} 2 & 0 \\ -0{,}2 & -0{,}25x^2 + 0{,}6x + 5{,}75 \end{vmatrix} \text{FE} \qquad x \in \mathbb{R};\ x \in]-3{,}74; 6{,}14[$$

$$A(x) = (-0{,}5x^2 + 1{,}2x + 11{,}5)\text{ FE}$$

Überprüfung, ob es Parallelogramme mit einem Flächeninhalt von 13 FE gibt:

$$A(x) = 13\text{ FE}$$

$$\Leftrightarrow \quad -0{,}5x^2 + 1{,}2x + 11{,}5 = 13 \qquad \Big| -13 \qquad x \in \mathbb{R};\ x \in]-3{,}74; 6{,}14[$$

$$\Leftrightarrow \quad -0{,}5x^2 + 1{,}2x - 1{,}5 = 0$$

$$D = 1{,}2^2 - 4 \cdot (-0{,}5) \cdot (-1{,}5)$$

$$D = -1{,}56 < 0$$

$$\Rightarrow \quad \mathbb{L} = \varnothing$$

Unter den Parallelogrammen $A_nB_nC_nD_n$ gibt es keines mit dem Flächeninhalt 13 FE.

oder:

TIPP Man bestimmt die längste Seite unter den Seiten $\overline{A_nB_n}$ mithilfe quadratischer Ergänzung und dann den maximalen Flächeninhalt.

$$\overline{A_nB_n}(x) = (-0{,}25x^2 + 0{,}6x + 5{,}75)\text{ LE}$$

$$\overline{A_nB_n}(x) = [-0{,}25(x^2 - 2{,}4x + 1{,}2^2 - 1{,}2^2) + 5{,}75]\text{ LE}$$

$$\overline{A_nB_n}(x) = [-0{,}25(x - 1{,}2)^2 + 0{,}36 + 5{,}75]\text{ LE}$$

$$\overline{A_nB_n}(x) = [-0{,}25(x - 1{,}2)^2 + 6{,}11]\text{ LE}$$

Maximum für $x = 1{,}2$:

$$\overline{A_nB_n}_{\,max} = 6{,}11\text{ LE}$$

Somit ist der maximale Flächeninhalt der Parallelogramme:

$$A_{max}(x) = \overline{A_nB_n}_{\,max} \cdot 2\text{ LE} = 12{,}22\text{ FE}$$

Unter den Parallelogrammen $A_nB_nC_nD_n$ gibt es keines mit dem Flächeninhalt 13 FE.

B 1.5 **TIPP** Für die Rauten muss gelten: $\overline{A_nB_n} = \overline{B_nC_n}$
Die Seiten $[B_nC_n]$ sind alle gleich lang.

Wegen $\overrightarrow{B_nC_n} = \begin{pmatrix} 2 \\ -0{,}2 \end{pmatrix}$ (vgl. Teilaufgabe B 1.4) gilt:

$$\overline{B_nC_n} = \sqrt{2^2 + (-0{,}2)^2}\text{ LE}$$

$$\overline{B_nC_n} = 2{,}01\text{ LE}$$

Bestimmen der x-Koordinaten der Punkte A_3 und A_4:

$$\overline{A_nB_n} = \overline{B_nC_n}$$

$$\Leftrightarrow \quad -0,25x^2 + 0,6x + 5,75 = 2,01 \qquad \left| -2,01 \right. \qquad x \in \mathbb{R};\ x \in \left]-3,74; 6,14\right[$$

$$\Leftrightarrow \quad -0,25x^2 + 0,6x + 3,74 = 0$$

$$\Leftrightarrow \quad x = \frac{-0,6 + \sqrt{(0,6)^2 - 4 \cdot (-0,25) \cdot 3,74}}{2 \cdot (-0,25)}$$

$$\vee \ x = \frac{-0,6 - \sqrt{(0,6)^2 - 4 \cdot (-0,25) \cdot 3,74}}{2 \cdot (-0,25)}$$

$$\Leftrightarrow \quad x = -2,85 \ \vee \ x = 5,25$$

$\mathbb{L} = \{-2,85; 5,25\}$

B 1.6 Da die Geraden A_nB_n parallel zur y-Achse verlaufen und die Steigung der Geraden B_nC_n ungleich null ist, gilt:

$\sphericalangle C_nB_nA_n \neq 90°$

Daraus folgt, dass es unter den Parallelogrammen $A_nB_nC_nD_n$ kein Rechteck gibt.

oder:

Da die Seiten $[A_nB_n]$ parallel zur y-Achse verlaufen, müsste in einem Rechteck die Seite $[B_nC_n]$ parallel zur x-Achse verlaufen. Dies ist aber nicht der Fall, da die Seiten $[B_nC_n]$ auf der Geraden g, deren Steigung ungleich null ist, liegen.

B 2.1 Zeichnen des Dreiecks ABC und der Strecke [AD]

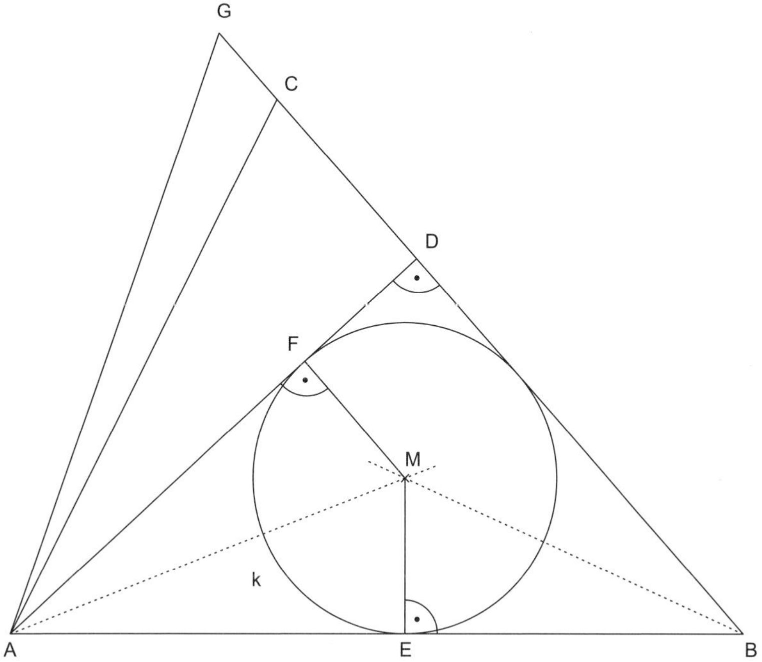

B 2.2 Berechnung des Winkelmaßes β mithilfe des Kosinussatzes im Dreieck ABC:

$$\overline{AC}^2 = \overline{AB}^2 + \overline{BC}^2 - 2 \cdot \overline{AB} \cdot \overline{BC} \cdot \cos\beta$$

$$\cos\beta = \frac{\overline{AB}^2 + \overline{BC}^2 - \overline{AC}^2}{2 \cdot \overline{AB} \cdot \overline{BC}}$$

$$\cos\beta = \frac{10^2 + 9{,}5^2 - 8^2}{2 \cdot 10 \cdot 9{,}5}$$

$$\beta = 48{,}36°$$

Berechnung des Winkelmaßes ε mithilfe der Winkelsumme im Dreieck ABD:

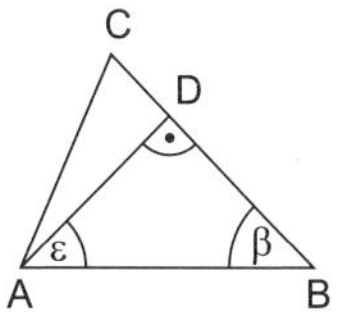

$$\varepsilon = 180° - 90° - \beta$$

$$\varepsilon = 180° - 90° - 48{,}36°$$

$$\varepsilon = 41{,}64°$$

Berechnung der Streckenlänge $\overline{AD}$ im rechtwinkligen Dreieck ABD:

$$\sin\beta = \frac{\overline{AD}}{\overline{AB}} \qquad |\cdot \overline{AB}$$

$$\overline{AD} = \overline{AB} \cdot \sin\beta$$

$$\overline{AD} = 10\text{ cm} \cdot \sin 48{,}36°$$

$$\overline{AD} = 7{,}47\text{ cm}$$

B 2.3 Einzeichnen des Dreiecks ABG

> **TIPP** Um $\overline{CG}$ berechnen zu können, bestimmt man zunächst $\overline{BG}$ mithilfe des Sinussatzes.

Berechnung von $\overline{BG}$ mithilfe des Sinussatzes im Dreieck ABG:

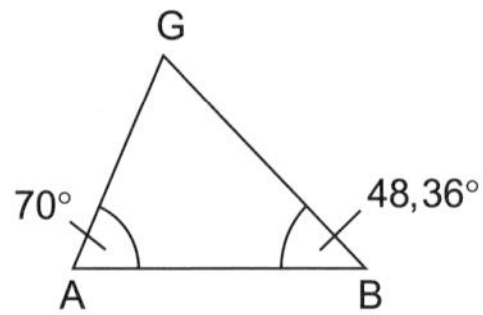

$$\frac{\overline{BG}}{\sin\sphericalangle BAG} = \frac{\overline{AB}}{\sin\sphericalangle AGB} \qquad |\cdot \sin\sphericalangle BAG$$

$$\overline{BG} = \frac{\overline{AB}}{\sin\sphericalangle AGB} \cdot \sin\sphericalangle BAG \qquad \text{mit } \sphericalangle AGB = 180° - 70° - 48{,}36°$$

$$\overline{BG} = \frac{10\text{ cm}}{\sin 61{,}64°} \cdot \sin 70°$$

$$\overline{BG} = 10{,}68\text{ cm}$$

Berechnung von $\overline{CG}$:

$$\overline{CG} = \overline{BG} - \overline{BC}$$

$$\overline{CG} = (10{,}68 - 9{,}5)\text{ cm}$$

$$\overline{CG} = 1{,}18\text{ cm}$$

B 2.4 Einzeichnen des Inkreises k mit Mittelpunkt M sowie der Strecken [ME] und [MF]

> **TIPP** Der Inkreismittelpunkt eines Dreiecks ist der Schnittpunkt der Winkelhalbierenden der Dreiecksinnenwinkel. (Da sich alle drei Winkelhalbierenden in einem Punkt schneiden, reicht es, zwei Winkelhalbierende zu zeichnen.) Da der Inkreis die Dreiecksseiten berührt, verlaufen die Berührradien des Inkreises senkrecht zu den jeweiligen Dreiecksseiten.

B 2.5 Berechnung von φ mithilfe der Winkelsumme im Dreieck ABM:

TIPP Die Halbgeraden [AM und MB] sind die Winkelhalbierenden des Winkels BAD mit dem Maß ε und des Winkels CBA mit dem Maß β.

$\varphi = 180° - (0{,}5 \cdot \beta + 0{,}5 \cdot \varepsilon)$

$\varphi = 180° - (0{,}5 \cdot 48{,}36° + 0{,}5 \cdot 41{,}64°)$

$\varphi = 135°$

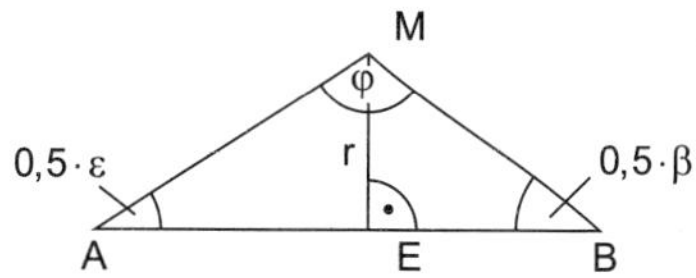

TIPP Um $\overline{ME}$ zu berechnen, bestimmt man zunächst $\overline{BM}$ mithilfe des Sinussatzes im Dreieck ABM. Sodann kann man r = $\overline{ME}$ im rechtwinkligen Dreieck MEB ermitteln. (Man kann auch analog zunächst $\overline{AM}$ und dann $\overline{ME}$ berechnen.)

Berechnung von $\overline{BM}$ mithilfe des Sinussatzes im Dreieck ABM:

$$\frac{\overline{BM}}{\sin(0{,}5 \cdot \varepsilon)} = \frac{\overline{AB}}{\sin\varphi} \qquad \Big| \cdot \sin(0{,}5 \cdot \varepsilon)$$

$$\overline{BM} = \frac{\overline{AB}}{\sin\varphi} \cdot \sin(0{,}5 \cdot \varepsilon)$$

$$\overline{BM} = \frac{10\text{ cm}}{\sin 135°} \cdot \sin(0{,}5 \cdot 41{,}64°)$$

$$\overline{BM} = 5{,}03\text{ cm}$$

Berechnung von r = $\overline{ME}$ im rechtwinkligen Dreieck MEB:

$$\sin(0{,}5 \cdot \beta) = \frac{r}{\overline{BM}} \qquad \Big| \cdot \overline{BM}$$

$$r = \overline{BM} \cdot \sin(0{,}5 \cdot \beta)$$

$$r = 5{,}03\text{ cm} \cdot \sin(0{,}5 \cdot 48{,}36°)$$

$$r = 2{,}06\text{ cm}$$

B 2.6 **TIPP** Es gilt:

$A = A_{AEMF} - A_{Sektor_{MFE}}$ mit $A_{AEMF} = 2 \cdot A_{\Delta AEM}$

Um $A_{\Delta AEM}$ zu ermitteln, benötigt man $\overline{EA}$.

Um $A_{Sektor_{MFE}}$ berechnen zu können, muss man ∢FME bestimmen.

Berechnung von $\overline{EA}$ im rechtwinkligen Dreieck AEM:

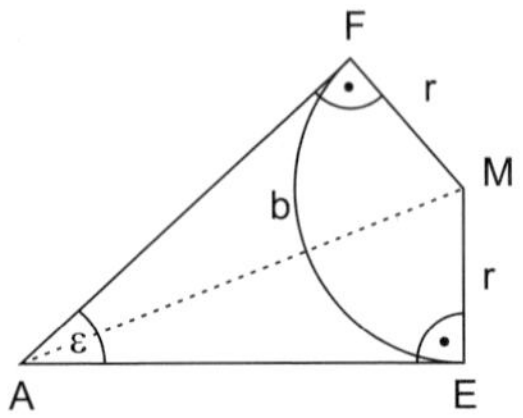

$$\tan(0{,}5\cdot\varepsilon)=\frac{r}{\overline{EA}} \quad \left|\cdot\frac{\overline{EA}}{\tan(0{,}5\cdot\varepsilon)}\right.$$

$$\overline{EA}=\frac{r}{\tan(0{,}5\cdot\varepsilon)}$$

$$\overline{EA}=\frac{2{,}06\text{ cm}}{\tan(0{,}5\cdot 41{,}64^\circ)}$$

$$\overline{EA}=5{,}42\text{ cm}$$

Berechnung von $\sphericalangle FME$ mithilfe der Winkelsumme im Viereck AEMF:

$$\sphericalangle FME=360^\circ-2\cdot 90^\circ-\varepsilon$$

$$\sphericalangle FME=360^\circ-2\cdot 90^\circ-41{,}64^\circ$$

$$\sphericalangle FME=138{,}36^\circ$$

Für die gesuchte Fläche gilt:

$$A=A_{AEMF}-A_{Sektor_{MFE}}$$

$$A=2\cdot A_{\Delta AEM}-A_{Sektor_{MFE}}$$

$$A=2\cdot 0{,}5\cdot\overline{EA}\cdot r-r^2\cdot\pi\cdot\frac{\sphericalangle FME}{360^\circ}$$

$$A=\left(2\cdot 0{,}5\cdot 5{,}42\cdot 2{,}06-2{,}06^2\cdot\pi\cdot\frac{138{,}36^\circ}{360^\circ}\right)\text{cm}^2$$

$$A=6{,}04\text{ cm}^2$$

Aufgabe A 1

BE

A 1.0 Die Anzahl der Ladestationen für Elektrofahrzeuge in Deutschland soll laut einer Prognose in den nächsten Jahren exponentiell wachsen. Diese Entwicklung kann man näherungsweise durch die Funktion
$f\colon y = 5\,000 \cdot 1{,}75^x \quad (\mathbb{G} = \mathbb{R}_0^+ \times \mathbb{R}_0^+)$
beschreiben, wobei x die Anzahl der Jahre und y die Anzahl der Ladestationen darstellt.

A 1.1 Ergänzen Sie die Wertetabelle auf Tausender gerundet und zeichnen Sie sodann den Graphen der Funktion f in das Koordinatensystem ein. 2

x	0	1	2	3	4
$5\,000 \cdot 1{,}75^x$					

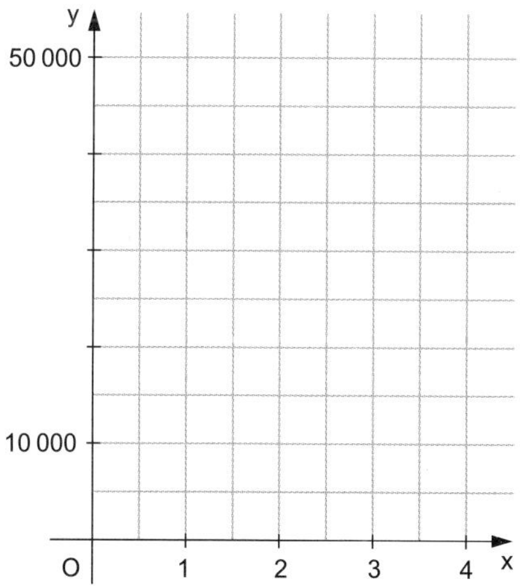

A 1.2 Ermitteln Sie mithilfe des Graphen, nach welcher Zeit die ursprüngliche Anzahl der Ladestationen erstmals um 600 % zugenommen haben wird. 2

A 1.3 Geben Sie an, welche jährliche Zunahme in Prozent in dieser Prognose angenommen wurde. 1

Aufgabe A 2

A 2.0 Die nebenstehende Zeichnung zeigt das Viereck ABCD.

Es gilt:

$\overline{AB} = 7{,}8$ cm;

$\overline{AD} = 5{,}2$ cm;

$\overline{BC} = 8{,}6$ cm;

$\sphericalangle BAD = 90°$;

$\sphericalangle CBA = 70°$.

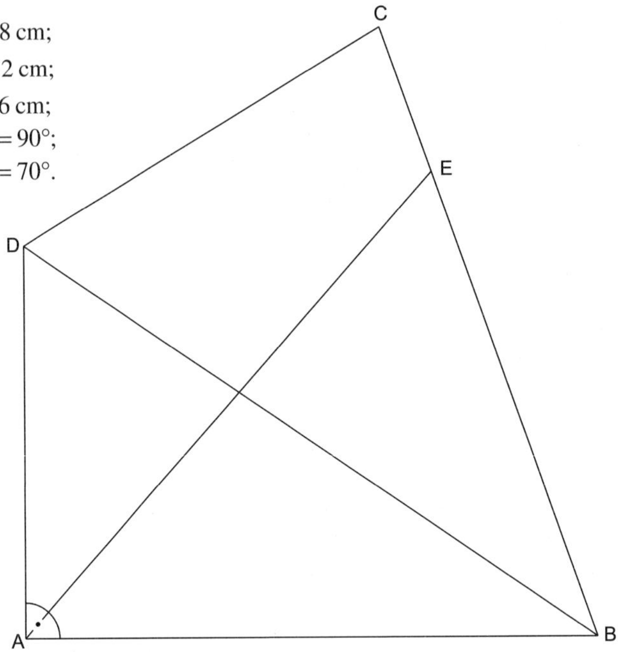

Runden Sie im Folgenden auf eine Stelle nach dem Komma.

A 2.1 Berechnen Sie die Länge der Diagonalen [BD] und den Flächeninhalt A des Dreiecks BCD.

[Ergebnisse: $\overline{BD} = 9{,}4$ cm; $A = 23{,}9$ cm^2] 4

A 2.2 Der Punkt E liegt auf der Strecke [BC]. Die Dreiecke ABE und BCD besitzen den gleichen Flächeninhalt.

Berechnen Sie die Länge der Strecke [AE].

[Teilergebnis: $\overline{BE} = 6{,}5$ cm; Ergebnis: $\overline{AE} = 8{,}3$ cm] 2

A 2.3 Der Kreis um E mit dem Radius 3 cm schneidet die Strecke [AE] im Punkt P und die Strecke [BE] im Punkt Q.

Zeichnen Sie den Kreisbogen $\overset{\frown}{PQ}$ in die Zeichnung zu A 2.0 ein.

Berechnen Sie sodann den Flächeninhalt des Kreissektors, der durch die Strecken [QE], [EP] und den Kreisbogen $\overset{\frown}{PQ}$ begrenzt wird. 3

Aufgabe A 3

A 3.0 Die nebenstehende Skizze zeigt den Axialschnitt ABCD eines Rotationskörpers mit der Rotationsachse MS. Dieser Körper dient als Muster zur Herstellung einer Praline.
Die Praline besteht aus Schokolade und einer kugelförmigen Cremefüllung. Der Anteil der Schokolade am Volumen der Praline beträgt 89 %.

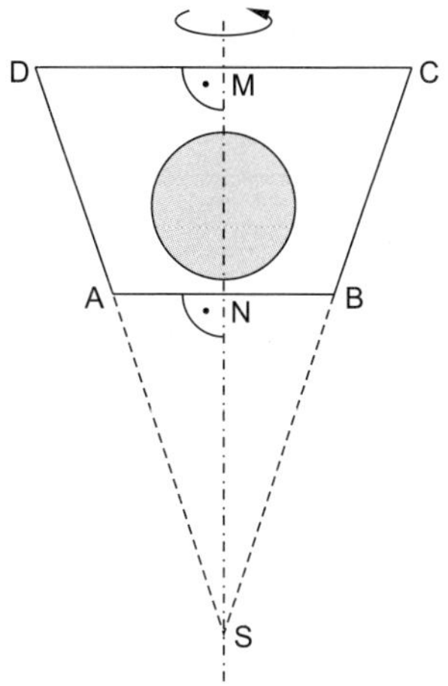

Es gilt:
$\overline{MS} = 5$ cm;
$\overline{MN} = 2$ cm;
$\sphericalangle ADM = 71{,}6°$.

Runden Sie im Folgenden auf eine Stelle nach dem Komma.

A 3.1 Zeigen Sie rechnerisch, dass für die Strecken [MD] und [AN] gilt:
$\overline{MD} = 1{,}7$ cm und $\overline{AN} = 1{,}0$ cm. 2

A 3.2 Berechnen Sie das Volumen V der Cremefüllung. 3

Lösungsvorschlag

A 1.1 Einzeichnen des Graphen zu f mithilfe der Wertetabelle:

x	0	1	2	3	4
$5\,000 \cdot 1{,}75^x$	5 000	9 000	15 000	27 000	47 000

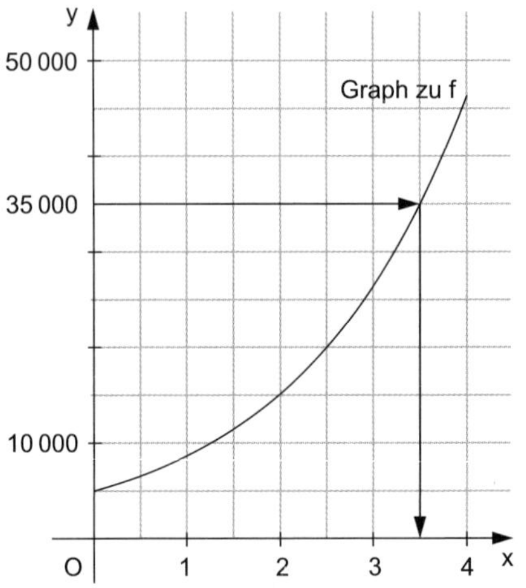

A 1.2 **TIPP** 600 % von 5 000 sind 30 000. Bei einer Zunahme des Anfangswertes um 30 000 erhält man 35 000 Ladestationen.

oder:
Man kann auch mit „Kästchen rechnen":
Vom Anfangswert des Graphen auf der y-Achse (bei 1 Kästchen) muss man um 600 % (6 Kästchen) nach oben gehen. D. h., den gesuchten Zeitpunkt kann man von $1 + 6 = 7$ Kästchen auf der y-Achse ausgehend ablesen.

Im Rahmen der Zeichengenauigkeit: nach 3,5 Jahren

A 1.3 **TIPP** Bei einer Multiplikation mit 1,75 erhöht sich der Wert um den Faktor 0,75.

Jährliche Zunahme: 75 %

A 2.1 Berechnung von $\overline{BD}$ mit dem Satz des Pythagoras im rechtwinkligen Dreieck DAB:

$$\overline{BD}^2 = \overline{AB}^2 + \overline{AD}^2 \qquad |\sqrt{}$$

$$\overline{BD} = \sqrt{7{,}8^2 + 5{,}2^2}\ \text{cm}$$

$$\overline{BD} = 9{,}4\ \text{cm}$$

TIPP Um den Flächeninhalt des Dreiecks BCD berechnen zu können, benötigt man neben den beiden gegebenen Seitenlängen $\overline{BC}$ und $\overline{BD}$ den Zwischenwinkel CBD mit $\sphericalangle CBD = \sphericalangle CBA - \sphericalangle DBA$. Man bestimmt daher zunächst das Winkelmaß $\sphericalangle DBA$.

Im rechtwinkligen Dreieck DAB gilt:

$$\tan \sphericalangle DBA = \frac{\overline{AD}}{\overline{AB}}$$

$$\tan \sphericalangle DBA = \frac{5{,}2\ \text{cm}}{7{,}8\ \text{cm}}$$

$$\sphericalangle DBA = 33{,}7°$$

Für das Maß des Winkels CBD gilt:

$$\sphericalangle CBD = \sphericalangle CBA - \sphericalangle DBA$$

$$\sphericalangle CBD = 70° - 33{,}7°$$

$$\sphericalangle CBD = 36{,}3°$$

Für den Flächeninhalt des Dreiecks BCD gilt:

$$A_{BCD} = \frac{1}{2} \cdot \overline{BD} \cdot \overline{BC} \cdot \sin \sphericalangle CBD$$

$$A_{BCD} = \left(\frac{1}{2} \cdot 9{,}4 \cdot 8{,}6 \cdot \sin 36{,}3°\right)\ \text{cm}^2$$

$$A_{BCD} = 23{,}9\ \text{cm}^2$$

A 2.2 **TIPP** Um die Länge der Strecke [AE] mit dem Kosinussatz im Dreieck ABE bestimmen zu können, berechnet man zunächst die Länge der Strecke [BE].

Berechnung von $\overline{BE}$:

$A_{BCD} = A_{ABE}$

$A_{BCD} = \frac{1}{2} \cdot \overline{AB} \cdot \overline{BE} \cdot \sin \sphericalangle EBA \qquad \Big| \cdot \frac{2}{\overline{AB} \cdot \sin \sphericalangle EBA}$

$\overline{BE} = \frac{2 \cdot A_{BCD}}{\overline{AB} \cdot \sin \sphericalangle EBA} \qquad$ mit $\sphericalangle EBA = \sphericalangle CBA = 70°$

$\overline{BE} = \frac{2 \cdot 23{,}9\ cm^2}{7{,}8\ cm \cdot \sin 70°}$

$\overline{BE} = 6{,}5\ cm$

oder:

F sei der Fußpunkt des Lotes von E auf [AB].

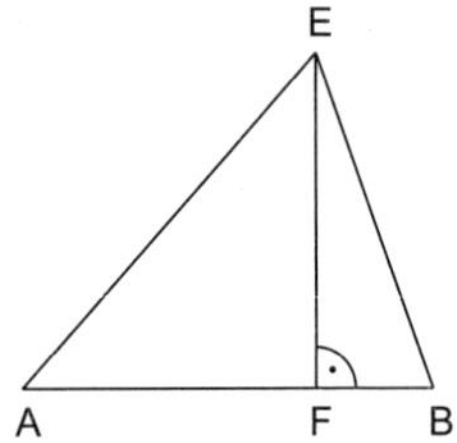

$A_{BCD} = A_{ABE}$

$A_{BCD} = \frac{1}{2} \cdot \overline{AB} \cdot \overline{EF} \qquad \Big| \cdot \frac{2}{\overline{AB}}$

$\overline{EF} = \frac{2 \cdot A_{BCD}}{\overline{AB}}$

$\overline{EF} = \frac{2 \cdot 23{,}9\ cm^2}{7{,}8\ cm}$

$\overline{EF} = 6{,}1\ cm$

Im rechtwinkligen Dreieck BEF gilt:

$\sin \sphericalangle EBF = \frac{\overline{EF}}{\overline{BE}} \qquad \Big| \cdot \frac{\overline{BE}}{\sin \sphericalangle EBF}$

$\overline{BE} = \frac{\overline{EF}}{\sin \sphericalangle EBF} \qquad$ mit $\sphericalangle EBF = \sphericalangle CBA = 70°$

$\overline{BE} = \frac{6{,}1\ cm}{\sin 70°}$

$\overline{BE} = 6{,}5\ cm$

Berechnung der Streckenlänge $\overline{AE}$ mithilfe des Kosinussatzes im Dreieck ABE:

$\overline{AE}^2 = \overline{AB}^2 + \overline{BE}^2 - 2 \cdot \overline{AB} \cdot \overline{BE} \cdot \cos \sphericalangle EBA \qquad \big| \sqrt{\ }$

$\overline{AE} = \sqrt{7{,}8^2 + 6{,}5^2 - 2 \cdot 7{,}8 \cdot 6{,}5 \cdot \cos 70°}\ cm$

$\overline{AE} = 8{,}3\ cm$

A 2.3 Einzeichnen des Kreisbogens $\overset{\frown}{PQ}$

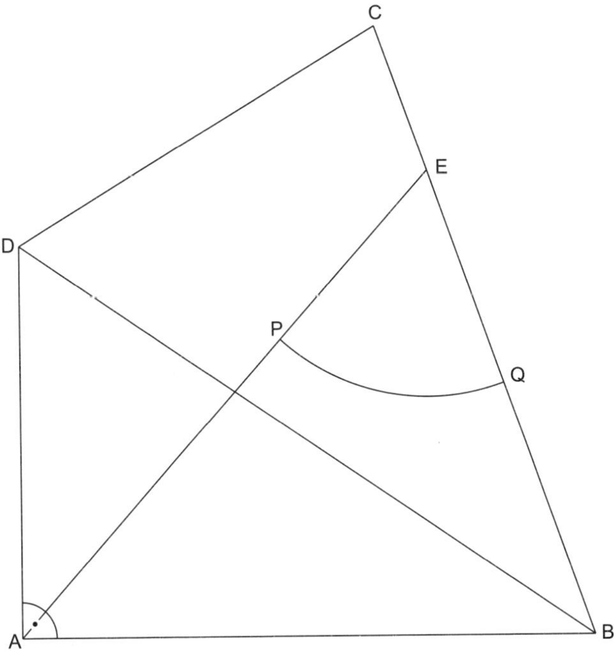

TIPP Um den Flächeninhalt des Sektors bestimmen zu können, benötigt man das Maß des Mittelpunktwinkels PEQ mit ∢PEQ = ∢AEB.

Berechnung des Winkelmaßes ∢AEB mithilfe des Sinussatzes im Dreieck ABE:

$$\frac{\sin \sphericalangle AEB}{\overline{AB}} = \frac{\sin \sphericalangle EBA}{\overline{AE}} \qquad | \cdot \overline{AB}$$

$$\sin \sphericalangle AEB = \frac{\overline{AB}}{\overline{AE}} \cdot \sin \sphericalangle EBA \qquad \text{mit } \sphericalangle EBA = \sphericalangle CBA = 70°$$

$$\sin \sphericalangle AEB = \frac{7{,}8\text{ cm}}{8{,}3\text{ cm}} \cdot \sin 70°$$

$$\sphericalangle AEB = 62{,}0°$$

Berechnung des Flächeninhaltes des Kreissektors mit Radius r = 3 cm:

$A_{Sektor} = r^2 \cdot \pi \cdot \frac{\sphericalangle PEQ}{360°}$ mit $\sphericalangle PEQ = \sphericalangle AEB = 62{,}0°$

$A_{Sektor} = 3^2 \cdot \pi \cdot \frac{62{,}0°}{360°} \text{ cm}^2$

$A_{Sektor} = 4{,}9 \text{ cm}^2$

A 3.1 Berechnung von $\overline{MD}$ im rechtwinkligen Dreieck DSM:

$\tan \sphericalangle SDM = \frac{\overline{MS}}{\overline{MD}}$ $\left| \cdot \frac{\overline{MD}}{\tan \sphericalangle SDM} \right.$

$\overline{MD} = \frac{\overline{MS}}{\tan \sphericalangle SDM}$ mit $\sphericalangle SDM = \sphericalangle ADM = 71{,}6°$

$\overline{MD} = \frac{5 \text{ cm}}{\tan 71{,}6°}$

$\overline{MD} = 1{,}7 \text{ cm}$

Berechnung von $\overline{AN}$ mithilfe des Strahlensatzes:

$\frac{\overline{AN}}{\overline{MD}} = \frac{\overline{NS}}{\overline{MS}}$ $\left| \cdot \overline{MD} \right.$

$\overline{AN} = \frac{\overline{NS} \cdot \overline{MD}}{\overline{MS}}$ mit $\overline{NS} = \overline{MS} - \overline{MN} = 3 \text{ cm}$

$\overline{AN} = \frac{3 \text{ cm} \cdot 1{,}7 \text{ cm}}{5 \text{ cm}}$

$\overline{AN} = 1{,}0 \text{ cm}$

oder:

Berechnung von $\overline{AN}$ im rechtwinkligen Dreieck ASN:

$\tan \sphericalangle AN = \frac{\overline{NS}}{\overline{AN}}$ $\left| \cdot \frac{\overline{AN}}{\tan \sphericalangle SAN} \right.$

$\overline{AN} = \frac{\overline{NS}}{\tan \sphericalangle SAN}$ mit $\sphericalangle SAN = \sphericalangle ADM = 71{,}6°$ (Stufenwinkel)

$\overline{AN} = \frac{3 \text{ cm}}{\tan 71{,}6°}$

$\overline{AN} = 1{,}0 \text{ cm}$

oder:

M' sei der Fußpunkt des Lotes von A auf [MD].

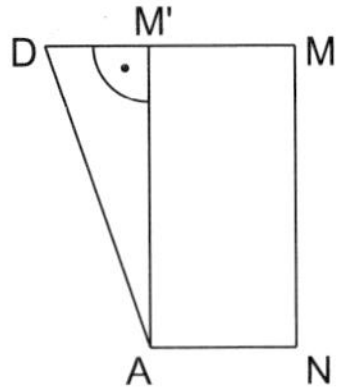

Berechnung von $\overline{M'D}$ im rechtwinkligen Dreieck DAM':

$$\tan \sphericalangle ADM' = \frac{\overline{AM'}}{\overline{M'D}} \quad \Big| \cdot \frac{\overline{M'D}}{\tan \sphericalangle ADM'}$$

$$\overline{M'D} = \frac{\overline{AM'}}{\tan \sphericalangle ADM'}$$ mit $\overline{AM'} = \overline{MN} = 2\text{ cm}$ und $\sphericalangle ADM' = \sphericalangle ADM = 71{,}6°$

$$\overline{M'D} = \frac{2\text{ cm}}{\tan 71{,}6°}$$

$$\overline{M'D} = 0{,}7\text{ cm}$$

Für die Länge der Strecke [AN] gilt dann:

$$\overline{AN} = \overline{M'M}$$

$$\overline{AN} = \overline{MD} - \overline{M'D}$$

$$\overline{AN} = 1{,}7\text{ cm} - 0{,}7\text{ cm}$$

$$\overline{AN} = 1{,}0\text{ cm}$$

A 3.2

TIPP Man berechnet zunächst das Gesamtvolumen der Praline, indem man vom Volumen des großen Kegels das Volumen des kleinen Kegels subtrahiert. Das Volumen der Cremefüllung beträgt dann 100 % – 89 % = 11 % des Gesamtvolumens.

Berechnung des Gesamtvolumens der Praline:

$$V_{\text{Praline}} = V_{\text{großer Kegel}} - V_{\text{kleiner Kegel}}$$

$$V_{\text{Praline}} = \left(\frac{1}{3} \cdot \overline{MD}^2 \cdot \pi \cdot \overline{MS} - \frac{1}{3} \cdot \overline{AN}^2 \cdot \pi \cdot \overline{NS}\right)$$ mit $\overline{NS} = \overline{MS} - \overline{MN} = 3\text{ cm}$

$$V_{\text{Praline}} = \left(\frac{1}{3} \cdot 1{,}7^2 \cdot \pi \cdot 5 - \frac{1}{3} \cdot 1{,}0^2 \cdot \pi \cdot 3\right)\text{cm}^3$$

$$V_{\text{Praline}} = 12{,}0\text{ cm}^3$$

Berechnung des Volumens der Cremefüllung:

$$V_{\text{Füllung}} = (1 - 0{,}89) \cdot 12{,}0\text{ cm}^3$$

$$V_{\text{Füllung}} = 1{,}3\text{ cm}^3$$

Aufgabe B 1

BE

B 1.0 Die Parabel p verläuft durch die Punkte $P(-2\,|\,19)$ und $Q(4\,|\,-5)$. Sie hat eine Gleichung der Form $y=0{,}5x^2+bx+c$ mit $\mathbb{G}=\mathbb{R}\times\mathbb{R}$ und $b, c\in\mathbb{R}$.
Die Gerade g besitzt die Gleichung $y=0{,}5x-2$ mit $\mathbb{G}=\mathbb{R}\times\mathbb{R}$.
Runden Sie im Folgenden auf zwei Stellen nach dem Komma.

B 1.1 Zeigen Sie durch Berechnung der Werte für b und c, dass die Parabel p die Gleichung $y=0{,}5x^2-5x+7$ besitzt.
Zeichnen Sie die Parabel p und die Gerade g für $x\in[0;\,10]$ in ein Koordinatensystem.
Für die Zeichnung: Längeneinheit 1 cm; $0\leqq x\leqq 10$; $-6\leqq y\leqq 8$ 4

B 1.2 Punkte $A_n(x\,|\,0{,}5x^2-5x+7)$ auf der Parabel p und Punkte $C_n(x\,|\,0{,}5x-2)$ auf der Geraden g besitzen dieselbe Abszisse x. Diese Punkte bilden zusammen mit Punkten B_n und D_n Rauten $A_nB_nC_nD_n$, wobei gilt:
$\overline{B_nD_n}=2$ LE und $y_{C_n}>y_{A_n}$.
Zeichnen Sie die Rauten $A_1B_1C_1D_1$ für $x=3$ und $A_2B_2C_2D_2$ für $x=6$ in das Koordinatensystem zu B 1.1 ein. 2

B 1.3 Ermitteln Sie rechnerisch, für welche Werte von x es Rauten $A_nB_nC_nD_n$ gibt. Geben Sie das Intervall für x an. 3

B 1.4 Zeigen Sie, dass für die Länge der Strecken $[A_nC_n]$ in Abhängigkeit von der Abszisse x der Punkte A_n gilt:
$\overline{A_nC_n}(x)=(-0{,}5x^2+5{,}5x-9)$ LE.
Berechnen Sie sodann das Maß φ des Winkels $D_2C_2B_2$ und die Seitenlänge $\overline{A_2B_2}$ der Raute $A_2B_2C_2D_2$. 4

B 1.5 Bestimmen Sie die Koordinaten der Punkte B_n in Abhängigkeit von der Abszisse x der Punkte A_n. 2

B 1.6 Begründen Sie rechnerisch, dass der Flächeninhalt A der Rauten $A_nB_nC_nD_n$ stets kleiner als 7 FE ist. 2

Aufgabe B 2

B 2.0 Die nebenstehende Skizze zeigt ein Schrägbild des geraden Prismas ABCDEFGH, dessen Grundfläche die Raute ABCD mit dem Diagonalenschnittpunkt M ist.
Die Strecken [EG] und [FH] schneiden sich im Punkt N.

Es gilt:
$\overline{AC} = 10$ cm; $\overline{BD} = 6$ cm;
$\overline{AE} = 10$ cm.

Runden Sie im Folgenden auf zwei Stellen nach dem Komma.

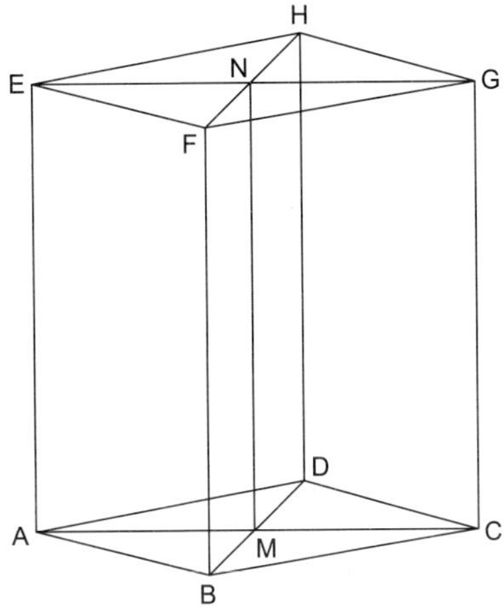

B 2.1 Zeichnen Sie das Schrägbild des Prismas ABCDEFGH, wobei die Strecke [AC] auf der Schrägbildachse und der Punkt A links vom Punkt C liegen soll.
Für die Zeichnung gilt: $q = \frac{1}{2}$; $\omega = 45°$.
Berechnen Sie sodann die Länge der Strecke [ME] und das Maß φ des Winkels MEN.
[Ergebnisse: $\overline{ME} = 11{,}18$ cm; $\varphi = 63{,}43°$] 4

B 2.2 Punkte S_n liegen auf der Strecke [ME] mit $\overline{ES_n}(x) = x$ cm, $x \in [0;\ 11{,}18[$ und $x \in \mathbb{R}$.
Zeichnen Sie das Dreieck S_1GE für $x = 3$ in das Schrägbild zu B 2.1 ein. Berechnen Sie sodann den Flächeninhalt des Dreiecks S_1GE und die Länge der Strecke $[S_1G]$. 3

B 2.3 Die Punkte S_n sind Spitzen von Pyramiden $ABCDS_n$ mit der Grundfläche ABCD und den Höhen $[Q_nS_n]$. Dabei liegen die Punkte Q_n auf der Strecke [AM].
Zeichnen Sie die Pyramide $ABCDS_2$ sowie ihre Höhe $[Q_2S_2]$ in das Schrägbild zu B 2.1 ein. Dabei gilt: $\sphericalangle MAS_2 = 54°$.
Zeigen Sie, dass für das Volumen V der Pyramiden $ABCDS_n$ in Abhängigkeit von x gilt: $V(x) = (100 - 8{,}9x)$ cm³.
[Teilergebnis: $\overline{Q_nS_n}(x) = (10 - 0{,}89x)$ cm] 4

B 2.4 Berechnen Sie das Volumen der Pyramide $ABCDS_2$. 4

B 2.5 Begründen Sie, dass es keine Pyramide $ABCDS_n$ gibt, deren Volumen halb so groß wie das Volumen des Prismas ABCDEFGH ist. 2

Lösungsvorschlag

B 1.1 $P(-2\,|\,19) \in p$ und $Q(4\,|\,-5) \in p$:

$$\begin{array}{|ll} & 19 = 0{,}5 \cdot (-2)^2 + b \cdot (-2) + c \\ \wedge & -5 = 0{,}5 \cdot 4^2 + b \cdot 4 + c \end{array} \qquad b, c \in \mathbb{R}$$

$$\Leftrightarrow \begin{array}{|ll} & 19 = 0{,}5 \cdot 4 - 2b + c \\ \wedge & -5 = 0{,}5 \cdot 16 + 4b + c \end{array}$$

$$\Leftrightarrow \begin{array}{|ll} & 19 = 2 - 2b + c \quad |-2 \\ \wedge & -5 = 8 + 4b + c \quad |-8 \end{array}$$

$$\Leftrightarrow \begin{array}{|ll} & 17 = -2b + c \\ \wedge & -13 = 4b + c \end{array}$$

$$\Leftrightarrow \begin{array}{|ll} & 30 = -2b + c \quad (\mathrm{I} - \mathrm{II}) \quad |:(-6) \\ \wedge & -13 = 4b + c \end{array}$$

$$\Leftrightarrow \begin{array}{|ll} & b = -5 \\ \wedge & -13 = 4 \cdot (-5) + c \end{array}$$

$$\Leftrightarrow \begin{array}{|ll} & b = -5 \\ \wedge & c = 7 \end{array}$$

$\mathbb{L}(b\,|\,c) = \{(-5\,|\,7)\}$

Gleichung der Parabel p:
p: $y = 0{,}5x^2 - 5x + 7$ $\qquad \mathbb{G} = \mathbb{R} \times \mathbb{R}$

Einzeichnen der Parabel p, z. B. mithilfe folgender Wertetabelle:

x	0	1	2	3	4	5	6	7	8	9	10
$y = 0{,}5x^2 - 5x + 7$	7	2,5	–1	–3,5	–5	–5,5	–5	–3,5	–1	2,5	7

Einzeichnen der Geraden g mit dem y-Achsenabschnitt –2 und der Steigung 0,5 bzw. mithilfe einer Wertetabelle, z. B.:

x	0	10
$y = 0{,}5x - 2$	–2	3

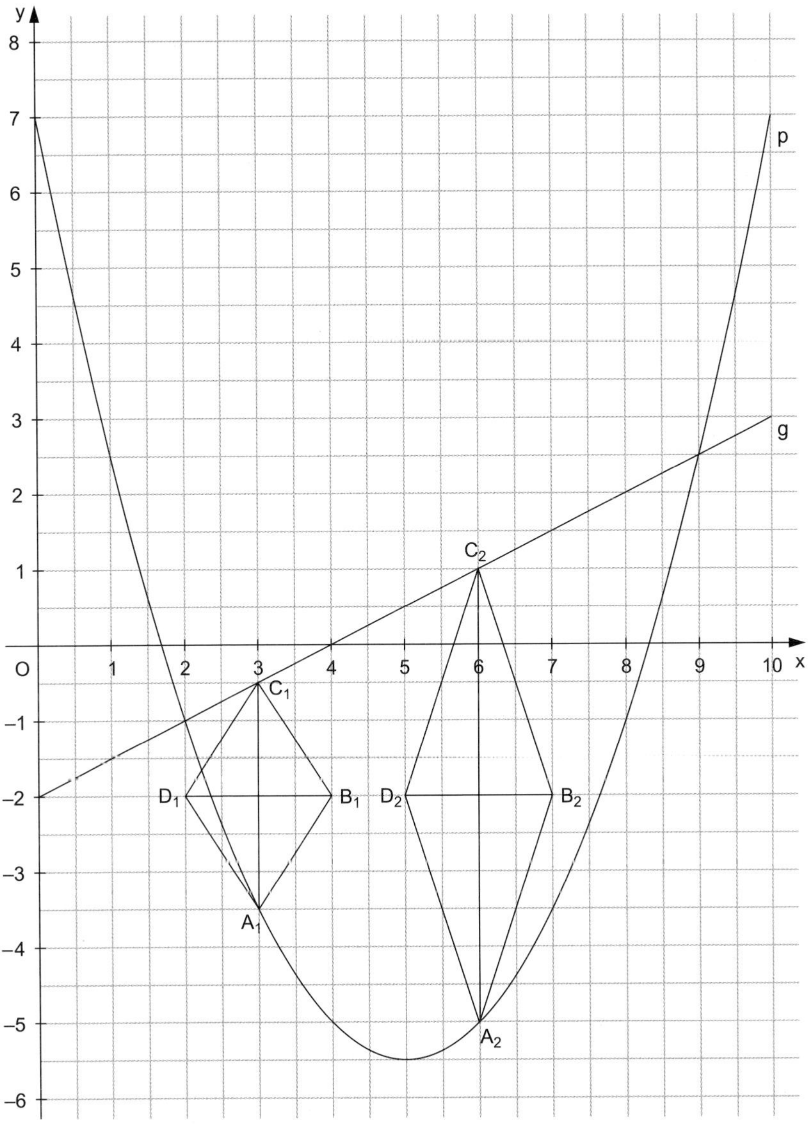
y
8
7
6
5
4
3
2
1
O
–1
–2
–3
–4
–5
–6
1
2
3
4
5
6
7
8
9
10
x
p
g
C1
C2
D1
B1
D2
B2
A1
A2

B 1.2 Einzeichnen der Rauten $A_1B_1C_1D_1$ für $x = 3$

> **TIPP**
> - A_1 liegt auf der Parabel p und hat die x-Koordinate 3, also $A_1(3\,|\,-3{,}5)$.
> - C_1 liegt auf der Geraden g und hat dieselbe x-Koordinate wie A_1, also $C_1(3\,|\,-0{,}5)$.
> - Die Diagonalen $[B_nD_n]$ verlaufen horizontal und haben die Länge 2 LE. Die x-Koordinate von D_1 ist also um 1 kleiner und die x-Koordinate von B_1 um 1 größer als die x-Koordinate von A_1 (bzw. C_1). Die y-Koordinaten der Punkte B_1 und D_1 sind genauso groß wie die y-Koordinate des Mittelpunktes von $[A_1C_1]$, also $D_1(2\,|\,-2)$ und $B_1(4\,|\,-2)$.

Einzeichnen der Raute $A_2B_2C_2D_2$ für $x = 6$

> **TIPP**
> - A_2 liegt auf der Parabel p und hat die x-Koordinate 6, also $A_2(6\,|\,-5)$.
> - C_2 liegt auf der Geraden g und hat dieselbe x-Koordinate wie A_2, also $C_2(6\,|\,1)$.
> - Die Diagonalen $[B_nD_n]$ verlaufen horizontal und haben die Länge 2 LE. Die x-Koordinate von D_2 ist also um 1 kleiner und die x-Koordinate von B_2 um 1 größer als die x-Koordinate von A_2 (bzw. C_2). Die y-Koordinaten der Punkte B_2 und D_2 sind genauso groß wie die y-Koordinate des Mittelpunktes von $[A_2C_2]$, also $D_2(5\,|\,-2)$ und $B_2(7\,|\,-2)$.

B 1.3

> **TIPP** Da $y_{C_n} > y_{A_n}$, müssen die x-Koordinaten der Punkte A_n bzw. C_n dort liegen, wo die Gerade g oberhalb von der Parabel p verläuft, also zwischen den Schnittstellen der Parabel p mit der Geraden g.

Berechnung der x-Koordinaten der Schnittpunkte von p und g:

$$0{,}5x^2 - 5x + 7 = 0{,}5x - 2 \qquad |-0{,}5x + 2 \qquad x \in \mathbb{R}$$

$$\Leftrightarrow \quad 0{,}5x^2 - 5{,}5x + 9 = 0$$

$$\Leftrightarrow \quad x = \frac{5{,}5 - \sqrt{5{,}5^2 - 4 \cdot 0{,}5 \cdot 9}}{2 \cdot 0{,}5} \lor x = \frac{5{,}5 + \sqrt{5{,}5^2 - 4 \cdot 0{,}5 \cdot 9}}{2 \cdot 0{,}5}$$

$$\Leftrightarrow \quad x = 2 \lor x = 9$$

$\mathbb{L} = \{2; 9\}$

Für $x \in\,]2; 9[$ gibt es Rauten $A_nB_nC_nD_n$.

B 1.4 Bestimmung der Streckenlänge $\overline{A_nC_n}$ in Abhängigkeit von x:

> **TIPP** Da die Punkte A_n und C_n dieselbe x-Koordinate haben, kann $\overline{A_nC_n}$ über die y-Koordinaten berechnet werden.

$$\overline{A_nC_n} = (y_{C_n} - y_{A_n})\text{ LE}$$

$$\overline{A_nC_n}(x) = [0{,}5x - 2 - (0{,}5x^2 - 5x + 7)]\text{ LE} \qquad x \in \mathbb{R};\ x \in \,]2;9[$$

$$\overline{A_nC_n}(x) = (0{,}5x - 2 - 0{,}5x^2 + 5x - 7)\text{ LE}$$

$$\overline{A_nC_n}(x) = (-0{,}5x^2 + 5{,}5x - 9)\text{ LE}$$

> **TIPP** Um das Maß φ des Winkels $D_2C_2B_2$ zu bestimmen, berechnet man zunächst die Länge von $[A_2C_2]$.

Berechnung der Streckenlänge $\overline{A_2C_2}$ für $x = 6$:

$$\overline{A_2C_2} = (-0{,}5 \cdot 6^2 + 5{,}5 \cdot 6 - 9)\text{ LE}$$

$$\overline{A_2C_2} = 6\text{ LE}$$

Berechnung des Maßes φ des Winkels $D_2C_2B_2$:

$$\tan\frac{\varphi}{2} = \frac{0{,}5 \cdot \overline{B_2D_2}}{0{,}5 \cdot \overline{A_2C_2}}$$

$$\tan\frac{\varphi}{2} = \frac{0{,}5 \cdot 2}{0{,}5 \cdot 6}$$

$$\frac{\varphi}{2} = 18{,}435° \qquad |\cdot 2$$

$$\varphi = 36{,}87°$$

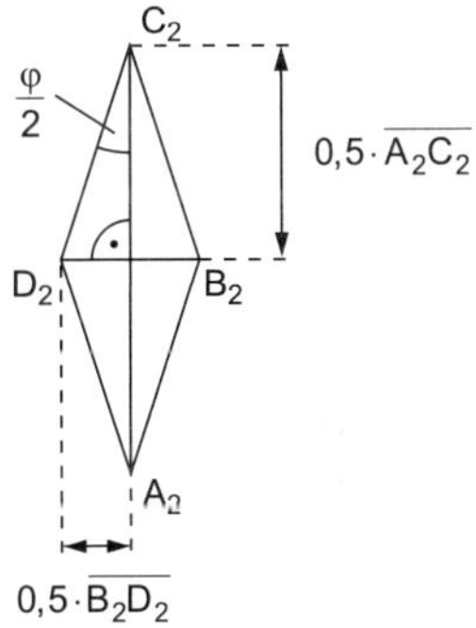

Berechnung von $\overline{A_2B_2}$ mit dem Satz des Pythagoras:

$$\overline{A_2B_2}^2 = \left(0{,}5 \cdot \overline{B_2D_2}\right)^2 + \left(0{,}5 \cdot \overline{A_2C_2}\right)^2 \qquad |\sqrt{\ }$$

$$\overline{A_2B_2} = \sqrt{(0{,}5 \cdot 2)^2 + (0{,}5 \cdot 6)^2}\text{ LE}$$

$$\overline{A_2B_2} = 3{,}16\text{ LE}$$

B 1.5

> **TIPP** Man bestimmt zunächst die Koordinaten der Mittelpunkte M_n der Diagonalen $[A_nC_n]$. Wegen $\overline{M_nB_n} = 0{,}5 \cdot \overline{B_nD_n} = 1\text{ LE}$ liegen die Punkte B_n dann um 1 LE nach rechts verschoben.

Für die Mittelpunkte M_n der Diagonalen $[A_nC_n]$ gilt:

$$M_n\left(x \;\middle|\; \frac{0{,}5x-2+(0{,}5x^2-5x+7)}{2}\right) \qquad x \in \mathbb{R};\, x \in\,]2;9[$$

$$M_n\left(x \;\middle|\; \frac{0{,}5x^2-4{,}5x+5}{2}\right)$$

$$M_n(x \,|\, 0{,}25x^2-2{,}25x+2{,}5)$$

oder:

$$M_n\left(x \;\middle|\; y_{C_n}-0{,}5\cdot\overline{A_nC_n}\right)$$

$$M_n(x \,|\, 0{,}5x-2-0{,}5\cdot(-0{,}5x^2+5{,}5x-9))$$

$$M_n(x \,|\, 0{,}25x^2-2{,}25x+2{,}5)$$

Folglich gilt:

$$B_n(x+1 \,|\, 0{,}25x^2-2{,}25x+2{,}5) \qquad x \in \mathbb{R};\, x \in\,]2;9[$$

B 1.6 Da die Diagonalen $[B_nD_n]$ stets die Längen 2 LE haben, erhält man den maximalen Flächeninhalt bei maximaler Länge $\overline{A_0C_0}$.

> **TIPP** Man bestimmt die maximale Länge $\overline{A_0C_0}$ mittels quadratischer Ergänzung im Term $\overline{A_nC_n}(x)$.

$$\overline{A_nC_n}(x) = (-0{,}5x^2+5{,}5x-9)\text{ LE} \qquad x \in \mathbb{R};\, x \in\,]2;9[$$

$$\overline{A_nC_n}(x) = [-0{,}5(x^2-11x-5{,}5^2+5{,}5^2)-9]\text{ LE}$$

$$\overline{A_nC_n}(x) = [-0{,}5(x^2-11x+5{,}5^2)+15{,}125-9]\text{ LE}$$

$$\overline{A_nC_n}(x) = [-0{,}5(x-5{,}5)^2+6{,}125]\text{ LE}$$

Maximum für $x = 5{,}5$:

$$\overline{A_0C_0} = 6{,}13\text{ LE}$$

Somit beträgt der maximale Flächeninhalt der Rauten $A_nB_nC_nD_n$:

$$A_{max} = 0{,}5\cdot\overline{A_0C_0}\cdot\overline{B_nD_n}$$

$$A_{max} = 0{,}5\cdot 6{,}13\cdot 2\text{ FE}$$

$$A_{max} = 6{,}13\text{ FE}$$

Folglich ist der Flächeninhalt der Rauten $A_nB_nC_nD_n$ stets kleiner als 7 FE.

B 2.1 Zeichnen des Schrägbildes des Prismas ABCDEFGH

TIPP

- Da [AC] auf der Schrägbildachse liegt, wird [AC] in wahrer Länge angetragen.
- [BD] steht senkrecht zur Zeichenebene, schließt also mit der Schrägbildachse den Winkel $\omega = 45°$ ein und wird um den Faktor $q = \frac{1}{2}$ verkürzt.
- Der Diagonalenschnittpunkt M halbiert die Diagonalen [AC] und [BD].
- Die Höhen [AE], [BF], [MN], [DH] und [CG] des Prismas liegen in bzw. parallel zur Zeichenebene und werden somit auch in wahrer Länge angetragen.

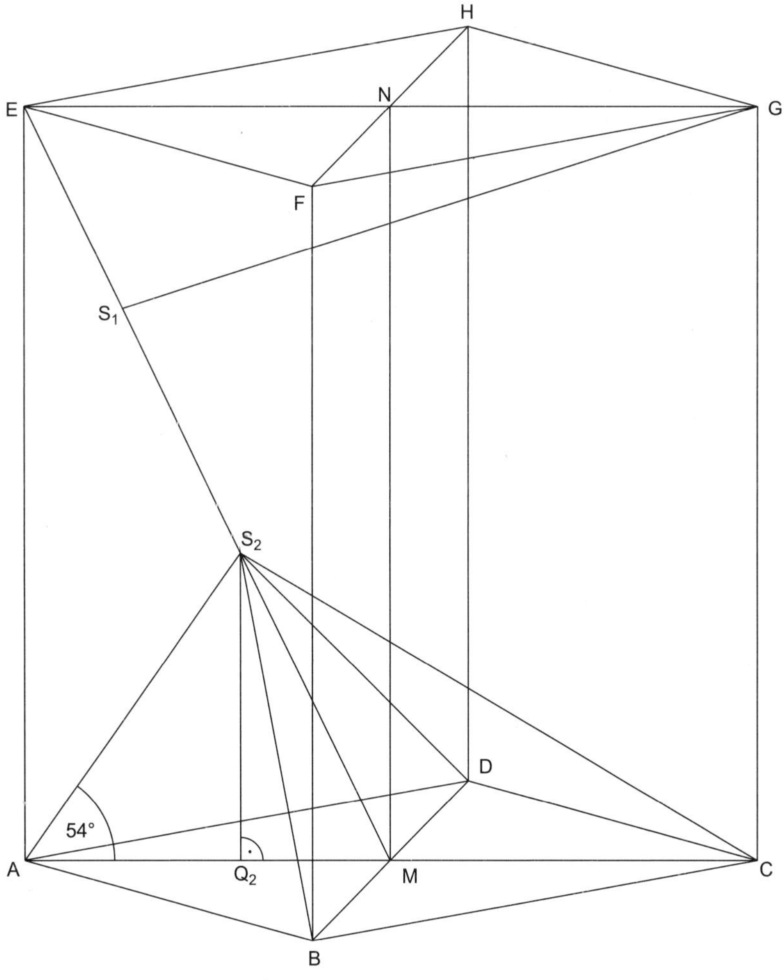

Berechnung von $\overline{ME}$ mit dem Satz des Pythagoras im rechtwinkligen Dreieck AME:

$$\overline{ME}^2 = \overline{AM}^2 + \overline{AE}^2 \quad |\sqrt{\ } \qquad \text{mit } \overline{AM} = \frac{1}{2} \cdot \overline{AC} = 5\text{ cm}$$

$$\overline{ME} = \sqrt{5^2 + 10^2}\text{ cm}$$

$$\overline{ME} = 11{,}18\text{ cm}$$

Im rechtwinkligen Dreieck EMN gilt:

$$\tan\varphi = \frac{\overline{MN}}{\overline{NE}} \qquad \text{mit } \overline{MN} = \overline{AE} = 10\text{ cm und } \overline{NE} = \overline{AM} = 5\text{ cm}$$

$$\tan\varphi = \frac{10\text{ cm}}{5\text{ cm}}$$

$$\varphi = 63{,}43°$$

oder:

$$\sin\varphi = \frac{\overline{MN}}{\overline{ME}}$$

$$\sin\varphi = \frac{10\text{ cm}}{11{,}18\text{ cm}}$$

$$\varphi = 63{,}44°$$

TIPP Das Ergebnis weicht wegen des Rundens bei der Berechnung von $\overline{ME}$ vom angegebenen Ergebnis ab.

oder:

$$\cos\varphi = \frac{\overline{NE}}{\overline{ME}}$$

$$\cos\varphi = \frac{5\text{ cm}}{11{,}18\text{ cm}}$$

$$\varphi = 63{,}43°$$

B 2.2 Einzeichnen des Dreiecks S_1GE

Berechnung des Flächeninhaltes des Dreiecks S_1GE:

$$A_{S_1GE} = \frac{1}{2} \cdot \overline{ES_1} \cdot \overline{GE} \cdot \sin\varphi \qquad \text{mit } \overline{GE} = \overline{AC} = 10\text{ cm}$$

$$A_{S_1GE} = \left(\frac{1}{2} \cdot 3 \cdot 10 \cdot \sin 63{,}43°\right)\text{cm}^2$$

$$A_{S_1GE} = 13{,}42\text{ cm}^2$$

Berechnung von $\overline{S_1G}$ mithilfe des Kosinussatzes im Dreieck ES_1G:

$$\overline{S_1G}^2 = \overline{ES_1}^2 + \overline{GE}^2 - 2\,\overline{ES_1}\cdot\overline{GE}\cdot\cos\varphi \qquad |\sqrt{\;}$$

$$\overline{S_1G} = \sqrt{3^2 + 10^2 - 2\cdot 3\cdot 10\cdot\cos 63{,}43°}\ \text{cm}$$

$$\overline{S_1G} = 9{,}06\ \text{cm}$$

B 2.3 Einzeichnen der Pyramide $ABCDS_2$ und der Strecke $[Q_2S_2]$

> **TIPP** Zur Bestimmung des Volumens der Pyramiden $ABCDS_n$ in Abhängigkeit von x ermittelt man zunächst die Höhen $\overline{Q_nS_n}$ in Abhängigkeit von x.

Ermittlung der Höhe $\overline{Q_nS_n}(x)$ mithilfe des Strahlensatzes:

$$\frac{\overline{Q_nS_n}}{\overline{AE}} = \frac{\overline{MS_n}}{\overline{ME}} \qquad |\cdot\overline{AE}$$

$$\overline{Q_nS_n} = \frac{\overline{MS_n}\cdot\overline{AE}}{\overline{ME}} \qquad \text{mit } \overline{MS_n} = \overline{ME} - x\ \text{cm}$$

$$\overline{Q_nS_n}(x) = \frac{(11{,}18 - x)\ \text{cm}\cdot 10\ \text{cm}}{11{,}18\ \text{cm}} \qquad x\in\mathbb{R};\ x\in[0; 11{,}18[$$

$$\overline{Q_nS_n}(x) = \left(10 - \frac{10}{11{,}18}x\right)\text{cm}$$

$$\overline{Q_nS_n}(x) = (10 - 0{,}89x)\ \text{cm}$$

oder:

In den rechtwinkligen Dreiecken Q_nMS_n gilt:

$$\sin\sphericalangle S_nMQ_n = \frac{\overline{Q_nS_n}}{\overline{MS_n}} \qquad |\cdot\overline{MS_n}$$

$$\overline{Q_nS_n} = \overline{MS_n}\cdot\sin\sphericalangle S_nMQ_n \qquad \text{mit } \sphericalangle S_nMQ_n = \varphi \ \text{(Wechselwinkel)}$$

$$\overline{Q_nS_n}(x) = (11{,}18 - x)\cdot\sin 63{,}43°\ \text{cm} \qquad x\in\mathbb{R};\ x\in[0; 11{,}18[$$

$$\overline{Q_nS_n}(x) = (11{,}18\cdot\sin 63{,}43° - x\cdot\sin 63{,}43°)\ \text{cm}$$

$$\overline{Q_nS_n}(x) = (10{,}00 - 0{,}89x)\ \text{cm}$$

Berechnung des Volumens V der Pyramiden $ABCDS_n$:

$$V = \frac{1}{3}\cdot\frac{1}{2}\cdot\overline{AC}\cdot\overline{BD}\cdot\overline{Q_nS_n}$$

$$V(x) = \frac{1}{3}\cdot\frac{1}{2}\cdot 10\cdot 6\cdot(10 - 0{,}89x)\ \text{cm}^3 \qquad x\in\mathbb{R};\ x\in[0;\ 11{,}18[$$

$V(x) = 10 \cdot (10 - 0{,}89x)\ cm^3$

$V(x) = (100 - 8{,}9x)\ cm^3$

B 2.4 **TIPP** Um das Volumen der Pyramide $ABCDS_2$ berechnen zu können, berechnet man zunächst den zugehörigen Wert für x. Hierzu benötigt man den Winkel AMS_2, welcher der Wechselwinkel zum Winkel φ ist, also das gleiche Maß hat (siehe Skizze).

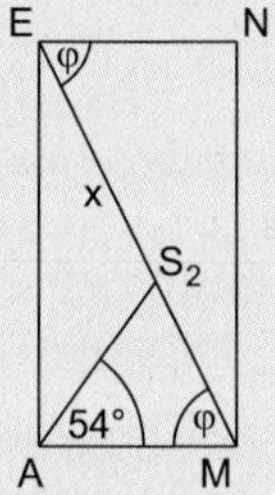

Berechnung von x mithilfe des Sinussatzes im Dreieck AMS_2:

$$\frac{\overline{MS_2}}{\sin\sphericalangle MAS_2} = \frac{\overline{AM}}{\sin\sphericalangle AS_2M} \qquad \text{mit } \overline{AM} = \frac{1}{2}\cdot\overline{AC} = 5\ cm$$

$$\Leftrightarrow \quad \frac{(11{,}18 - x)\ cm}{\sin 54°} = \frac{5\ cm}{\sin(180° - 54° - 63{,}43°)} \qquad |\cdot \sin 54° \quad x \in \mathbb{R};\ x \in [0; 11{,}18[$$

$$\Leftrightarrow \quad 11{,}18 - x = \frac{5\cdot\sin 54°}{\sin 62{,}57°}$$

$$\Leftrightarrow \quad 11{,}18 - x = 4{,}56 \qquad |+x-4{,}56$$

$$\Leftrightarrow \quad x = 6{,}62$$

$\mathbb{L} = \{6{,}62\}$

oder:

Berechnung von x mithilfe des Sinussatzes im Dreieck AS_2E:

$$\frac{\overline{ES_2}}{\sin\sphericalangle S_2AE} = \frac{\overline{AE}}{\sin\sphericalangle ES_2A}$$

$$\Leftrightarrow \quad \frac{x\ cm}{\sin(90° - 54°)} = \frac{10\ cm}{\sin(180° - (90° - 54°) - (90° - 63{,}43°))} \qquad x \in \mathbb{R};\ x \in [0; 11{,}18[$$

$$\Leftrightarrow \quad \frac{x}{\sin 36°} = \frac{10}{\sin 117{,}43°} \qquad |\cdot \sin 36°$$

$$\Leftrightarrow \quad x = \frac{10\cdot\sin 36°}{\sin 117{,}43°}$$

$$\Leftrightarrow \quad x = 6{,}62$$

$\mathbb{L} = \{6{,}62\}$

Berechnung des Volumens der Pyramide $ABCDS_2$:

$V_{ABCDS_2} = V(6,62)$

$V_{ABCDS_2} = (100 - 8,9 \cdot 6,62)\ \text{cm}^3$

$V_{ABCDS_2} = 41,08\ \text{cm}^3$

B 2.5 Unter den Pyramiden $ABCDS_n$ hat die Pyramide mit dem größten Volumen die Höhe $\overline{AE}$, also die gleiche Höhe wie das Prisma. Alle Pyramiden und das Prisma haben außerdem dieselbe Grundfläche ABCD. Somit gilt:

Volumen des Prismas:

$V_{Prisma} = A_{ABCD} \cdot \overline{AE}$

Größtes Volumen der Pyramiden:

$V_{Pyramide} = \frac{1}{3} \cdot \underbrace{A_{ABCD} \cdot \overline{AE}}_{= V_{Prisma}}$

Das größte Volumen der Pyramiden beträgt daher höchstens $\frac{1}{3}$ des Volumens des Prismas.

Somit gibt es keine Pyramide $ABCDS_n$, deren Volumen halb so groß wie das Volumen des Prismas ABCDEFGH ist.

oder:

Volumen des Prismas:

$V_{Prisma} = \frac{1}{2} \cdot \overline{AC} \cdot \overline{BD} \cdot \overline{AE}$

$V_{Prisma} = \left(\frac{1}{2} \cdot 10 \cdot 6 \cdot 10\right) \text{cm}^3$

$V_{Prisma} = 300\ \text{cm}^3$

Volumen der Pyramide:

$V(x) = (100 - 8,9x)\ \text{cm}^3 \leqq 100\ \text{cm}^3$ $\qquad x \in \mathbb{R};\ x \in [0;\ 11,18[$

Da $0,5 \cdot V_{Prisma} = 150\ \text{cm}^3 > 100\ \text{cm}^3$ gilt, gibt es folglich keine Pyramide $ABCDS_n$, deren Volumen halb so groß wie das Volumen des Prismas ABCDEFGH ist.

Aufgabe A 1

BE

A 1.0 Pia möchte einen Flugdrachen bauen. Dazu erstellt sie nebenstehende Skizze eines Drachenvierecks ABCD mit der Symmetrieachse AC und dem Diagonalenschnittpunkt M.

Es gilt:
$\overline{AB} = 95$ cm; $\overline{AC} = 150$ cm; $\overline{BC} = 75$ cm.

Runden Sie im Folgenden auf Ganze.

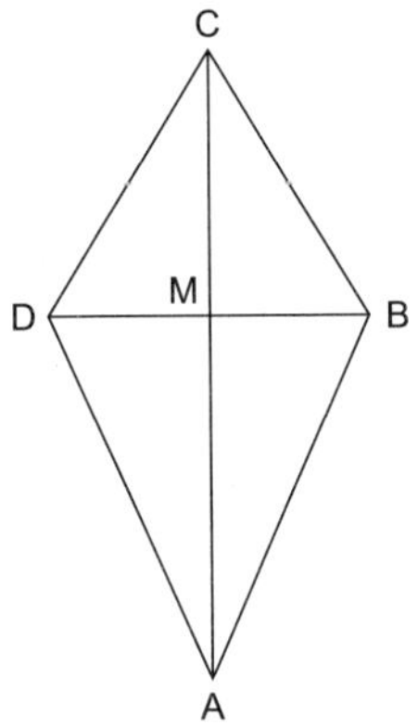

A 1.1 Zeigen Sie rechnerisch, dass für das Maß des Winkels ACB gilt: $\sphericalangle ACB = 32°$. 2

A 1.2 Berechnen Sie die Länge der Diagonale [BD] und den Flächeninhalt A des Drachenvierecks ABCD.
[Ergebnis: $\overline{BD} = 79$ cm] 2

A 1.3 Da es im Baumarkt nur Holzstäbe mit einer Länge von 100 cm gibt, beschließt Pia, für die Diagonale [AC] diese Länge zu verwenden. Die Diagonale [BD] bleibt unverändert.

Kreuzen Sie an, um wie viel Prozent sich der Flächeninhalt dadurch verringert.

☐ 25 % ☐ 33 % ☐ 50 % ☐ 67 % 1

Aufgabe A 2

A 2.0 Gegeben sind die Parabeln p_1 mit der Gleichung $y = 0{,}4x^2 - 1{,}8x - 4$ und p_2 mit der Gleichung $y = -0{,}2x^2 + 1{,}5x + 1$ $(\mathbb{G} = \mathbb{R} \times \mathbb{R})$.

Runden Sie im Folgenden auf zwei Stellen nach dem Komma.

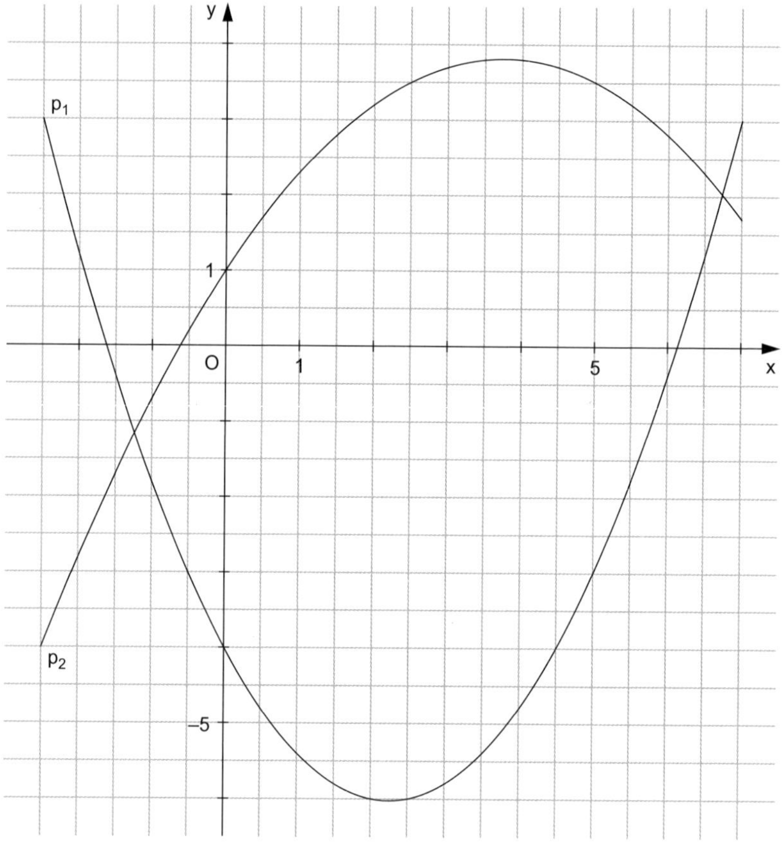

A 2.1 Punkte $B_n(x \mid 0{,}4x^2 - 1{,}8x - 4)$ auf p_1 und Punkte $C_n(x \mid -0{,}2x^2 + 1{,}5x + 1)$ auf p_2 haben dieselbe Abszisse x. Sie sind zusammen mit $A(0 \mid 1)$ für $x \in\ ]0;\ 6{,}74[$ Eckpunkte von Dreiecken AB_nC_n.

Zeichnen Sie das Dreieck AB_1C_1 für $x = 3$ in das Koordinatensystem zu A 2.0 ein. Zeigen Sie sodann, dass für die Länge der Strecken $[B_nC_n]$ in Abhängigkeit von der Abszisse x der Punkte B_n gilt:

$\overline{B_nC_n}(x) = (-0{,}6x^2 + 3{,}3x + 5)$ LE. 2

A 2.2 Begründen Sie, weshalb es unter den Dreiecken AB_nC_n kein Dreieck AB_0C_0 gibt, dessen Seite $[B_0C_0]$ eine Länge von 10 LE besitzt. 2

A 2.3 Die Mittelpunkte M_n der Seiten $[B_nC_n]$ haben dieselbe Abszisse x wie die Punkte B_n.

Zeigen Sie, dass für die y-Koordinate y_{M_n} der Punkte M_n gilt:
$y_{M_n} = 0{,}1x^2 - 0{,}15x - 1{,}5$. 1

A 2.4 Das Dreieck AB_2C_2 ist gleichschenklig mit der Basis $[B_2C_2]$.
Berechnen Sie die x-Koordinate des Punktes M_2. 3

Aufgabe A 3

A 3.0 Die nebenstehende Skizze zeigt den Axialschnitt ABCDEFGH eines Körpers mit der Rotationsachse MS. Diese Skizze dient als Vorlage zur Herstellung einer Sitzgelegenheit.

Es gilt:

$\overline{AM} = \overline{GO} = \overline{FN} = 21\,\text{cm}$;

$AM \parallel GO \parallel FN$;

$\overline{FG} = 5\,\text{cm}$; $FG \parallel ED$;

$\sphericalangle ASM = 16°$; $\overline{MN} = 45\,\text{cm}$.

Runden Sie im Folgenden auf eine Stelle nach dem Komma.

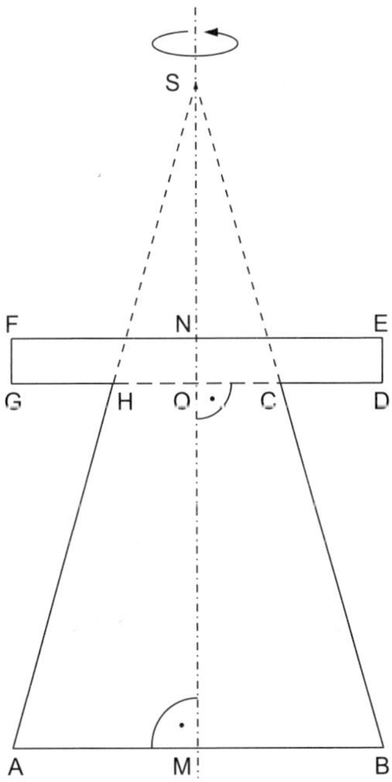

A 3.1 Berechnen Sie die Längen der Strecken [MS] und [HC].

[Ergebnisse:
$\overline{MS} = 73{,}2\,\text{cm}$; $\overline{HC} = 19{,}0\,\text{cm}$] 2

A 3.2 Bestimmen Sie rechnerisch das Volumen V des Rotationskörpers. 4

Lösungsvorschlag

A 1.1 Berechnung von $\sphericalangle ACB$ mithilfe des Kosinussatzes im Dreieck ABC:

$$\overline{AB}^2 = \overline{AC}^2 + \overline{BC}^2 - 2 \cdot \overline{AC} \cdot \overline{BC} \cdot \cos \sphericalangle ACB$$

$$\cos \sphericalangle ACB = \frac{\overline{AC}^2 + \overline{BC}^2 - \overline{AB}^2}{2 \cdot \overline{AC} \cdot \overline{BC}}$$

$$\cos \sphericalangle ACB = \frac{150^2 + 75^2 - 95^2}{2 \cdot 150 \cdot 75}$$

$$\sphericalangle ACB = 32°$$

A 1.2 **TIPP** Man ermittelt zunächst die halbe Diagonalenlänge $\overline{BM}$.

Berechnung von $\overline{BM}$ im rechtwinkligen Dreieck MBC:

$$\sin \sphericalangle MCB = \frac{\overline{BM}}{\overline{BC}} \qquad \Big| \cdot \overline{BC}$$

$$\overline{BM} = \overline{BC} \cdot \sin \sphericalangle MCB \qquad \text{mit } \sphericalangle MCB = \sphericalangle ACB$$

$$\overline{BM} = 75 \cdot \sin 32° \text{ cm}$$

$$\overline{BM} = 39{,}7 \text{ cm}$$

Für die Diagonalenlänge $\overline{BD}$ gilt dann:

$$\overline{BD} = 2 \cdot \overline{BM}$$

$$\overline{BD} = 2 \cdot 39{,}7 \text{ cm}$$

$$\overline{BD} = 79{,}4 \text{ cm}$$

Auf Ganze gerundet ergibt sich: $\overline{BD} = 79 \text{ cm}$

Berechnung des Flächeninhalts A des Drachenvierecks ABCD:

$$A = \frac{1}{2} \cdot \overline{AC} \cdot \overline{BD}$$

$$A = 0{,}5 \cdot 150 \cdot 79 \text{ cm}^2 = 5\,925 \text{ cm}^2$$

A 1.3 **TIPP** Da die Diagonalenlänge $\overline{BD}$ gleich bleibt und die Diagonalenlänge $\overline{AC}$ von 150 cm auf 100 cm, also um $\frac{1}{3}$, verringert wird, gilt auch für die Fläche, dass sie sich um $\frac{1}{3}$ verringert, also um 33 % (eigentlich um $33{,}\overline{3}$ %).

oder:
Für den Flächeninhalt A_{neu} mit verkürzter Diagonale gilt:

$A_{neu} = \frac{1}{2} \cdot 100 \cdot 79 \text{ cm}^2 = 3\,950 \text{ cm}^2$

Prozentuale Verringerung:

$\frac{A - A_{neu}}{A} = \frac{5\,925 \text{ cm}^2 - 3\,950 \text{ cm}^2}{5\,925 \text{ cm}^2} \cdot 100\,\% = 33,\overline{3}\,\%$

☒ 33 %

A 2.0

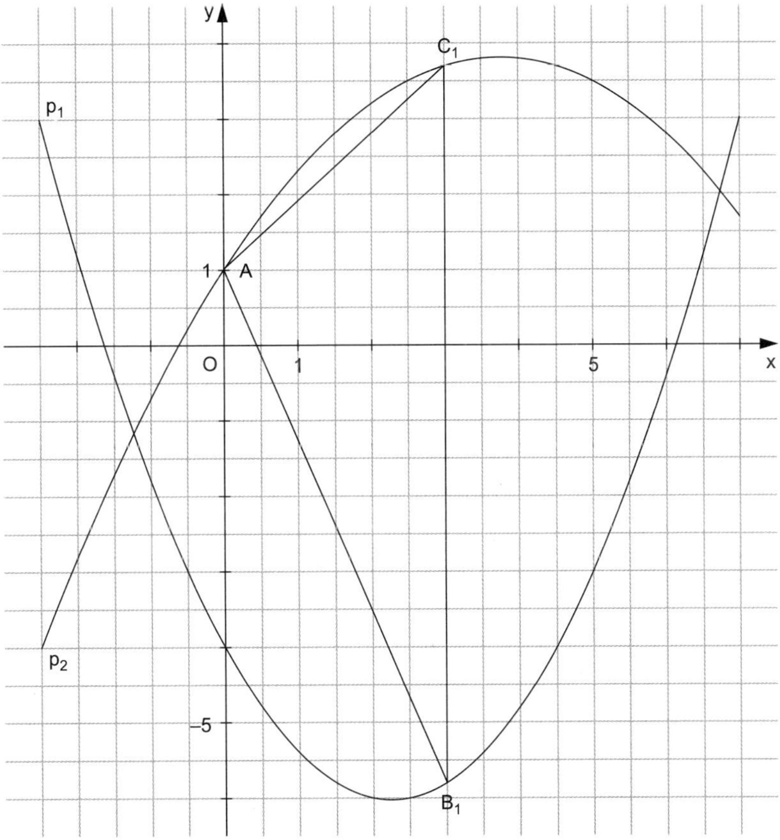

A 2.1 Einzeichnen des Dreiecks AB_1C_1 für $x = 3$

> **TIPP**
> - A(0 | 1) ist fest.
> - B_1 hat die x-Koordinate $x = 3$ und liegt auf p_1, also $B_1(3 \mid -5{,}8)$.
> - C_1 hat ebenfalls die x-Koordinate $x = 3$ und liegt auf p_2, also $C_1(3 \mid 3{,}7)$.

Bestimmung der Streckenlänge $\overline{B_nC_n}$ in Abhängigkeit von x:

> **TIPP** Da die Punkte B_n und C_n dieselbe x-Koordinate haben, kann $\overline{B_nC_n}$ über die y-Koordinaten berechnet werden.

$$\overline{B_nC_n} = (y_{C_n} - y_{B_n})\ \text{LE}$$

$$\overline{B_nC_n}(x) = [-0{,}2x^2 + 1{,}5x + 1 - (0{,}4x^2 - 1{,}8x - 4)]\ \text{LE} \qquad x \in \mathbb{R};\ x \in\ ]0; 6{,}74[$$

$$\overline{B_nC_n}(x) = (-0{,}2x^2 + 1{,}5x + 1 - 0{,}4x^2 + 1{,}8x + 4)\ \text{LE}$$

$$\overline{B_nC_n}(x) = (-0{,}6x^2 + 3{,}3x + 5)\ \text{LE}$$

A 2.2

> **TIPP** Es ist zu zeigen, dass die Gleichung $\overline{B_nC_n}(x) = 10$ LE keine Lösung besitzt.

$$\overline{B_nC_n}(x) = 10\ \text{LE} \qquad x \in \mathbb{R};\ x \in\ ]0; 6{,}74[$$

$$\Leftrightarrow \quad -0{,}6x^2 + 3{,}3x + 5 = 10 \qquad \mid -10$$

$$\Leftrightarrow \quad -0{,}6x^2 + 3{,}3x - 5 = 0$$

$$D = 3{,}3^2 - 4 \cdot (-0{,}6) \cdot (-5)$$

$$D = -1{,}11$$

$$D < 0$$

$$\mathbb{L} = \varnothing$$

Folglich gibt es unter den Dreiecken AB_nC_n kein Dreieck AB_0C_0, dessen Seite $[B_0C_0]$ eine Länge von 10 LE besitzt.

oder:

> **TIPP** Man bestimmt die maximal mögliche Länge von $[B_nC_n]$ mithilfe der quadratischen Ergänzung.

$$\overline{B_nC_n}(x) = (-0{,}6x^2 + 3{,}3x + 5)\ \text{LE} \qquad x \in \mathbb{R};\ x \in\ ]0; 6{,}74[$$

$$\overline{B_nC_n}(x) = [-0{,}6(x^2 - 5{,}5x + 2{,}75^2 - 2{,}75^2) + 5]\ \text{LE}$$

$\overline{B_nC_n}(x) = [-0{,}6(x^2 - 5{,}5x + 2{,}75^2) + 4{,}54 + 5]$ LE

$\overline{B_nC_n}(x) = [-0{,}6(x - 2{,}75)^2 + 9{,}54]$ LE

Die maximale Länge von $[B_nC_n]$ beträgt 9,54 LE.

Folglich gibt es unter den Dreiecken AB_nC_n kein Dreieck AB_0C_0, dessen Seite $[B_0C_0]$ eine Länge von 10 LE besitzt.

A 2.3 Für die y-Koordinate der Mittelpunkte M_n der Seiten $[B_nC_n]$ gilt:

$$y_{M_n} = \frac{y_{C_n} + y_{B_n}}{2}$$

$$y_{M_n} = \frac{-0{,}2x^2 + 1{,}5x + 1 + 0{,}4x^2 - 1{,}8x - 4}{2} \qquad x \in \mathbb{R};\ x \in \,]0; 6{,}74[$$

$$y_{M_n} = \frac{0{,}2x^2 - 0{,}3x - 3}{2}$$

$$y_{M_n} = 0{,}1x^2 - 0{,}15x - 1{,}5$$

A 2.4 **TIPP** Da $[B_nC_n]$ parallel zur y-Achse verläuft, muss im gleichschenkligen Dreieck AB_2C_2 mit der Basis $[B_2C_2]$ gelten:
Die y-Koordinaten von A und dem Mittelpunkt M_2 von $[B_2C_2]$ müssen gleich sein.

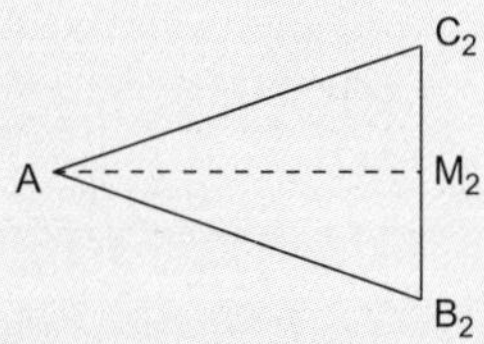

$$y_{M_n} = y_A \qquad \text{mit } y_A = 1$$

$$\Leftrightarrow \quad 0{,}1x^2 - 0{,}15x - 1{,}5 = 1 \qquad |-1 \qquad x \in \mathbb{R};\ x \in \,]0; 6{,}74[$$

$$\Leftrightarrow \quad 0{,}1x^2 - 0{,}15x - 2{,}5 = 0$$

$$\Leftrightarrow \quad x = \frac{0{,}15 - \sqrt{0{,}15^2 - 4 \cdot 0{,}1 \cdot (-2{,}5)}}{2 \cdot 0{,}1} \ \vee \ x = \frac{0{,}15 + \sqrt{0{,}15^2 - 4 \cdot 0{,}1 \cdot (-2{,}5)}}{2 \cdot 0{,}1}$$

$$\Leftrightarrow \quad (x = -4{,}31 \ \vee)\ x = 5{,}81$$

$$\mathbb{L} = \{5{,}81\}$$

oder:

Im gleichschenkligen Dreieck AB_2C_2 mit der Basis $[B_2C_2]$ muss gelten:

$$y_{C_n} - 1 = 1 - y_{B_n}$$

$$\Leftrightarrow \quad -0{,}2x^2 + 1{,}5x + 1 - 1 = 1 - (0{,}4x^2 - 1{,}8x - 4) \qquad x \in \mathbb{R};\ x \in \,]0; 6{,}74[$$

$$\Leftrightarrow \quad -0{,}2x^2 + 1{,}5x = 1 - 0{,}4x^2 + 1{,}8x + 4$$

$$\Leftrightarrow \quad -0{,}2x^2 + 1{,}5x = 1 - 0{,}4x^2 + 1{,}8x + 4$$

$$\Leftrightarrow \quad 0{,}2x^2 - 0{,}3x - 5 = 0$$

$$\Leftrightarrow \quad x = \frac{0{,}3 - \sqrt{0{,}3^2 - 4 \cdot 0{,}2 \cdot (-5)}}{2 \cdot 0{,}2} \vee x = \frac{0{,}3 + \sqrt{0{,}3^2 - 4 \cdot 0{,}2 \cdot (-5)}}{2 \cdot 0{,}2}$$

$$\Leftrightarrow \quad (x = -4{,}31 \vee)\ x = 5{,}81$$

$$\mathbb{L} = \{5{,}81\}$$

A 3.1 Im rechtwinkligen Dreieck AMS gilt:

$$\tan \sphericalangle ASM = \frac{\overline{AM}}{\overline{MS}} \qquad \Big| \cdot \frac{\overline{MS}}{\tan \sphericalangle ASM}$$

$$\overline{MS} = \frac{\overline{AM}}{\tan \sphericalangle ASM}$$

$$\overline{MS} = \frac{21\,\text{cm}}{\tan 16°}$$

$$\overline{MS} = 73{,}2\,\text{cm}$$

> **TIPP** Um die Länge der Strecke [HC] zu bestimmen, bestimmt man zunächst die Länge der Strecke [HO] mithilfe des Strahlensatzes.

Berechnung von $\overline{HO}$ mithilfe des Strahlensatzes:

$$\frac{\overline{HO}}{\overline{AM}} = \frac{\overline{SO}}{\overline{MS}} \qquad \Big| \cdot \overline{AM}$$

$$\overline{HO} = \frac{\overline{AM} \cdot \overline{SO}}{\overline{MS}} \qquad \text{mit } \overline{SO} = \overline{MS} - \overline{MN} + \overline{NO} \text{ und } \overline{NO} = \overline{FG}$$

$$\overline{HO} = \frac{21 \cdot (73{,}2 - 45 + 5)}{73{,}2}\,\text{cm}$$

$$\overline{HO} = 9{,}5\,\text{cm}$$

Für die Länge $\overline{HC}$ gilt dann:

$$\overline{HC} = 2 \cdot \overline{HO}$$

$$\overline{HC} = 2 \cdot 9{,}5\,\text{cm}$$

$$\overline{HC} = 19{,}0\,\text{cm}$$

oder:

Der Punkt P sei der Fußpunkt des Lotes von H auf [AM].

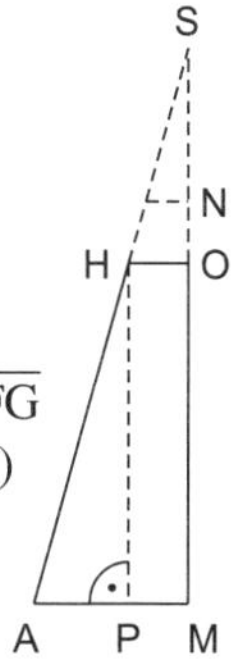

Im rechtwinkligen Dreieck APH gilt:

$$\tan \sphericalangle AHP = \frac{\overline{AP}}{\overline{HP}} \qquad \Big| \cdot \overline{HP}$$

$$\overline{AP} = \overline{HP} \cdot \tan \sphericalangle AHP \qquad \text{mit } \overline{HP} = \overline{MO} = \overline{MN} - \overline{NO} = \overline{MN} - \overline{FG}$$

und $\sphericalangle AHP = \sphericalangle ASM$ (Stufenwinkel)

$$\overline{AP} = (45 - 5)\text{ cm} \cdot \tan 16°$$

$$\overline{AP} = 40\text{ cm} \cdot \tan 16°$$

$$\overline{AP} = 11{,}5\text{ cm}$$

Für die Länge der Strecke $\overline{HC}$ gilt dann:

$$\overline{HC} = 2 \cdot \overline{HO} \qquad \text{mit } \overline{HO} = \overline{PM} = \overline{AM} - \overline{AP}$$

$$\overline{HC} = 2 \cdot (21 - 11{,}5)\text{ cm}$$

$$\overline{HC} = 19{,}0\text{ cm}$$

A 3.2

TIPP Das Volumen des Rotationskörpers setzt sich folgendermaßen zusammen:

- $V_{\text{großer Kegel}}$ mit dem Axialschnitt ABS
- abzüglich $V_{\text{kleiner Kegel}}$ mit dem Axialschnitt HCS
- zuzüglich V_{Zylinder} mit dem Axialschnitt GDEF

Berechnung des Volumens des großen Kegels:

$$V_{\text{großer Kegel}} = \frac{1}{3} \cdot \overline{AM}^2 \cdot \pi \cdot \overline{MS}$$

$$V_{\text{großer Kegel}} = \frac{1}{3} \cdot 21^2 \cdot \pi \cdot 73{,}2\text{ cm}^3$$

$$V_{\text{großer Kegel}} = 33\,804{,}8\text{ cm}^3$$

Berechnung des Volumens des kleinen Kegels:

$$V_{\text{kleiner Kegel}} = \frac{1}{3} \cdot \overline{HO}^2 \cdot \pi \cdot \overline{SO} \qquad \text{mit } \overline{HO} = 0{,}5 \cdot \overline{HC}$$

und $\overline{SO} = \overline{MS} - \overline{MN} + \overline{FG}$

$$V_{\text{kleiner Kegel}} = \frac{1}{3} \cdot (0{,}5 \cdot 19{,}0)^2 \cdot \pi \cdot (73{,}2 - 45 + 5)\text{ cm}^3$$

$$V_{\text{kleiner Kegel}} = 3\,137{,}7\text{ cm}^3$$

Berechnung des Volumens des Zylinders:

$V_{Zylinder} = \overline{GO}^2 \cdot \pi \cdot \overline{NO}$ mit $\overline{NO} = \overline{FG}$

$V_{Zylinder} = 21^2 \cdot \pi \cdot 5\ cm^3$

$V_{Zylinder} = 6\,927{,}2\ cm^3$

Berechnung des Volumens des Rotationskörpers:

$V = V_{großer\ Kegel} - V_{kleiner\ Kegel} + V_{Zylinder}$

$V = (33\,804{,}8 - 3\,137{,}7 + 6\,927{,}2)\ cm^3$

$V = 37\,594{,}3\ cm^3$

Aufgabe B 1

BE

B 1.0 Nebenstehende Skizze zeigt das Trapez ABCD.

Es gilt:

$\overline{AB} = 7$ cm;

$\overline{BC} = 10$ cm;

$\overline{AC} = 14$ cm;

$\sphericalangle CAD = 50°$;

$AB \parallel CD$.

Runden Sie im Folgenden auf zwei Stellen nach dem Komma.

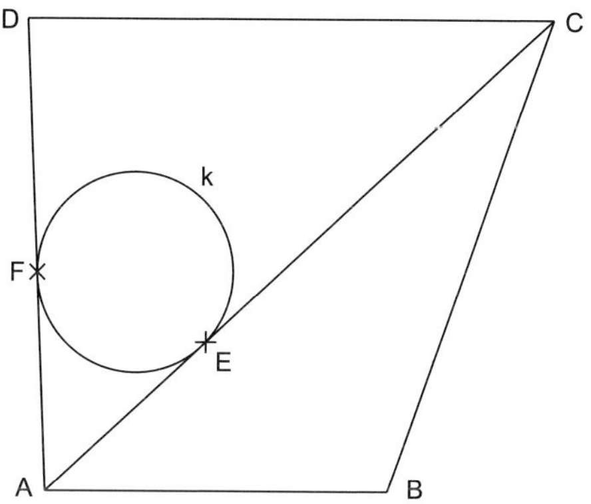

B 1.1 Zeichnen Sie das Trapez ABCD und berechnen Sie das Maß β des Winkels CBA sowie das Maß ε des Winkels BAC.
[Ergebnisse: $\beta = 109{,}62°$; $\varepsilon = 42{,}28°$] 4

B 1.2 Die Strecke [BP] ist die kürzeste Verbindung des Punktes B zur Strecke [AC].

Ergänzen Sie in der Zeichnung zu B 1.1 die Strecke [BP].
Berechnen Sie sodann den Umfang u des Dreiecks ABP. 3

B 1.3 Berechnen Sie den Flächeninhalt A des Trapezes ABCD.
[Ergebnis: $A = 83{,}51\ \text{cm}^2$] 3

B 1.4 Der Kreis k mit dem Mittelpunkt M berührt die Strecke [AC] im Punkt E und die Strecke [AD] im Punkt F. Für den Radius r gilt:
$r = \overline{ME} = \overline{MF} = 2$ cm.

Ergänzen Sie in der Zeichnung zu B 1.1 den Kreis k mit dem Mittelpunkt M. Berechnen Sie sodann den prozentualen Anteil des Flächeninhalts des Kreises k am Flächeninhalt des Trapezes ABCD. 3

B 1.5 Berechnen Sie den Flächeninhalt der Figur, die durch die Strecken [AE] und [AF] sowie den Kreisbogen $\overset{\frown}{FE}$ mit dem zugehörigen Mittelpunkt M begrenzt wird. 4

Aufgabe B 2

B 2.0 Die nebenstehende Skizze zeigt ein Schrägbild der Pyramide ABCDS mit der Höhe [AS], deren Grundfläche das Drachenviereck ABCD mit dem Diagonalenschnittpunkt M ist.

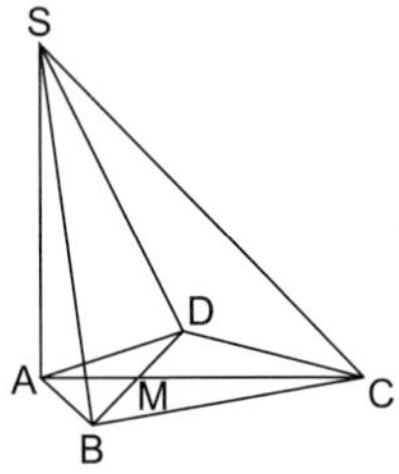

Es gilt:

$\overline{AC} = 9$ cm;

$\overline{AM} = 3$ cm;

$\overline{BD} = 8$ cm;

$\overline{AS} = 10$ cm.

Runden Sie im Folgenden auf zwei Stellen nach dem Komma.

B 2.1 Zeichnen Sie das Schrägbild der Pyramide ABCDS, wobei die Strecke [AC] auf der Schrägbildachse und der Punkt A links vom Punkt C liegen soll.

Für die Zeichnung gilt: $q = \frac{1}{2}$; $\omega = 45°$. **Links vom Punkt A sind 5 cm frei zu halten.**

Berechnen Sie sodann die Länge der Strecke [MS] und das Maß φ des Winkels SMA.

[Ergebnisse: $\overline{MS} = 10{,}44$ cm; $\varphi = 73{,}30°$] 4

B 2.2 Für Punkte P_n auf der Strecke [MS] gilt: $\overline{SP_n}(x) = x$ cm ($x \in \mathbb{R}$ und $0 < x < 10{,}44$). Verlängert man die Diagonale [AC] über den Punkt A hinaus um 1,5x cm, so erhält man Punkte A_n und es entstehen neue Pyramiden A_nBCDP_n.

Zeichnen Sie die Pyramide A_1BCDP_1 und die zugehörige Höhe $[P_1F_1]$ mit dem Höhenfußpunkt $F_1 \in [A_1C]$ für $x = 3$ in das Schrägbild zu B 2.1 ein. 2

B 2.3 Berechnen Sie das Maß α des Winkels MA_1P_1. 3

B 2.4 Zeigen Sie rechnerisch, dass für das Volumen V der Pyramiden A_nBCDP_n in Abhängigkeit von x gilt:
$V(x) = (-1{,}92x^2 + 8{,}48x + 120)$ cm³.

[Teilergebnis: $\overline{P_n F_n}(x) = (10 - 0{,}96x)$ cm] 3

B 2.5 Unter den Pyramiden A_nBCDP_n hat die Pyramide A_0BCDP_0 das maximale Volumen V_{max}.

Berechnen Sie, um wie viel Prozent V_{max} größer als das Volumen der ursprünglichen Pyramide ABCDS ist. 3

B 2.6 Zwei der folgenden Graphen stellen nicht das Volumen der Pyramiden A_nBCDP_n in Abhängigkeit von x dar.

Geben Sie diese an und begründen Sie Ihre Entscheidung. 2

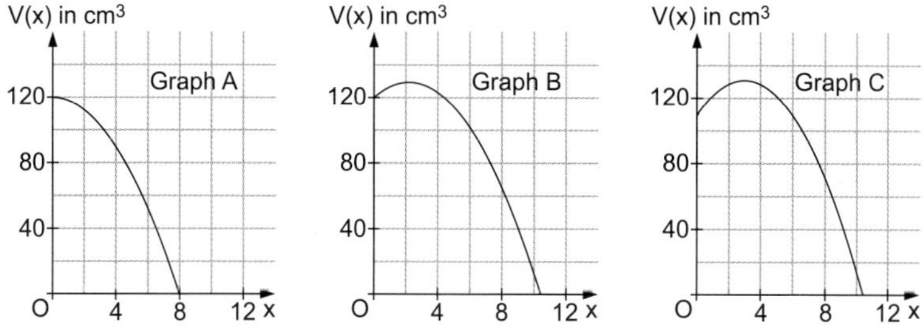

Lösungsvorschlag

B 1.1 Zeichnen des Trapezes ABCD

> **TIPP**
> - Antragen von [AB] mit $\overline{AB} = 7$ cm
> - Der Punkt C ist der Schnittpunkt des Kreises $k_1(B; r = \overline{BC})$ mit dem Kreis $k_2(A; r = \overline{AC})$, für den der Umlaufsinn ABC stimmt.
> - Der Punkt D ist der Schnittpunkt der Parallelen zur Geraden AB durch den Punkt C mit dem Schenkel [AD des Winkels CAD mit $\sphericalangle CAD = 50°$.

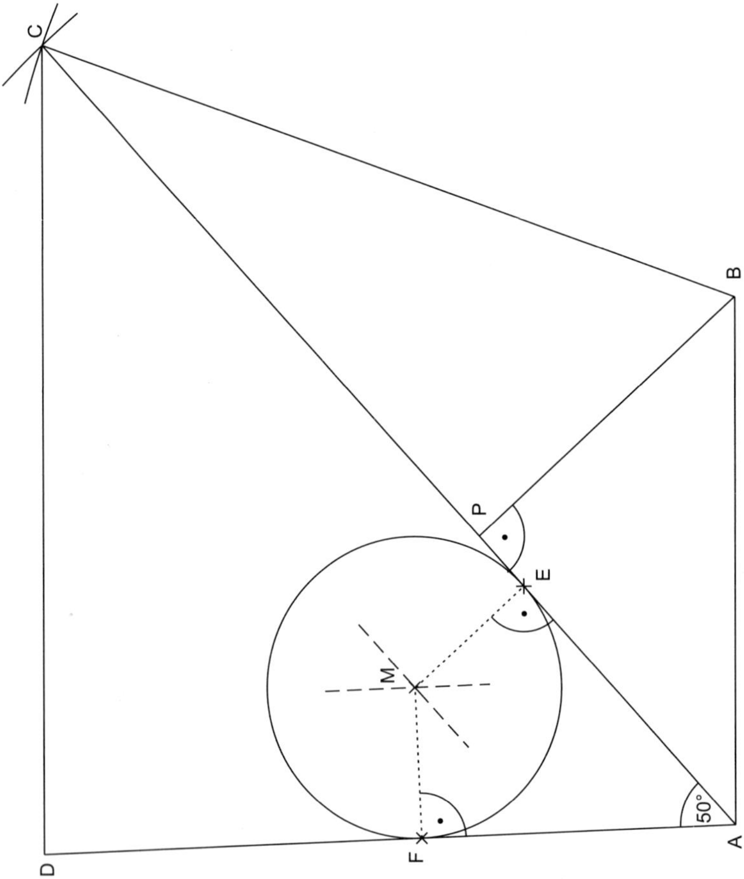

(Gedreht dargestellt)

Berechnung des Winkelmaßes β mithilfe des Kosinussatzes im Dreieck ABC:

$$\overline{AC}^2 = \overline{AB}^2 + \overline{BC}^2 - 2 \cdot \overline{AB} \cdot \overline{BC} \cdot \cos\beta$$

$$\cos\beta = \frac{\overline{AB}^2 + \overline{BC}^2 - \overline{AC}^2}{2 \cdot \overline{AB} \cdot \overline{BC}}$$

$$\cos\beta = \frac{7^2 + 10^2 - 14^2}{2 \cdot 7 \cdot 10}$$

$$\beta = 109{,}62°$$

Berechnung des Winkelmaßes ε mithilfe des Sinussatzes im Dreieck ABC:

$$\frac{\sin\varepsilon}{\overline{BC}} = \frac{\sin\beta}{\overline{AC}} \qquad |\cdot \overline{BC}$$

$$\sin\varepsilon = \frac{\overline{BC}}{\overline{AC}} \cdot \sin\beta$$

$$\sin\varepsilon = \frac{10\text{ cm}}{14\text{ cm}} \cdot \sin 109{,}62°$$

$$\varepsilon = 42{,}28°$$

B 1.2 Einzeichnen der Strecke [BP]

TIPP Da die Strecke [BP] die kürzeste Verbindung des Punktes B zur Strecke [AC] ist, ist der Punkt P der Fußpunkt des Lotes von B auf [AC].

TIPP Um den Umfang des Dreiecks ABP berechnen zu können, benötigt man noch die Streckenlängen $\overline{BP}$ und $\overline{PA}$. Diese können im rechtwinkligen Dreieck ABP berechnet werden.

Im rechtwinkligen Dreieck ABP gilt:

$$\sin\varepsilon = \frac{\overline{BP}}{\overline{AB}} \qquad |\cdot \overline{AB}$$

$$\overline{BP} = \overline{AB} \cdot \sin\varepsilon$$

$$\overline{BP} = 7\text{ cm} \cdot \sin 42{,}28°$$

$$\overline{BP} = 4{,}71\text{ cm}$$

Im rechtwinkligen Dreieck ABP gilt zudem:

$$\cos\varepsilon = \frac{\overline{PA}}{\overline{AB}} \qquad |\cdot \overline{AB}$$

$$\overline{PA} = \overline{AB} \cdot \cos\varepsilon$$

$$\overline{PA} = 7\text{ cm} \cdot \cos 42{,}28°$$

$$\overline{PA} = 5{,}18\text{ cm}$$

Für den Umfang u des Dreiecks ABP gilt dann:

$u = \overline{AB} + \overline{BP} + \overline{PA}$

$u = (7 + 4{,}71 + 5{,}18)\ \text{cm}$

$u = 16{,}89\ \text{cm}$

B 1.3 **TIPP** Um den Flächeninhalt des Trapezes berechnen zu können, benötigt man die Höhe h des Trapezes und die Längen $\overline{CD}$ und $\overline{AB}$ der Grundseiten ($\overline{AB}$ ist gegeben).

Berechnung der Höhe des Trapezes:
Der Punkt R sei der Fußpunkt des Lotes von B auf [CD].

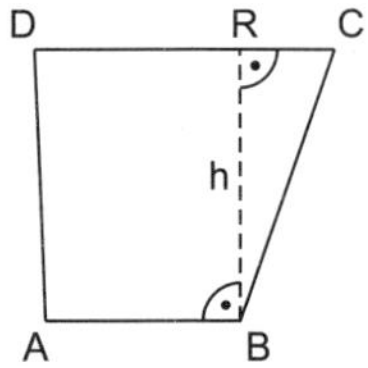

Im rechtwinkligen Dreieck BCR gilt:

$\cos\sphericalangle CBR = \dfrac{h}{\overline{BC}} \qquad \Big|\cdot \overline{BC}$

$h = \overline{BC} \cdot \cos\sphericalangle CBR \qquad$ mit $\sphericalangle CBR = \sphericalangle CBA - 90° = \beta - 90°$

$h = 10\ \text{cm} \cdot \cos(109{,}62° - 90°)$

$h = 9{,}42\ \text{cm}$

TIPP Um $\overline{CD}$ mithilfe des Sinussatzes im Dreieck ACD bestimmen zu können, benötigt man das Maß des Winkels ADC.

Für die Innenwinkelsumme im Dreieck ACD gilt:

$180° = \sphericalangle ADC + \sphericalangle DCA + \sphericalangle CAD \qquad \Big| - (\sphericalangle DCA + \sphericalangle CAD)$

$\sphericalangle ADC = 180° - (\sphericalangle DCA + \sphericalangle CAD) \qquad$ mit $\sphericalangle DCA = \varepsilon$
(Wechsel- bzw. Z-Winkel)

$\sphericalangle ADC = 180° - (42{,}28° + 50°)$

$\sphericalangle ADC = 87{,}72°$

Berechnung von $\overline{CD}$ mithilfe des Sinussatzes im Dreieck ACD:

$\dfrac{\overline{CD}}{\sin\sphericalangle CAD} = \dfrac{\overline{AC}}{\sin\sphericalangle ADC} \qquad \Big|\cdot \sin\sphericalangle CAD$

$\overline{CD} = \overline{AC} \cdot \dfrac{\sin\sphericalangle CAD}{\sin\sphericalangle ADC}$

$\overline{CD} = 14\ \text{cm} \cdot \dfrac{\sin 50°}{\sin 87{,}72°}$

$\overline{CD} = 10{,}73\ \text{cm}$

Für den gesuchten Flächeninhalt A des Trapezes gilt dann:

$$A = \frac{\overline{AB} + \overline{CD}}{2} \cdot h$$

$$A = \frac{7 + 10{,}73}{2} \cdot 9{,}42\ \text{cm}^2$$

$$A = 83{,}51\ \text{cm}^2$$

oder:

TIPP Man bestimmt die Trapezfläche, indem man das Trapez in die Dreiecke ABC und ACD aufteilt und die beiden Dreiecksflächen bestimmt.

Berechnung des Flächeninhalts $A_{\Delta ABC}$ des Dreiecks ABC:

$$A_{\Delta ABC} = \frac{1}{2} \cdot \overline{AB} \cdot \overline{AC} \cdot \sin \varepsilon$$

$$A_{\Delta ABC} = 0{,}5 \cdot 7\ \text{cm} \cdot 14\ \text{cm} \cdot \sin 42{,}28°$$

$$A_{\Delta ABC} = 32{,}96\ \text{cm}^2$$

Berechnung des Flächeninhalts $A_{\Delta ACD}$ des Dreiecks ACD:

TIPP Zur Berechnung von $A_{\Delta ACD}$ bestimmt man $\overline{CD}$ wie oben.

$$A_{\Delta ACD} = \frac{1}{2} \cdot \overline{CD} \cdot \overline{AC} \cdot \sin \sphericalangle DCA$$

mit $\sphericalangle DCA = \varepsilon$
(Wechsel- bzw. Z-Winkel)

$$A_{\Delta ACD} = 0{,}5 \cdot 10{,}73\ \text{cm} \cdot 14\ \text{cm} \cdot \sin 42{,}28°$$

$$A_{\Delta ACD} = 50{,}53\ \text{cm}^2$$

Für den gesuchten Flächeninhalt A des Trapezes gilt dann:

$$A = A_{\Delta ABC} + A_{\Delta ACD}$$

$$A = 32{,}96\ \text{cm}^2 + 50{,}53\ \text{cm}^2$$

$$A = 83{,}49\ \text{cm}^2$$

TIPP Dieses Ergebnis weicht durch andere Rundungen vom obigen Ergebnis ab.

B 1.4 Einzeichnen des Mittelpunktes M und des Kreises k

> **TIPP** Der Mittelpunkt M ist der Schnittpunkt der Parallelen zur Geraden AC im Abstand von 2 cm und der Parallelen zur Geraden AD im Abstand von 2 cm, die sich im Dreieck ACD schneiden.

Berechnung des Flächeninhalts A_{Kreis} des Kreises k:

$A_{Kreis} = r^2 \cdot \pi$

$A_{Kreis} = 2^2 \cdot \pi \text{ cm}^2$

$A_{Kreis} = 12{,}57 \text{ cm}^2$

Berechnung des gesuchten prozentualen Anteils:

$$\frac{A_{Kreis}}{A} = \frac{12{,}57 \text{ cm}^2}{83{,}51 \text{ cm}^2} \cdot 100\ \% = 15{,}05\ \%$$

Der Anteil des Flächeninhalts des Kreises k am Flächeninhalt des Trapezes ABCD beträgt 15,05 %.

B 1.5

> **TIPP** Die Figur entspricht dem Drachenviereck AEMF, das sich aus den zwei kongruenten rechtwinkligen Dreiecken AEM und AMF zusammensetzt, ohne den Kreissektor MFE.
> Um die Fläche des Dreiecks AEM (und damit auch die des dazu kongruenten Dreiecks AMF) berechnen zu können, ermittelt man zunächst die Länge der Seite [AE].

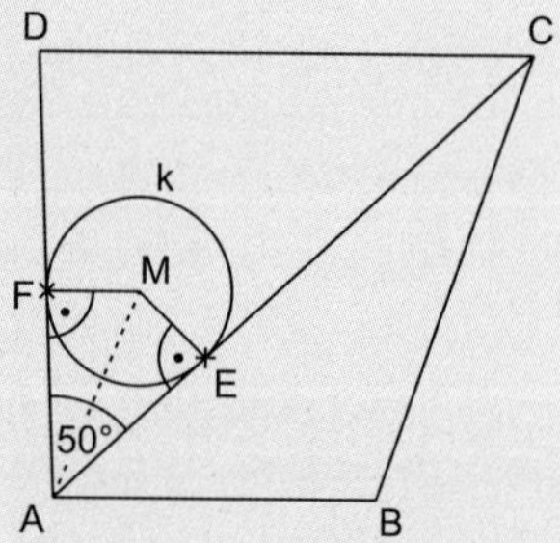

Berechnung von $\overline{AE}$ im rechtwinkligen Dreieck AEM:

$$\tan \sphericalangle EAM = \frac{\overline{ME}}{\overline{AE}} \qquad \Big| \cdot \frac{\overline{AE}}{\tan \sphericalangle EAM}$$

$$\overline{AE} = \frac{\overline{ME}}{\tan \sphericalangle EAM} \qquad \text{mit } \sphericalangle EAM = \frac{\sphericalangle CAD}{2}$$

$$\overline{AE} = \frac{2 \text{ cm}}{\tan \frac{50^\circ}{2}}$$

$$\overline{AE} = 4{,}29 \text{ cm}$$

Bestimmung des Flächeninhalts $A_{\Delta AEM}$ des Dreiecks AEM:

$$A_{\Delta AEM} = \frac{1}{2} \cdot \overline{AE} \cdot \overline{ME}$$

$$A_{\Delta AEM} = 0{,}5 \cdot 4{,}29 \cdot 2\ \text{cm}^2$$

$$A_{\Delta AEM} = 4{,}29\ \text{cm}^2$$

TIPP Um den Flächeninhalt des Kreissektors MFE berechnen zu können, ermittelt man zunächst das Maß des Mittelpunktwinkels des Kreissektors.

Bestimmung von $\sphericalangle FME$ mithilfe der Winkelsumme im Viereck AEMF:

$$360° = \sphericalangle FME + 90° + 90° + 50°$$

$$\sphericalangle FME = 360° - 2 \cdot 90° - 50°$$

$$\sphericalangle FME = 130°$$

Bestimmung des Flächeninhalts A_{Sektor} des Kreissektors MFE:

$$A_{Sektor} = \frac{\sphericalangle FME}{360°} \cdot \overline{ME}^2 \cdot \pi$$

$$A_{Sektor} = \frac{130°}{360°} \cdot 2^2 \cdot \pi\ \text{cm}^2 = 4{,}54\ \text{cm}^2$$

Bestimmung des Flächeninhalts A_{Figur} der beschriebenen Figur:

$$A_{Figur} = A_{\Delta AEM} + A_{\Delta AMF} - A_{Sektor} \qquad \text{mit } A_{\Delta AMF} = A_{\Delta AEM}$$

$$A_{Figur} = 2 \cdot A_{\Delta AEM} - A_{Sektor}$$

$$A_{Figur} = 2 \cdot 4{,}29\ \text{cm}^2 - 4{,}54\ \text{cm}^2$$

$$A_{Figur} = 4{,}04\ \text{cm}^2$$

B 2.1 Zeichnen des Schrägbildes der Pyramide ABCDS

TIPP

- Da die Strecke [AC] auf der Schrägbildachse liegt, wird sie in wahrer Länge angetragen. Laut Angabe soll dabei A links von C liegen.
- Durch Antragen der Strecke [AM] mit der Länge $\overline{AM} = 3$ cm erhält man den Diagonalenschnittpunkt M des Drachenvierecks.
- Da die Strecke [BD] senkrecht zur Zeichenebene verläuft, schließt sie mit der Schrägbildachse den Winkel $\omega = 45°$ ein und wird um den Faktor $q = \frac{1}{2}$ verkürzt. Der Punkt M ist der Mittelpunkt der Strecke [BD].
- Die Höhe [AS] liegt in der Zeichenebene und wird somit auch in wahrer Länge angetragen.

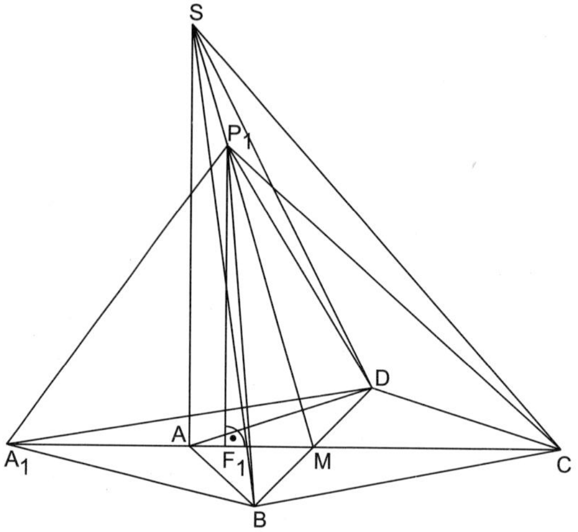

(Darstellung im Maßstab 1 : 2)

Berechnung von $\overline{MS}$ mit dem Satz des Pythagoras im rechtwinkligen Dreieck AMS:

$$\overline{MS}^2 = \overline{AS}^2 + \overline{AM}^2 \qquad |\sqrt{}$$

$$\overline{MS} = \sqrt{10^2 + 3^2} \text{ cm}$$

$$\overline{MS} = 10{,}44 \text{ cm}$$

Berechnung des Winkelmaßes φ im rechtwinkligen Dreieck AMS:

$$\tan \varphi = \frac{\overline{AS}}{\overline{AM}}$$

$$\tan \varphi = \frac{10 \text{ cm}}{3 \text{ cm}}$$

$$\varphi = 73{,}30°$$

oder:

$$\sin \varphi = \frac{\overline{AS}}{\overline{MS}}$$

$$\sin \varphi = \frac{10 \text{ cm}}{10{,}44 \text{ cm}}$$

$$\varphi = 73{,}31°$$

oder:

$$\cos\varphi = \frac{\overline{AM}}{\overline{MS}}$$

$$\cos\varphi = \frac{3\text{ cm}}{10{,}44\text{ cm}}$$

$$\varphi = 73{,}30°$$

TIPP Die Ergebnisse weichen durch andere Rundungen voneinander ab.

B 2.2 Einzeichnen der Pyramide A_1BCDP_1 und der zugehörigen Höhe $[P_1F_1]$

TIPP
- Da die Strecken $[SP_1]$ und $[A_1A]$ in der Zeichenebene liegen, werden sie in wahrer Länge angetragen.
- Für $x = 3$ erhält man $\overline{SP_1} = 3\text{ cm}$ und $\overline{A_1A} = 1{,}5 \cdot 3\text{ cm} = 4{,}5\text{ cm}$.
- Der Punkt F_1 ist der Fußpunkt des Lotes von P_1 auf $[AC]$.

B 2.3 **TIPP** Um das Maß α des Winkels MA_1P_1 mithilfe des Sinussatzes im Dreieck A_1MP_1 berechnen zu können, ermittelt man die Längen $\overline{A_1P_1}$ und $\overline{MP_1}$. Die Länge $\overline{A_1P_1}$ kann mithilfe des Kosinussatzes im Dreieck A_1MP_1 bestimmt werden, wofür man zusätzlich die Länge $\overline{A_1M}$ benötigt.

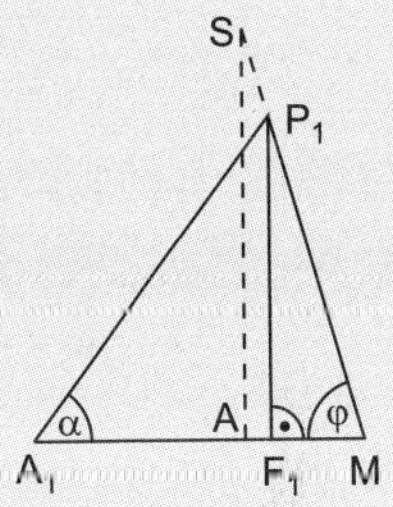

Bestimmung der Länge von $[A_1M]$:

$\overline{A_1M} = \overline{AM} + \overline{A_1A}$ mit $\overline{A_1A} = 1{,}5x\text{ cm}$, wobei $x = 3$

$\overline{A_1M} = (3 + 1{,}5 \cdot 3)\text{ cm}$

$\overline{A_1M} = 7{,}5\text{ cm}$

Bestimmung der Länge von $[MP_1]$:

$\overline{MP_1} = \overline{MS} - \overline{SP_1}$ mit $\overline{SP_1} = x\text{ cm}$, wobei $x = 3$

$\overline{MP_1} = (10{,}44 - 3)\text{ cm}$

$\overline{MP_1} = 7{,}44\text{ cm}$

Berechnung von $\overline{A_1P_1}$ mithilfe des Kosinussatzes im Dreieck A_1MP_1:

$$\overline{A_1P_1}^2 = \overline{A_1M}^2 + \overline{MP_1}^2 - 2 \cdot \overline{A_1M} \cdot \overline{MP_1} \cdot \cos\varphi \qquad |\sqrt{}$$

$$\overline{A_1P_1} = \sqrt{7{,}5^2 + 7{,}44^2 - 2 \cdot 7{,}5 \cdot 7{,}44 \cdot \cos 73{,}30^\circ}\ \text{cm}$$

$$\overline{A_1P_1} = 8{,}92\ \text{cm}$$

Bestimmung des Winkelmaßes α mithilfe des Sinussatzes im Dreieck A_1MP_1:

$$\frac{\sin\alpha}{\overline{MP_1}} = \frac{\sin\varphi}{\overline{A_1P_1}} \qquad |\cdot \overline{MP_1}$$

$$\sin\alpha = \frac{\overline{MP_1}}{\overline{A_1P_1}} \cdot \sin\varphi$$

$$\sin\alpha = \frac{7{,}44\ \text{cm}}{8{,}92\ \text{cm}} \cdot \sin 73{,}30^\circ$$

$$\alpha = 53{,}03^\circ$$

B 2.4 **TIPP** Zur Bestimmung des Volumens der Pyramiden A_nBCDP_n in Abhängigkeit von x ermittelt man zunächst die Höhen $\overline{P_nF_n}$ in Abhängigkeit von x.

Ermittlung der Höhen $\overline{P_nF_n}(x)$ mithilfe des Strahlensatzes:

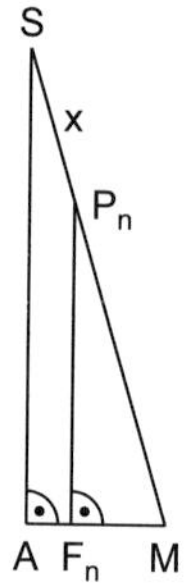

$$\frac{\overline{P_nF_n}}{\overline{AS}} = \frac{\overline{MP_n}}{\overline{MS}} \qquad |\cdot \overline{AS}$$

$$\overline{P_nF_n} = \frac{\overline{MP_n} \cdot \overline{AS}}{\overline{MS}} \qquad \text{mit } \overline{MP_n}(x) = \overline{MS} - x\ \text{cm}$$

$$\overline{P_nF_n}(x) = \frac{(10{,}44 - x) \cdot 10}{10{,}44}\ \text{cm} \qquad x \in \mathbb{R};\ 0 < x < 10{,}44$$

$$\overline{P_nF_n}(x) = (10 - 0{,}96x)\ \text{cm}$$

oder:

Im rechtwinkligen Dreieck F_nMP_n gilt:

$$\sin\varphi = \frac{\overline{P_nF_n}}{\overline{MP_n}} \qquad |\cdot \overline{MP_n}$$

$$\overline{P_nF_n} = \overline{MP_n} \cdot \sin\varphi \qquad \text{mit } \overline{MP_n}(x) = \overline{MS} - x\ \text{cm}$$

$$\overline{P_nF_n}(x) = (10{,}44 - x)\ \text{cm} \cdot \sin 73{,}30^\circ \qquad x \in \mathbb{R};\ 0 < x < 10{,}44$$

$$\overline{P_nF_n}(x) = (10{,}44 - x) \cdot 0{,}96\ \text{cm}$$

$$\overline{P_nF_n}(x) = (10{,}02 - 0{,}96x)\ \text{cm}$$

TIPP Dieses Ergebnis weicht durch andere Rundungen vom obigen Ergebnis ab.

Bestimmung des Volumens V der Pyramiden A_nBCDP_n in Abhängigkeit von x:

$$V = \frac{1}{3} \cdot \frac{1}{2} \cdot \overline{A_nC} \cdot \overline{BD} \cdot \overline{P_nF_n} \quad \text{mit } \overline{A_nC} = \overline{AC} + 1{,}5x \text{ cm}$$

$$V(x) = \frac{1}{3} \cdot \frac{1}{2} \cdot (9 + 1{,}5x) \cdot 8 \cdot (10 - 0{,}96x) \text{ cm}^3 \qquad x \in \mathbb{R}; 0 < x < 10{,}44$$

$$V(x) = \frac{1}{6} \cdot (9 + 1{,}5x) \cdot (80 - 7{,}68x) \text{ cm}^3$$

$$V(x) = \frac{1}{6} \cdot (720 - 69{,}12x + 120x - 11{,}52x^2) \text{ cm}^3$$

$$V(x) = \frac{1}{6} \cdot (-11{,}52x^2 + 50{,}88x + 720) \text{ cm}^3$$

$$V(x) = (-1{,}92x^2 + 8{,}48x + 120) \text{ cm}^3$$

B 2.5 Bestimmung des maximalen Volumens mithilfe von quadratischer Ergänzung:

$$V(x) = (-1{,}92x^2 + 8{,}48x + 120) \text{ cm}^3 \qquad x \in \mathbb{R}; 0 < x < 10{,}44$$

$$V(x) = [-1{,}92(x^2 - 4{,}42x + 2{,}21^2 - 2{,}21^2) + 120] \text{ cm}^3$$

$$V(x) = [-1{,}92 \cdot (x - 2{,}21)^2 + 9{,}38 + 120] \text{ cm}^3$$

$$V(x) = [-1{,}92 \cdot (x - 2{,}21)^2 + 129{,}38] \text{ cm}^3$$

$$V_{max} = 129{,}38 \text{ cm}^3$$

Bestimmung des Volumens V_{ABCDS} der ursprünglichen Pyramide:

$$V_{ABCDS} = \frac{1}{3} \cdot \frac{1}{2} \cdot \overline{AC} \cdot \overline{BD} \cdot \overline{AS}$$

$$V_{ABCDS} = \frac{1}{3} \cdot \frac{1}{2} \cdot 9 \cdot 8 \cdot 10 \text{ cm}^3$$

$$V_{ABCDS} = 120 \text{ cm}^3$$

Berechnung der gesuchten prozentualen Volumenvergrößerung:

$$\frac{V_{max}}{V_{ABCDS}} \cdot 100\,\% = \frac{129{,}38 \text{ cm}^3}{120 \text{ cm}^3} \cdot 100\,\% = 107{,}82\,\%$$

V_{max} ist folglich um 7,82 % größer als V_{ABCDS}.

TIPP Durch andere Zwischenrundungen können Abweichungen im Ergebnis entstehen.

B 2.6 Bei Graph A ist der maximale Wert des Volumens nicht größer als $V_{ABCDS} = 120 \text{ cm}^3$.

Bei Graph C erhält man für die Belegung $x = 0$ nicht den Wert $V(0) = 120 \text{ cm}^3$.

oder:

Bei Graph A ist den x-Werten im Intervall]8; 10,44[kein y-Wert zugeordnet.

Bei Graph C liegt das Maximum ungefähr bei $x = 3$, was nicht mit der Berechnung in Teilaufgabe B 2.5 übereinstimmt. (Dort ergibt sich, dass das Maximum bei $x = 2{,}21$ liegt.)

Aufgabe A 1

BE

A 1.0 Am 22.02.2020 kaufte sich Claudia für 2 000 € Aktien.
Sie geht davon aus, dass der Wert y € ihrer Aktien nach x Jahren durch die Funktion f: $y = 2\,000 \cdot 1{,}07^x$ mit $\mathbb{G} = \mathbb{R}_0^+ \times \mathbb{R}_0^+$ dargestellt werden kann.

A 1.1 Ergänzen Sie die Wertetabelle auf Ganze gerundet.
Zeichnen Sie sodann den Graphen zu f in das Koordinatensystem ein.

x	0	5	10	15	20	25
$2\,000 \cdot 1{,}07^x$						

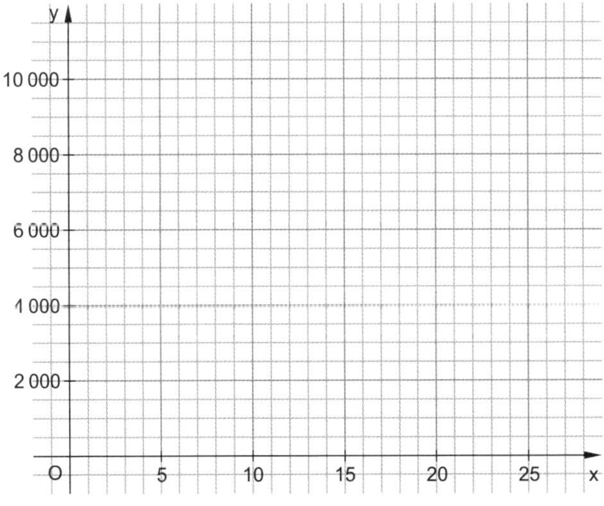

2

A 1.2 Ergänzen Sie die folgende Aussage.
Claudia nimmt an, dass der Wert ihrer Aktien jährlich um _____ Prozent zunimmt. 1

A 1.3 Ermitteln Sie mithilfe des Graphen, nach welcher Zeit sich das Anfangskapital verfünffacht hätte. 1

A 1.4 Claudia plant, am 22.02.2065 in den Ruhestand zu gehen.

Bestimmen Sie rechnerisch, wie viel ihre Aktien zu diesem Zeitpunkt nach der oben getroffenen Annahme wert wären. Runden Sie auf ganze Euro. 1

Aufgabe A 2

A 2.0 Das Schrägbild zeigt die Pyramide ABCDS mit dem gleichschenkligen Trapez ABCD als Grundfläche und der Höhe [QS]. Der Punkt P ist der Mittelpunkt der Strecke [AB] und der Punkt Q ist der Mittelpunkt der Strecke [CD].
Es gilt:
$[AB] \parallel [CD]$; $\overline{AB} = 6$ cm; $\overline{CD} = 10$ cm; $\overline{QS} = 8$ cm; $\overline{PQ} = 4$ cm.

Der Punkt R liegt auf der Strecke [PS] mit $\overline{PR} = 3$ cm. Er ist der Mittelpunkt der Strecke [EF] mit $E \in [AS]$, $F \in [BS]$ und $[EF] \parallel [AB]$.

Runden Sie im Folgenden auf zwei Stellen nach dem Komma.

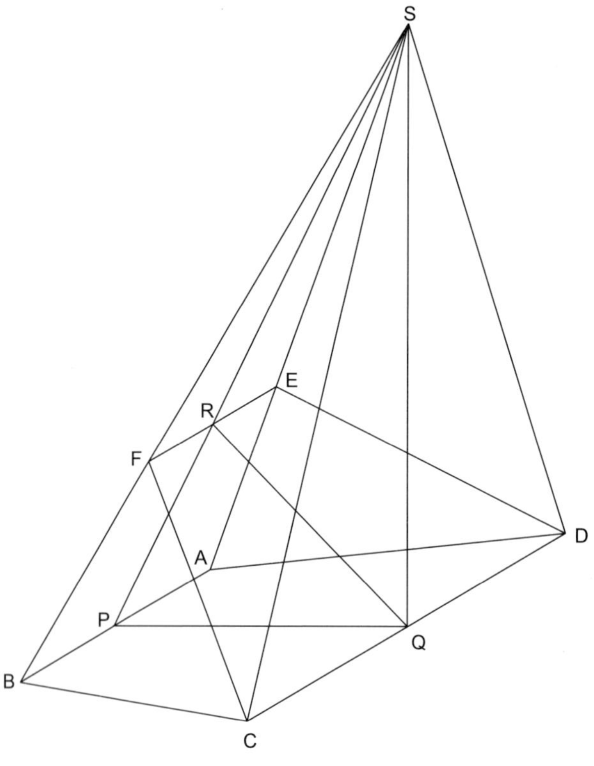

A 2.1 Berechnen Sie die Längen der Strecken [PS] und [EF].
[Ergebnis: $\overline{PS} = 8{,}94$ cm; $\overline{EF} = 3{,}99$ cm] 2

A 2.2 Berechnen Sie den Flächeninhalt A des Trapezes CDEF.
[Zwischenergebnis: $\sphericalangle QPS = 63{,}43°$] 3

A 2.3 Der Punkt T liegt auf der Strecke [QS] mit [RT] || [PQ]. Das Dreieck EFT ist die Grundfläche der Pyramide EFTS mit der Spitze S.

Zeichnen Sie die Pyramide EFTS in das Schrägbild zu A 2.0 ein. Berechnen Sie sodann das Volumen V der Pyramide EFTS. 4

Aufgabe A 3

A 3.0 Die nebenstehende Skizze zeigt das Dreieck ABC mit $\overline{AB} = 7$ cm, $\overline{BC} = 5$ cm und $\sphericalangle ACB = 40°$.
Die Strecke [DE] wird durch die Punkte $D \in [AC]$ und $E \in [BC]$ festgelegt.

Es gilt: [AB] || [DE]; $\overline{DE} = 3{,}6$ cm.

Runden Sie im Folgenden auf zwei Stellen nach dem Komma.

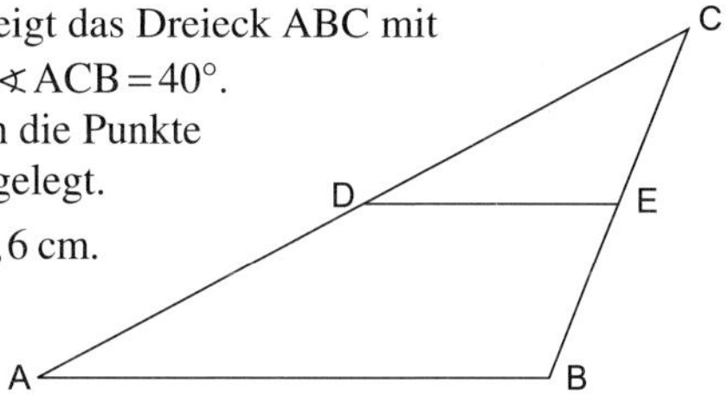

A 3.1 Berechnen Sie die Länge der Strecke [BE].
[Ergebnis: $\overline{BE} = 2{,}43$ cm] 2

A 3.2 Berechnen Sie den Abstand d der Strecken [AB] und [DE]. 3

Lösungsvorschlag

A 1.1

x	0	5	10	15	20	25
$2\,000 \cdot 1{,}07^x$	2 000	2 805	3 934	5 518	7 739	10 855

Einzeichnen des Graphen zu f mithilfe der Wertetabelle

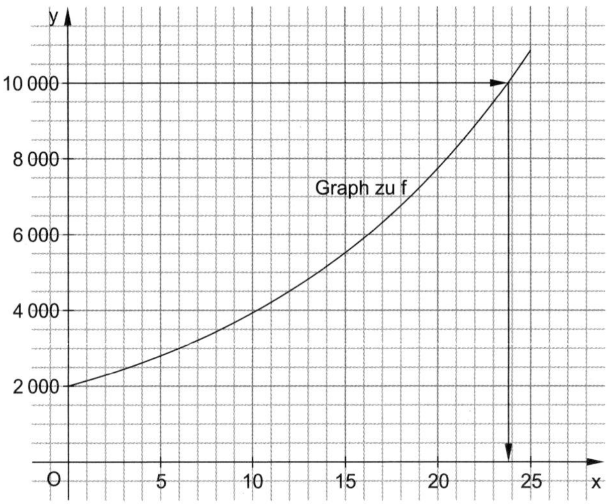

A 1.2

TIPP Bei einer Multiplikation mit 1,07 erhöht sich der Wert um den Faktor 0,07, also $\frac{7}{100}$. Dies entspricht 7 %.

Claudia nimmt an, dass der Wert ihrer Aktien jährlich um **7** Prozent zunimmt.

A 1.3

TIPP Das Fünffache des Anfangskapitals ist $5 \cdot 2\,000 = 10\,000$. Den zugehörigen Zeitpunkt ermittelt man wie in der Grafik aus Teilaufgabe A 1.1 abgebildet.

Im Rahmen der Zeichengenauigkeit: nach 24 Jahren

A 1.4

TIPP Der 22.02.2065 ist 45 Jahre nach dem Kauf am 22.02.2020.

$y = 2\,000 \cdot 1{,}07^{45} = 42\,005$

Die Aktien wären zu diesem Zeitpunkt 42 005 € wert.

A 2.0

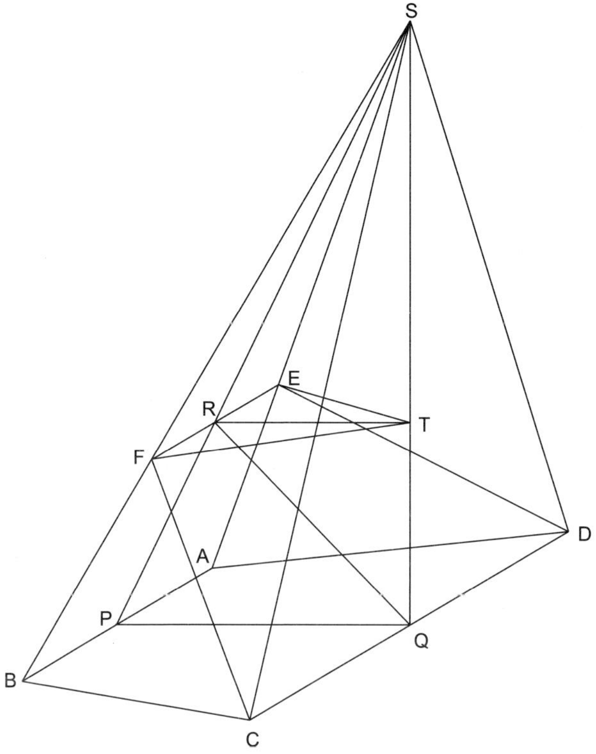

A 2.1 Berechnung von $\overline{PS}$ mit dem Satz des Pythagoras im rechtwinkligen Dreieck PQS:

$$\overline{PS}^2 = \overline{PQ}^2 + \overline{QS}^2 \qquad |\sqrt{\ }$$

$$\overline{PS} = \sqrt{4^2 + 8^2}\ \text{cm}$$

$$\overline{PS} = 8{,}94\ \text{cm}$$

oder:

Im rechtwinkligen Dreieck PQS gilt:

$$\tan \sphericalangle PSQ = \frac{\overline{PQ}}{\overline{QS}}$$

$$\tan \sphericalangle PSQ = \frac{4\ \text{cm}}{8\ \text{cm}}$$

$$\sphericalangle PSQ = 26{,}57°$$

$$\cos\sphericalangle PSQ = \frac{\overline{QS}}{\overline{PS}} \qquad \left|\ \cdot \frac{\overline{PS}}{\cos\sphericalangle PSQ}\right.$$

$$\overline{PS} = \frac{\overline{QS}}{\cos\sphericalangle PSQ}$$

$$\overline{PS} = \frac{8\text{ cm}}{\cos 26{,}57°}$$

$$\overline{PS} = 8{,}94\text{ cm}$$

TIPP Die Berechnung wäre auch über $\sin\sphericalangle PSQ = \frac{\overline{PQ}}{\overline{PS}}$ möglich. Der einfachste Weg ist aber über den Satz des Pythagoras.

Berechnung von $\overline{EF}$ mithilfe des Strahlensatzes:

$$\frac{\overline{EF}}{\overline{AB}} = \frac{\overline{RS}}{\overline{PS}} \qquad |\cdot \overline{AB}$$

$$\overline{EF} = \frac{\overline{RS} \cdot \overline{AB}}{\overline{PS}} \qquad \text{mit } \overline{RS} = \overline{PS} - \overline{PR}$$

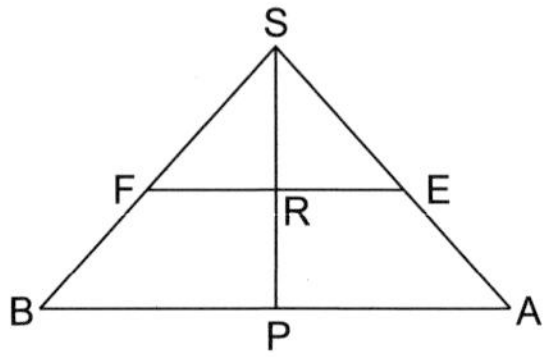

$$\overline{EF} = \frac{(8{,}94 - 3) \cdot 6}{8{,}94}\text{ cm}$$

$$\overline{EF} = 3{,}99\text{ cm}$$

TIPP oder:
Man berechnet im rechtwinkligen Dreieck PAS das Maß des Winkels PSA mit dem Tangens, dann über das rechtwinklige Dreieck RES wieder mit dem Tangens die Streckenlänge $\overline{RE}$ und somit $\overline{EF}$. Die rechten Winkel sind dabei die Winkel APS und ERS.

A 2.2 **TIPP** Um die Fläche des Trapezes CDEF berechnen zu können, bestimmt man die Höhe $\overline{QR}$ des Trapezes. Hierzu ermittelt man zunächst im rechtwinkligen Dreieck PQS das Maß des Winkels QPS und dann über den Kosinussatz im Dreieck PQR die Trapezhöhe $\overline{QR}$.

Berechnung von $\sphericalangle QPS$ im rechtwinkligen Dreieck PQS:

$$\tan\sphericalangle QPS = \frac{\overline{QS}}{\overline{PQ}}$$

$$\tan\sphericalangle QPS = \frac{8\text{ cm}}{4\text{ cm}}$$

$$\sphericalangle QPS = 63{,}43°$$

Berechnung von $\overline{QR}$ mithilfe des Kosinussatzes im Dreieck PQR:

$$\overline{QR}^2 = \overline{PR}^2 + \overline{PQ}^2 - 2 \cdot \overline{PR} \cdot \overline{PQ} \cdot \cos \sphericalangle QPS \qquad |\sqrt{}$$

$$\overline{QR} = \sqrt{3^2 + 4^2 - 2 \cdot 3 \cdot 4 \cdot \cos 63{,}43^\circ} \text{ cm}$$

$$\overline{QR} = 3{,}78 \text{ cm}$$

Berechnung des gesuchten Flächeninhalts:

$$A = 0{,}5 \cdot (\overline{EF} + \overline{CD}) \cdot \overline{QR}$$

$$A = 0{,}5 \cdot (3{,}99 + 10) \cdot 3{,}78 \text{ cm}^2$$

$$A = 26{,}44 \text{ cm}^2$$

A 2.3 Einzeichnen der Pyramide EFTS

> **TIPP** Um das Volumen der Pyramide EFTS berechnen zu können, benötigt man noch die Längen der Strecken [RT] und [TS]. Diese können nach der Bestimmung von ∢TRS (oder alternativ ∢RST) im rechtwinkligen Dreieck RTS bestimmt werden.

$$\sphericalangle TRS = \sphericalangle QPS \quad \text{(Stufenwinkel)}$$

$$\sphericalangle TRS = 63{,}43^\circ$$

Berechnung von $\overline{RT}$ im rechtwinkligen Dreieck RTS:

$$\cos \sphericalangle TRS = \frac{\overline{RT}}{\overline{RS}} \qquad |\cdot \overline{RS}$$

$$\overline{RT} = \overline{RS} \cdot \cos \sphericalangle TRS \qquad \text{mit } \overline{RS} = \overline{PS} - \overline{PR}$$

$$\overline{RT} = (8{,}94 - 3) \text{ cm} \cdot \cos 63{,}43^\circ$$

$$\overline{RT} = 2{,}66 \text{ cm}$$

Berechnung von $\overline{TS}$ im rechtwinkligen Dreieck RTS:

$$\sin \sphericalangle TRS = \frac{\overline{TS}}{\overline{RS}} \qquad |\cdot \overline{RS}$$

$$\overline{TS} = \overline{RS} \cdot \sin \sphericalangle TRS \qquad \text{mit } \overline{RS} = \overline{PS} - \overline{PR}$$

$$\overline{TS} = (8{,}94 - 3) \text{ cm} \cdot \sin 63{,}43^\circ$$

$$\overline{TS} = 5{,}31 \text{ cm}$$

Berechnung des Volumens der Pyramide EFTS:

$$V = \frac{1}{3} \cdot \frac{1}{2} \cdot \overline{EF} \cdot \overline{RT} \cdot \overline{TS}$$

$$V = \frac{1}{3} \cdot \frac{1}{2} \cdot 3{,}99 \cdot 2{,}66 \cdot 5{,}31 \text{ cm}^3$$

$$V = 9{,}39 \text{ cm}^3$$

A 3.1 TIPP Es gilt $\overline{BE} = \overline{BC} - \overline{EC}$. Daher berechnet man zunächst $\overline{EC}$.

Berechnung von $\overline{EC}$ mithilfe des Strahlensatzes:

$$\frac{\overline{AB}}{\overline{DE}} = \frac{\overline{BC}}{\overline{EC}} \qquad \left| \cdot \frac{\overline{EC} \cdot \overline{DE}}{\overline{AB}} \right.$$

$$\overline{EC} = \frac{\overline{BC} \cdot \overline{DE}}{\overline{AB}}$$

$$\overline{EC} = \frac{5 \cdot 3{,}6}{7}\ \text{cm}$$

$$\overline{EC} = 2{,}57\ \text{cm}$$

Berechnung von $\overline{BE}$:

$$\overline{BE} = \overline{BC} - \overline{EC}$$

$$\overline{BE} = 5\ \text{cm} - 2{,}57\ \text{cm}$$

$$\overline{BE} = 2{,}43\ \text{cm}$$

oder:

TIPP Mithilfe des Sinussatzes berechnet man zunächst den Winkel BAC im Dreieck ABC, um damit die Länge von [EC] im Dreieck DEC zu bestimmen.

Berechnung von $\sphericalangle BAC$ mithilfe des Sinussatzes im Dreieck ABC:

$$\frac{\overline{BC}}{\sin \sphericalangle BAC} = \frac{\overline{AB}}{\sin \sphericalangle ACB} \qquad \left| \cdot \frac{\sin \sphericalangle BAC \cdot \sin \sphericalangle ACB}{\overline{AB}} \right.$$

$$\sin \sphericalangle BAC = \frac{\overline{BC}}{\overline{AB}} \cdot \sin \sphericalangle ACB$$

$$\sin \sphericalangle BAC = \frac{5\ \text{cm}}{7\ \text{cm}} \cdot \sin 40°$$

$$\sphericalangle BAC = 27{,}33°$$

Berechnung von $\overline{EC}$ mithilfe des Sinussatzes im Dreieck DEC:

$$\frac{\overline{EC}}{\sin \sphericalangle EDC} = \frac{\overline{DE}}{\sin \sphericalangle DCE} \qquad \left| \cdot \sin \sphericalangle EDC \right.$$

$$\overline{EC} = \frac{\overline{DE} \cdot \sin \sphericalangle EDC}{\sin \sphericalangle DCE}$$

mit $\sphericalangle EDC = \sphericalangle BAC$ (Stufenwinkel) und $\sphericalangle DCE = \sphericalangle ACB$

$$\overline{EC} = \frac{3{,}6\ \text{cm} \cdot \sin 27{,}33°}{\sin 40°}$$

$$\overline{EC} = 2{,}57\ \text{cm}$$

Berechnung von $\overline{BE}$:

$\overline{BE} = \overline{BC} - \overline{EC}$

$\overline{BE} = 5\text{ cm} - 2{,}57\text{ cm}$

$\overline{BE} = 2{,}43\text{ cm}$

A 3.2 **TIPP** Es sei F der Fußpunkt des Lotes von B auf DE (vgl. Skizze), also $d = \overline{FB}$. Man ermittelt zunächst $\sphericalangle BAC$ (falls nicht schon in Teilaufgabe A 3.1 geschehen), um dann $\sphericalangle CBA$ mithilfe der Winkelsumme im Dreieck ABC bestimmen zu können. Damit bestimmt man $\sphericalangle EBF$ und berechnet sodann $\overline{FB}$ im rechtwinkligen Dreieck BEF.

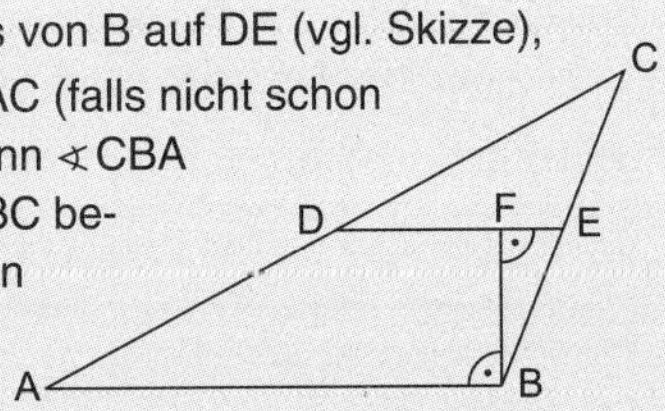

Berechnung von $\sphericalangle BAC$ mithilfe des Sinussatzes im Dreieck ABC:

$$\frac{\overline{BC}}{\sin\sphericalangle BAC} = \frac{\overline{AB}}{\sin\sphericalangle ACB} \qquad \Big|\cdot \frac{\sin\sphericalangle BAC \cdot \sin\sphericalangle ACB}{\overline{AB}}$$

$$\sin\sphericalangle BAC = \frac{\overline{BC}}{\overline{AB}} \cdot \sin\sphericalangle ACB$$

$$\sin\sphericalangle BAC = \frac{5\text{ cm}}{7\text{ cm}} \cdot \sin 40^\circ$$

$$\sphericalangle BAC = 27{,}33^\circ$$

Ermittlung von $\sphericalangle CBA$ mithilfe der Winkelsumme im Dreieck ABC:

$$180^\circ = \sphericalangle CBA + \sphericalangle ACB + \sphericalangle BAC \qquad \text{mit } \sphericalangle ACB = 40^\circ \text{ und } \sphericalangle BAC = 27{,}33^\circ$$

$$\sphericalangle CBA = 180^\circ - 40^\circ - 27{,}33^\circ$$

$$\sphericalangle CBA = 112{,}67^\circ$$

Berechnung von $d = \overline{FB}$ im rechtwinkligen Dreieck BEF:

$$\cos\sphericalangle EBF = \frac{\overline{FB}}{\overline{BE}} \qquad \Big|\cdot \overline{BE}$$

$$\overline{FB} = \overline{BE} \cdot \cos\sphericalangle EBF \qquad \text{mit } \sphericalangle EBF = \sphericalangle CBA - 90^\circ$$

$$\overline{FB} = 2{,}43\text{ cm} \cdot \cos(112{,}67^\circ - 90^\circ)$$

$$d = \overline{FB} = 2{,}24\text{ cm}$$

oder:

TIPP Es sei G der Fußpunkt des Lotes von C auf DE und H der Fußpunkt des Lotes von C auf AB (vgl. Skizze).
Man ermittelt zunächst $\sphericalangle BAC$, um dann $\sphericalangle CBA$ und schließlich $\sphericalangle HBC = \sphericalangle GEC$ zu berechnen.
In den rechtwinkligen Dreiecken BHC und EGC berechnet man $\overline{HC}$ und $\overline{GC}$, um damit $d = \overline{HG}$ zu bestimmen.

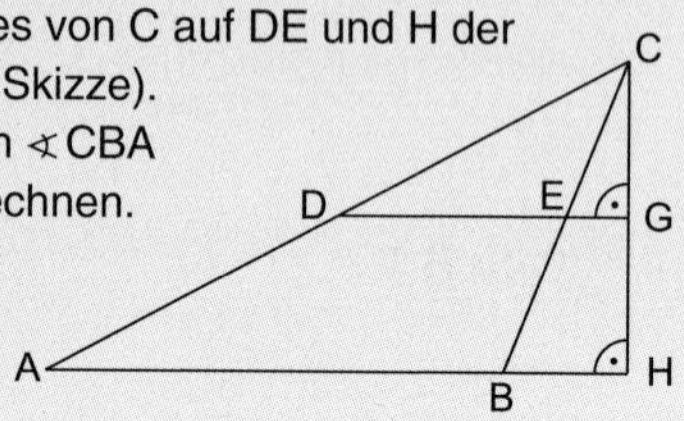

Berechnung von $\sphericalangle BAC$ und $\sphericalangle CBA$ wie oben:
$\sphericalangle BAC = 27{,}33°$; $\sphericalangle CBA = 112{,}67°$

Berechnung von $\sphericalangle HBC$:
$\sphericalangle HBC = 180° - \sphericalangle CBA$
$\sphericalangle HBC = 180° - 112{,}67°$
$\sphericalangle HBC = 67{,}33°$

Berechnung von $\overline{HC}$ im rechtwinkligen Dreieck BHC:

$$\sin \sphericalangle HBC = \frac{\overline{HC}}{\overline{BC}} \qquad \Big| \cdot \overline{BC}$$
$$\overline{HC} = \overline{BC} \cdot \sin \sphericalangle HBC$$
$$\overline{HC} = 5\text{ cm} \cdot \sin 67{,}33°$$
$$\overline{HC} = 4{,}61\text{ cm}$$

Berechnung von $\overline{GC}$ im rechtwinkligen Dreieck EGC:

$$\sin \sphericalangle GEC = \frac{\overline{GC}}{\overline{EC}} \qquad \Big| \cdot \overline{EC}$$
$$\overline{GC} = \overline{EC} \cdot \sin \sphericalangle GEC \qquad \text{mit } \sphericalangle GEC = \sphericalangle HBC \text{ (Stufenwinkel)}$$
$$\overline{GC} = 2{,}57\text{ cm} \cdot \sin 67{,}33°$$
$$\overline{GC} = 2{,}37\text{ cm}$$

TIPP Man könnte $\overline{HC}$ auch über den Strahlensatz berechnen, wenn man zuerst $\overline{GC}$ ermittelt hat.

Berechnung von d:
$d = \overline{HG} = \overline{HC} - \overline{GC}$
$d = 4{,}61\text{ cm} - 2{,}37\text{ cm}$
$d = 2{,}24\text{ cm}$

Bayern ▪ Realschule ▪ Abschlussprüfung 2020
Mathematik II/III – Teil B – mit Taschenrechner

Aufgabe B 1

BE

B 1.0 Die Parabel p mit dem Scheitelpunkt $S(5\,|\,-4{,}5)$ hat eine Gleichung der Form $y = 0{,}1x^2 + bx + c$ ($\mathbb{G} = \mathbb{R} \times \mathbb{R}$; $b, c \in \mathbb{R}$).
Die Gerade g hat die Gleichung $y = -0{,}5x + 1$ ($\mathbb{G} = \mathbb{R} \times \mathbb{R}$).
Runden Sie im Folgenden auf zwei Stellen nach dem Komma.

B 1.1 Zeigen Sie durch Rechnung, dass für die Gleichung der Parabel p gilt: $y = 0{,}1x^2 - x - 2$. Zeichnen Sie sodann die Parabel p und die Gerade g für $x \in [-4; 9]$ in ein Koordinatensystem ein.
Für die Zeichnung: Längeneinheit 1 cm; $-4 \leqq x \leqq 9$; $-6 \leqq y \leqq 4$ 3

B 1.2 Punkte $A_n(x\,|\,-0{,}5x + 1)$ auf der Geraden g und Punkte $B_n(x\,|\,0{,}1x^2 - x - 2)$ auf der Parabel p haben dieselbe Abszisse x und sind zusammen mit Punkten C_n und D_n Eckpunkte von Trapezen $A_nB_nC_nD_n$.
Es gilt: $[A_nB_n] \parallel [C_nD_n]$; $\overrightarrow{A_nD_n} = \begin{pmatrix} 2 \\ 1 \end{pmatrix}$; $\overline{C_nD_n} = 5$ LE.

Zeichnen Sie die Trapeze $A_1B_1C_1D_1$ für $x = -1$ und $A_2B_2C_2D_2$ für $x = 4$ in das Koordinatensystem zu B 1.1 ein. 2

B 1.3 Ermitteln Sie rechnerisch, für welche Belegungen von x es Trapeze $A_nB_nC_nD_n$ gibt. 3

B 1.4 Berechnen Sie den Flächeninhalt A der Trapeze $A_nB_nC_nD_n$ in Abhängigkeit von x.

Bestimmen Sie sodann den maximalen Flächeninhalt A_{max} der Trapeze $A_nB_nC_nD_n$ und geben Sie den zugehörigen Wert für x an.

[Zwischenergebnis: $\overline{A_nB_n}(x) = (-0{,}1x^2 + 0{,}5x + 3)$ LE] 4

B 1.5 Der Punkt D_3 des Trapezes $A_3B_3C_3D_3$ liegt auf der y-Achse.

Ermitteln Sie durch Rechnung die Koordinaten des Punktes B_3. 2

B 1.6 Die kongruenten Trapeze $A_4B_4C_4D_4$ und $A_5B_5C_5D_5$ sind gleichschenklig.

Zeigen Sie, dass die Strecken $[A_4B_4]$ und $[A_5B_5]$ jeweils 3 LE lang sind. Berechnen Sie sodann das Maß γ der Winkel $D_4C_4B_4$ bzw. $D_5C_5B_5$. 3

Aufgabe B 2

B 2.0 Nebenstehende Skizze zeigt das Fünfeck ABCDE, das aus dem Drachenviereck ABCD mit der Symmetrieachse AC und dem Dreieck ADE besteht.

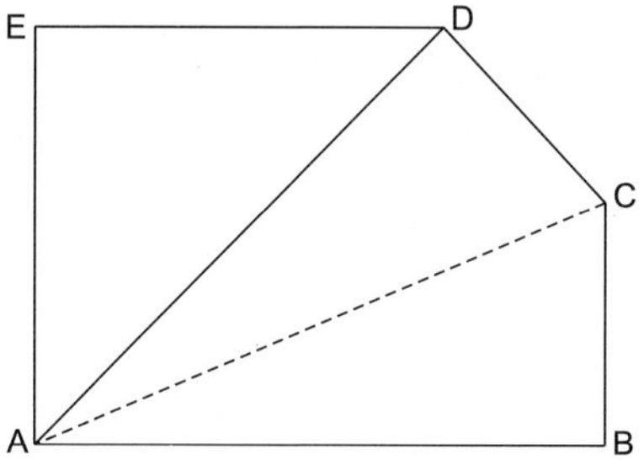

Es gilt:
$\overline{AB} = \overline{AD} = 11\,\text{cm}$;
$\sphericalangle BAD = 45°$;
$\sphericalangle CBA = \sphericalangle ADC = \sphericalangle BAE = 90°$;
$[AB] \parallel [ED]$.

Runden Sie im Folgenden auf zwei Stellen nach dem Komma.

B 2.1 Zeichnen Sie das Fünfeck ABCDE sowie die Strecken [AD] und [AC]. 2

B 2.2 Begründen Sie, weshalb $\sphericalangle EDC = 135°$ und $\overline{AE} = \overline{ED}$ gilt. Berechnen Sie sodann die Länge der Strecke [ED].
[Teilergebnis: $\overline{ED} = 7{,}78\,\text{cm}$] 3

B 2.3 Berechnen Sie die Länge der Strecke [BC] und den prozentualen Anteil des Flächeninhalts des Drachenvierecks ABCD am Flächeninhalt des Fünfecks ABCDE.
[Teilergebnis: $\overline{BC} = 4{,}56\,\text{cm}$] 4

B 2.4 Auf der Strecke [AE] liegen Punkte S_n, für die gilt: $\overline{ES_n}(x) = x\,\text{cm}$ mit $x \in \mathbb{R}$, $x \in\,]0; 7{,}78[$. Punkte R_n liegen auf dem Kreisbogen $\overset{\frown}{AD}$ mit dem Mittelpunkt E.

Ferner gilt: $[S_nR_n] \parallel [ED]$.

Zeichnen Sie den Kreisbogen $\overset{\frown}{AD}$ und die Strecke $[S_1R_1]$ für $x = 2$ in die Zeichnung zu B 2.1 ein. 2

B 2.5 Der Punkt R_2 ist der Schnittpunkt des Kreisbogens $\overset{\frown}{AD}$ mit der Symmetrieachse AC des Drachenvierecks ABCD.

Ergänzen Sie die Zeichnung zu B 2.1 um das Dreieck S_2R_2E und berechnen Sie die Länge der Strecke $[S_2R_2]$.
[Zwischenergebnis: $\sphericalangle R_2AE = \sphericalangle ER_2A = 67{,}5°$] 3

B 2.6 Die Bogenlänge b des Kreisbogens $\overset{\frown}{R_3D}$ mit dem Mittelpunkt E beträgt 3 cm.

Berechnen Sie das Maß des Winkels R_3ED und den zugehörigen Wert für x. 3

B 1.1 **TIPP** Der Scheitelpunkt der Parabel ist S(5 | −4,5). Den Formfaktor a = 0,1 entnimmt man der gegebenen Gleichung.

Einsetzen in die Scheitelform:

$$y = 0{,}1 \cdot (x-5)^2 - 4{,}5 \qquad \mathbb{G} = \mathbb{R} \times \mathbb{R}$$

$$\Leftrightarrow \quad y = 0{,}1 \cdot (x^2 - 10x + 25) - 4{,}5$$

$$\Leftrightarrow \quad y = 0{,}1x^2 - 1x + 2{,}5 - 4{,}5$$

p: $y = 0{,}1x^2 - x - 2$

Zeichnen der Parabel p, z. B. mithilfe folgender Wertetabelle:

x	−4	−2	0	2	3	4	5	6	7	8	9
$y = 0{,}1x^2 - x - 2$	3,6	0,4	−2	−3,6	−4,1	−4,4	−4,5	−4,4	−4,1	−3,6	−2,9

TIPP oder:
Man zeichnet vom Scheitel S(5 | −4,5) aus eine nach oben geöffnete und mit dem Faktor 0,1 gestauchte Parabel. D. h.: Geht man vom Punkt S aus in x-Richtung z. B. um 2 LE nach rechts, so muss man in y-Richtung um $0{,}1 \cdot 2^2$ LE = 0,4 LE nach oben gehen, um zum zugehörigen Parabelpunkt zu gelangen.

Zeichnen der Geraden g, z. B. mithilfe folgender Wertetabelle:

x	0	5
$y = -0{,}5x + 1$	1	−1,5

TIPP oder:
Die Gerade g hat die Steigung −0,5 und den y-Achsenabschnitt 1.

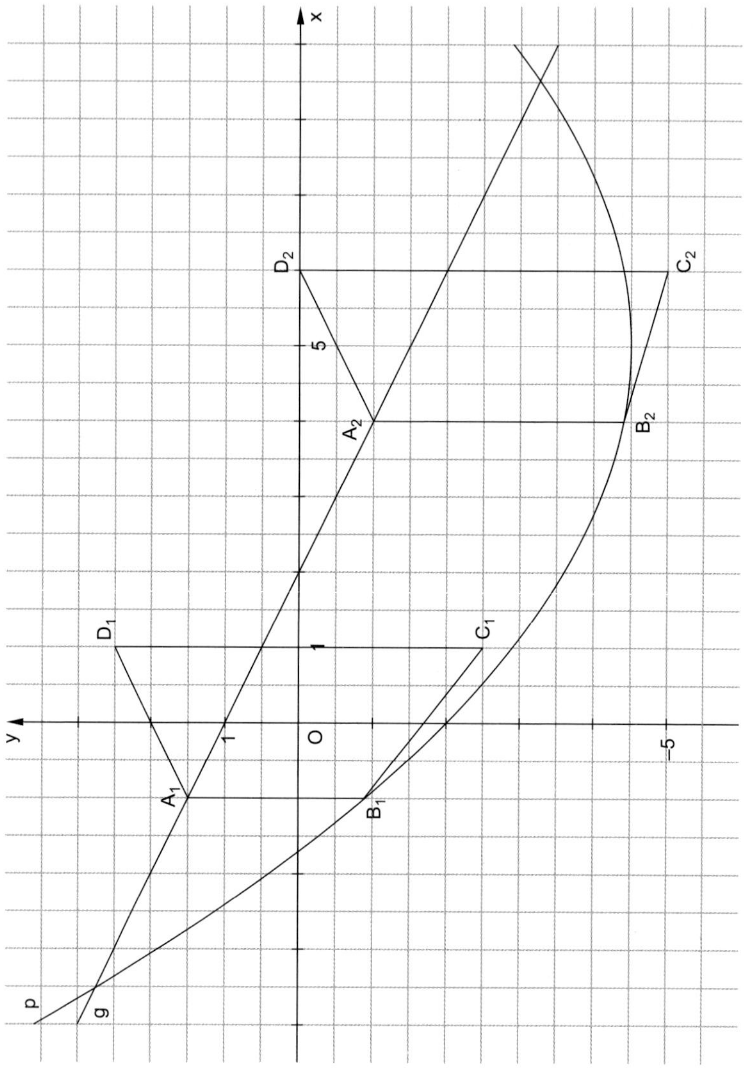

(Gedreht dargestellt)

B 1.2 Einzeichnen des Trapezes $A_1B_1C_1D_1$ für $x=-1$

TIPP
- A_1 liegt auf der Geraden g und hat die x-Koordinate –1, also $A_1(-1\,|\,1{,}5)$.
- B_1 liegt auf der Parabel p und hat ebenfalls die x-Koordinate –1, also $B_1(-1\,|\,-0{,}9)$.
- Es gilt $\overrightarrow{A_1D_1}=\begin{pmatrix}2\\1\end{pmatrix}$, also $D_1(1\,|\,2{,}5)$.
- C_1 hat dieselbe x-Koordinate wie D_1 und die y-Koordinate von C_1 ist um 5 kleiner als die von D_1, also $C_1(1\,|\,-2{,}5)$.

Einzeichnen des Trapezes $A_2B_2C_2D_2$ für $x=4$

TIPP
- A_2 liegt auf der Geraden g und hat die x-Koordinate 4, also $A_2(4\,|\,-1)$.
- B_2 liegt auf der Parabel p und hat ebenfalls die x-Koordinate 4, also $B_2(4\,|\,-4{,}4)$.
- Es gilt $\overrightarrow{A_2D_2}=\begin{pmatrix}2\\1\end{pmatrix}$, also $D_2(6\,|\,0)$.
- C_2 hat dieselbe x-Koordinate wie D_2 und die y-Koordinate von C_2 ist um 5 kleiner als die von D_2, also $C_2(6\,|\,-5)$.

B 1.3 **TIPP** Die Abszissen x müssen zwischen den beiden Schnittstellen der Parabel p mit der Geraden g liegen. Für die Schnittstellen selbst ergeben sich keine Trapeze, sondern Dreiecke. Für Abszissen x, die außerhalb der Schnittstellen liegen, befinden sich die Punkte A_n unterhalb der Punkte B_n und der Umlaufsinn stimmt somit nicht.

$$0{,}1x^2-x-2=-0{,}5x+1 \quad |+0{,}5x-1 \qquad x\in\mathbb{R}$$

$$\Leftrightarrow \quad 0{,}1x^2-0{,}5x-3=0$$

$$\Leftrightarrow \quad x=\frac{-(-0{,}5)-\sqrt{(-0{,}5)^2-4\cdot 0{,}1\cdot(-3)}}{2\cdot 0{,}1}$$

$$\vee \quad x=\frac{-(-0{,}5)+\sqrt{(-0{,}5)^2-4\cdot 0{,}1\cdot(-3)}}{2\cdot 0{,}1}$$

$$\Leftrightarrow \quad x=\frac{0{,}5-\sqrt{1{,}45}}{0{,}2} \vee x=\frac{0{,}5+\sqrt{1{,}45}}{0{,}2}$$

$$\Leftrightarrow \quad x=-3{,}52 \vee x=8{,}52$$

$\mathbb{L}=\{-3{,}52;\ 8{,}52\}$

Für $x\in\,]-3{,}52;8{,}52[$ gibt es Trapeze $A_nB_nC_nD_n$.

B 1.4 **TIPP** Die Seitenlänge $\overline{C_nD_n}$ ist stets 5 LE. Die Höhe h der Trapeze, also der Abstand der parallelen Seiten, ist stets 2 LE (x-Koordinate von $\overrightarrow{A_nD_n}$). Um den Flächeninhalt der Trapeze in Abhängigkeit von x zu bestimmen, benötigt man somit noch $\overline{A_nB_n}$. Da die Punkte A_n und B_n dieselbe x-Koordinate haben, kann $\overline{A_nB_n}$ über die y-Koordinaten berechnet werden.

$\overline{A_nB_n} = (y_{A_n} - y_{B_n})$ LE

$\overline{A_nB_n}(x) = [-0{,}5x + 1 - (0{,}1x^2 - x - 2)]$ LE $\qquad x \in \mathbb{R};\ x \in]-3{,}52; 8{,}52[$

$\overline{A_nB_n}(x) = (-0{,}5x + 1 - 0{,}1x^2 + x + 2)$ LE

$\overline{A_nB_n}(x) = (-0{,}1x^2 + 0{,}5x + 3)$ LE

Berechnung des Flächeninhalts der Trapeze:

$A = 0{,}5 \cdot (\overline{A_nB_n} + \overline{C_nD_n}) \cdot h$

$A(x) = 0{,}5 \cdot (-0{,}1x^2 + 0{,}5x + 3 + 5) \cdot 2$ FE $\qquad x \in \mathbb{R};\ x \in]-3{,}52; 8{,}52[$

$A(x) = (-0{,}1x^2 + 0{,}5x + 8)$ FE

Bestimmen des maximalen Flächeninhalts mithilfe von quadratischer Ergänzung:

$A(x) = [-0{,}1 \cdot (x^2 - 5x + 2{,}5^2 - 2{,}5^2) + 8]$ FE $\qquad x \in \mathbb{R};\ x \in]-3{,}52; 8{,}52[$

$A(x) = [-0{,}1 \cdot (x - 2{,}5)^2 + 0{,}63 + 8]$ FE

$A(x) = [-0{,}1 \cdot (x - 2{,}5)^2 + 8{,}63]$ FE

$A_{max} = 8{,}63$ FE für $x = 2{,}5$

B 1.5 Aus $x_{D_3} = 0$ folgt mithilfe von $\overrightarrow{A_3D_3} = \binom{2}{1}$:

$x_{A_3} = x_{D_3} - 2$

$x_{A_3} = 0 - 2 = -2 \qquad$ mit $x_{A_3} = x_{B_3}$

$x_{B_3} = -2$

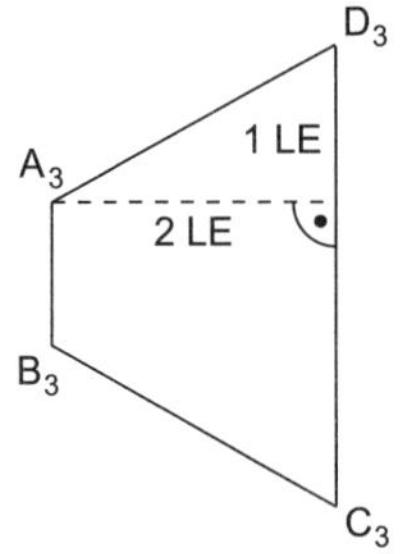

Berechnung der Koordinaten des Punktes B_3:

$B_3(-2 \mid 0{,}1 \cdot (-2)^2 - (-2) - 2)$

$B_3(-2 \mid 0{,}1 \cdot 4 + 2 - 2)$

$B_3(-2 \mid 0{,}4)$

B 1.6 Da für alle Trapeze $A_nB_nC_nD_n$ stets $\overrightarrow{A_nD_n} = \begin{pmatrix} 2 \\ 1 \end{pmatrix}$ gilt, muss für die gleichschenkligen Trapeze $A_4B_4C_4D_4$ und $A_5B_5C_5D_5$ gelten:

$\overrightarrow{B_4C_4} = \begin{pmatrix} 2 \\ -1 \end{pmatrix}$ bzw. $\overrightarrow{B_5C_5} = \begin{pmatrix} 2 \\ -1 \end{pmatrix}$

D. h., die y-Koordinate der Punkte A_4 bzw. A_5 ist um 1 kleiner als die der Punkte D_4 bzw. D_5 und die y-Koordinate der Punkte B_4 bzw. B_5 ist um 1 größer als die der Punkte C_4 bzw. C_5.

Da stets $\overline{C_nD_n} = 5\text{ LE}$ gilt, folgt:

$\overline{A_4B_4} = \overline{A_5B_5} = (5-1-1)\text{ LE} = 3\text{ LE}$

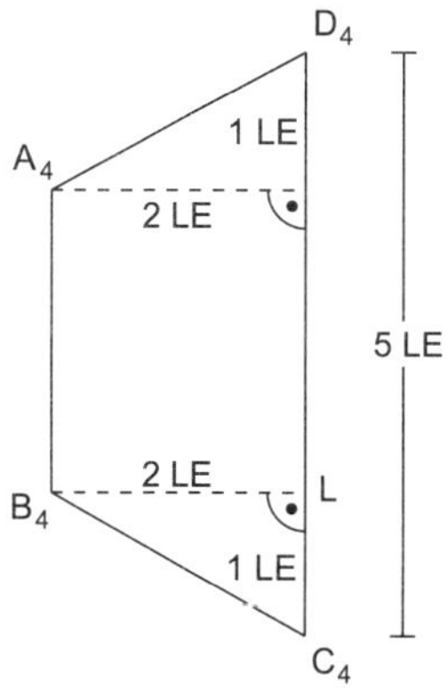

TIPP Der Punkt L sei der Fußpunkt des Lotes von B_4 bzw. B_5 auf $[C_4D_4]$ bzw. $[C_5D_5]$.
Durch $\overrightarrow{B_4C_4} = \overrightarrow{B_5C_5} = \begin{pmatrix} 2 \\ -1 \end{pmatrix}$ sind folgende Längen festgelegt (vgl. Skizze):
$\overline{B_4L} = \overline{B_5L} = 2\text{ LE}$ und $\overline{C_4L} = \overline{C_5L} = 1\text{ LE}$

Berechnung des Winkelmaßes γ der Winkel $D_4C_4B_4$ bzw. $D_5C_5B_5$ im rechtwinkligen Dreieck B_4C_4L bzw. B_5C_5L:

$$\tan\gamma = \frac{\overline{B_4L}}{\overline{C_4L}}$$

$$\tan\gamma - \frac{2}{1}$$

$$\gamma = 63{,}43°$$

B 2.1 Zeichnen des Fünfecks ABCDE mit den Strecken [AD] und [AC]

TIPP
- Man zeichnet [AB] und trägt den Winkel $\sphericalangle BAD = 45°$ am Punkt A an. Der Schnittpunkt des freien Schenkels mit dem Kreis mit Radius $\overline{AD} = 11\text{ cm}$ um den Punkt A ist der Punkt D.
- Der Punkt E ist der Schnittpunkt des Lotes auf AB durch den Punkt A mit der Parallelen zu AB durch den Punkt D.
- Da die Symmetrieachse AC den Winkel BAD halbiert, trägt man im Punkt A den Winkel $\frac{45°}{2} = 22{,}5°$ ab. Der Schnittpunkt des freien Schenkels mit dem Lot auf AB durch den Punkt B ist der Punkt C.

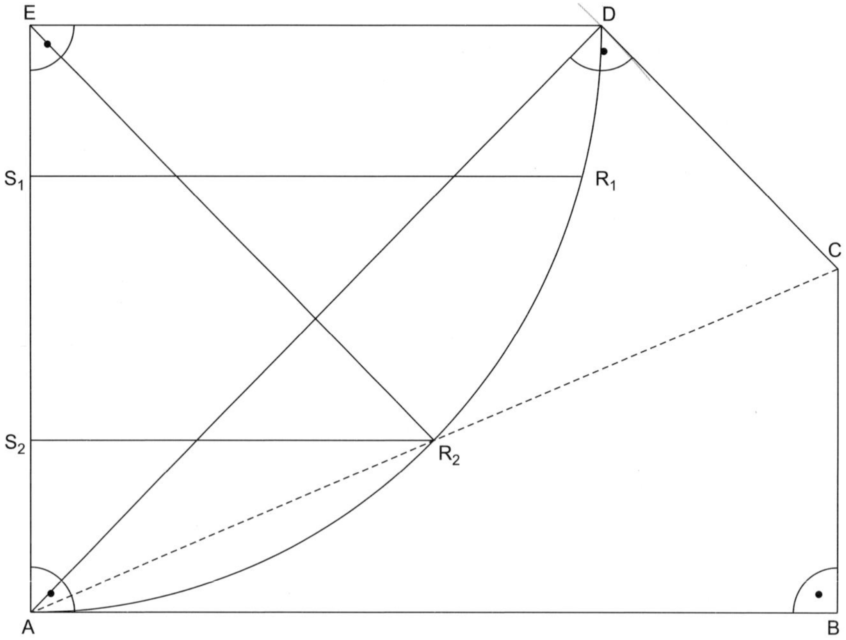

B 2.2 Da [AB] || [ED] und $\sphericalangle BAE = 90°$, gilt $\sphericalangle AED = 90°$.
Da $\sphericalangle BAD = 45°$, folgt $\sphericalangle DAE = 45°$.

Über die Winkelsumme im Dreieck ADE folgt:

$$180° = \sphericalangle EDA + \sphericalangle AED + \sphericalangle DAE$$

$$\sphericalangle EDA = 180° - 90° - 45°$$

$$\sphericalangle EDA = 45°$$

Wegen $\sphericalangle DAE = \sphericalangle EDA$ ist das Dreieck ADE gleichschenklig mit $\overline{AE} = \overline{ED}$.

Berechnung von $\sphericalangle EDC$:

$$\sphericalangle EDC = \sphericalangle EDA + \sphericalangle ADC$$

$$\sphericalangle EDC = 45° + 90°$$

$$\sphericalangle EDC = 135°$$

Berechnung der Streckenlänge $\overline{ED}$ im rechtwinkligen Dreieck ADE:

$$\sin \sphericalangle DAE = \frac{\overline{ED}}{\overline{AD}} \quad \Big| \cdot \overline{AD}$$

$$\overline{ED} = \overline{AD} \cdot \sin \sphericalangle DAE$$

$$\overline{ED} = 11\text{ cm} \cdot \sin 45°$$

$$\overline{ED} = 7{,}78\text{ cm}$$

oder:

Im gleichschenklig-rechtwinkligen Dreieck ADE gilt mit dem Satz des Pythagoras:

$$\overline{ED}^2 + \overline{AE}^2 = \overline{AD}^2 \qquad \text{mit } \overline{AE} = \overline{ED}$$

$$2 \cdot \overline{ED}^2 = \overline{AD}^2 \qquad |:2$$

$$\overline{ED}^2 = \frac{\overline{AD}^2}{2} \qquad |\sqrt{}$$

$$\overline{ED} = \frac{1}{\sqrt{2}} \cdot 11\,\text{cm}$$

$$\overline{ED} = 7{,}78\,\text{cm}$$

B 2.3 Berechnung der Streckenlänge $\overline{BC}$ im rechtwinkligen Dreieck ABC:

$$\tan \sphericalangle BAC = \frac{\overline{BC}}{\overline{AB}} \qquad |\cdot \overline{AB}$$

$$\overline{BC} = \overline{AB} \cdot \tan \sphericalangle BAC \qquad \text{mit } \sphericalangle BAC = 0{,}5 \cdot \sphericalangle BAD = 0{,}5 \cdot 45^\circ$$

$$\overline{BC} = 11\,\text{cm} \cdot \tan 22{,}5^\circ$$

$$\overline{BC} = 4{,}56\,\text{cm}$$

Berechnung des Flächeninhalts des Drachenvierecks ABCD:

> **TIPP** Das Drachenviereck setzt sich zusammen aus den beiden flächengleichen Dreiecken ABC und ACD mit dem Flächeninhalt $A_{\Delta ABC}$.

$$A_{ABCD} = 2 \cdot A_{\Delta ABC}$$

$$A_{ABCD} = 2 \cdot 0{,}5 \cdot \overline{AB} \cdot \overline{BC}$$

$$A_{ABCD} = 2 \cdot 0{,}5 \cdot 11 \cdot 4{,}56\,\text{cm}^2$$

$$A_{ABCD} = 50{,}16\,\text{cm}^2$$

oder:

> **TIPP** Die Verwendung der Formel $A_{ABCD} = 0{,}5 \cdot \overline{AC} \cdot \overline{BD}$ ist auch möglich, aber umständlicher.

Berechnung von $\overline{AC}$ im rechtwinkligen Dreieck ABC mit dem Pythagoras:

$$\overline{AC}^2 = \overline{AB}^2 + \overline{BC}^2 \qquad |\sqrt{}$$

$$\overline{AC} = \sqrt{11^2 + 4{,}56^2}\,\text{cm}$$

$$\overline{AC} = 11{,}91\,\text{cm}$$

TIPP Um die Länge der Strecke [BD] zu bestimmen, bestimmt man zunächst die Länge der Strecke [BM], wobei M der Diagonalenschnittpunkt im Drachenviereck ABCD ist.

Berechnung von $\overline{BM}$ im rechtwinkligen Dreieck ABM:

$$\sin \sphericalangle BAM = \frac{\overline{BM}}{\overline{AB}} \qquad | \cdot \overline{AB}$$

$$\overline{BM} = \overline{AB} \cdot \sin \sphericalangle BAM \qquad \text{mit } \sphericalangle BAM = 0{,}5 \cdot \sphericalangle BAD = 0{,}5 \cdot 45°$$

$$\overline{BM} = 11\text{ cm} \cdot \sin 22{,}5°$$

$$\overline{BM} = 4{,}21\text{ cm}$$

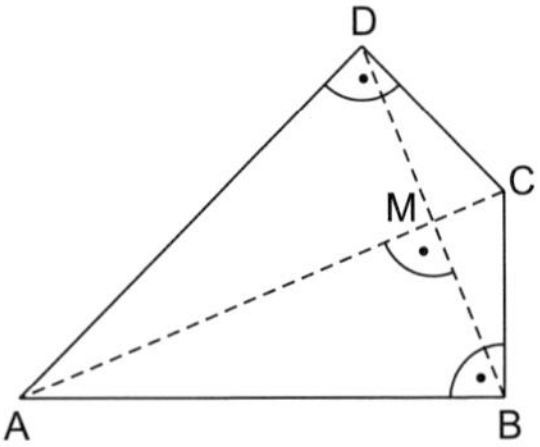

Für die Länge $\overline{BD}$ gilt dann:

$$\overline{BD} = 2 \cdot \overline{BM}$$

$$\overline{BD} = 2 \cdot 4{,}21\text{ cm}$$

$$\overline{BD} = 8{,}42\text{ cm}$$

Berechnung des Flächeninhalts des Drachenvierecks ABCD:

$$A_{ABCD} = 0{,}5 \cdot \overline{AC} \cdot \overline{BD}$$

$$A_{ABCD} = 0{,}5 \cdot 11{,}91 \cdot 8{,}42\text{ cm}^2$$

$$A_{ABCD} = 50{,}14\text{ cm}^2$$

TIPP Dieses Ergebnis weicht durch andere Rundungen vom obigen Ergebnis ab.

Berechnung des Flächeninhalts des Fünfecks ABCDE:

TIPP Das Fünfeck setzt sich zusammen aus dem Drachenviereck ABCD und dem rechtwinkligen Dreieck ADE.

$$A_{ABCDE} = A_{ABCD} + A_{\Delta ADE}$$

$$A_{ABCDE} = A_{ABCD} + 0{,}5 \cdot \overline{AE} \cdot \overline{ED}$$

$$A_{ABCDE} = (50{,}16 + 0{,}5 \cdot 7{,}78 \cdot 7{,}78)\text{ cm}^2$$

$$A_{ABCDE} = 80{,}42\text{ cm}^2$$

Berechnung des gesuchten prozentualen Anteils:

$$\frac{A_{ABCD}}{A_{ABCDE}} \cdot 100\,\% = \frac{50{,}16}{80{,}42} \cdot 100\,\% = 62{,}37\,\%$$

B 2.4 Einzeichnen des Kreisbogens $\overset{\frown}{AD}$ und der Strecke $[S_1R_1]$

B 2.5 Einzeichnen des Dreiecks S_2R_2E

> **TIPP** Man ermittelt $\overline{S_2R_2}$ mithilfe des Sinus im rechtwinkligen Dreieck S_2R_2E. Da $\overline{ER_2} = \overline{ED} = 7{,}78$ cm, benötigt man noch $\sphericalangle S_2ER_2 = \sphericalangle AER_2$. Dazu bestimmt man zunächst $\sphericalangle R_2AE$ und mithilfe der Gleichschenkligkeit des Dreiecks AR_2E schließlich $\sphericalangle AER_2$.

Bestimmen von $\sphericalangle R_2AE$:

$\sphericalangle R_2AE = 90° - 0{,}5 \cdot \sphericalangle BAD$

$\sphericalangle R_2AE = 90° - 0{,}5 \cdot 45°$

$\sphericalangle R_2AE = 67{,}5°$

Wegen $\overline{AE} = \overline{ER_2}$ ist das Dreieck AR_2E gleichschenklig und es gilt:
$\sphericalangle ER_2A = \sphericalangle R_2AE = 67{,}5°$

Daraus folgt mithilfe der Winkelsumme im Dreieck AR_2E:

$180° = \sphericalangle AER_2 + \sphericalangle ER_2A + \sphericalangle R_2AE$

$\sphericalangle AER_2 = 180° - 2 \cdot 67{,}5°$

$\sphericalangle AER_2 = 45°$

Bestimmen von $\overline{S_2R_2}$ im rechtwinkligen Dreieck S_2R_2E:

$$\sin \sphericalangle S_2ER_2 = \frac{\overline{S_2R_2}}{\overline{ER_2}} \quad \Big| \cdot \overline{ER_2}$$

$$\overline{S_2R_2} = \overline{ER_2} \cdot \sin \sphericalangle S_2ER_2 \quad \text{mit } \sphericalangle S_2ER_2 = \sphericalangle AER_2 \text{ und } \overline{ER_2} = \overline{ED}$$

$$\overline{S_2R_2} = 7{,}78 \text{ cm} \cdot \sin 45°$$

$$\overline{S_2R_2} = 5{,}50 \text{ cm}$$

B 2.6 Berechnung des zum Kreisbogen $\overset{\frown}{R_3D}$ gehörigen Mittelpunktswinkel $\sphericalangle R_3ED$:

$$\frac{b}{2 \cdot r \cdot \pi} = \frac{\sphericalangle R_3ED}{360°} \quad \Big| \cdot 360°$$

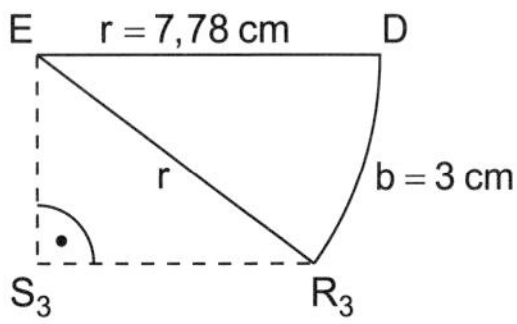

$$\sphericalangle R_3ED = \frac{b \cdot 360°}{2 \cdot r \cdot \pi}$$

$$\sphericalangle R_3ED = \frac{3 \cdot 360°}{2 \cdot 7{,}78 \cdot \pi}$$

$$\sphericalangle R_3ED = 22{,}09°$$

TIPP Um den zugehörigen Wert für x zu ermitteln, bestimmt man zunächst $\sphericalangle S_3ER_3$.

$\sphericalangle S_3ER_3 = 90° - \sphericalangle R_3ED$

$\sphericalangle S_3ER_3 = 90° - 22{,}09°$

$\sphericalangle S_3ER_3 = 67{,}91°$

Berechnung des Wertes für x im rechtwinkligen Dreieck ES_3R_3:

$\cos \sphericalangle S_3ER_3 = \frac{\overline{ES_3}}{\overline{ER_3}}$ mit $\overline{ES_3} = x$ cm und $\overline{ER_3} = \overline{ED}$

$\cos 67{,}91° = \frac{x}{7{,}78}$ $\quad | \cdot 7{,}78 \quad x \in \mathbb{R};\ x \in]0; 7{,}78[$

$\Leftrightarrow \quad x = 7{,}78 \cdot \cos 67{,}91°$

$\Leftrightarrow \quad x = 2{,}93$

$\mathbb{L} = \{2{,}93\}$

Bayern ▪ Realschule ▪ Abschlussprüfung 2021
Mathematik II/III – Teil A – mit Taschenrechner

Aufgabe A 1

BE

A 1.0 Die nebenstehende Skizze zeigt die Figur, die durch die Strecken [AB] und [AC] sowie den Kreisbogen $\overset{\frown}{BC}$ mit dem Mittelpunkt M und dem Radius $r = \overline{MB}$ begrenzt wird.

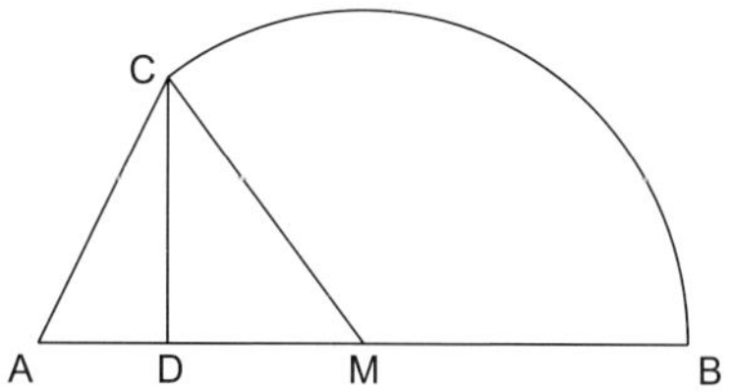

Es gilt:
$\overline{AD} = 2$ cm; $\overline{MA} = \overline{MB} = \overline{MC} = 5$ cm; $\sphericalangle MDC = 90°$.

Runden Sie im Folgenden auf zwei Stellen nach dem Komma.

A 1.1 Berechnen Sie das Maß des Winkels CMD und die Länge b des Kreisbogens $\overset{\frown}{BC}$.
[Teilergebnis: $\sphericalangle CMD = 53{,}13°$] 3

A 1.2 Ermitteln Sie rechnerisch den Flächeninhalt der Figur aus A 1.0. 2

Aufgabe A 2

A 2.0 Gegeben sind die Parabel p mit der Gleichung $y = 0{,}25x^2 - 3x + 8$ und die Gerade g mit der Gleichung $y = -0{,}25x + 6{,}5$.
Es gilt: $\mathbb{G} = \mathbb{R} \times \mathbb{R}$.

Die Punkte A und B sind die Schnittpunkte der Parabel p und der Geraden g.

Runden Sie im Folgenden auf zwei Stellen nach dem Komma.

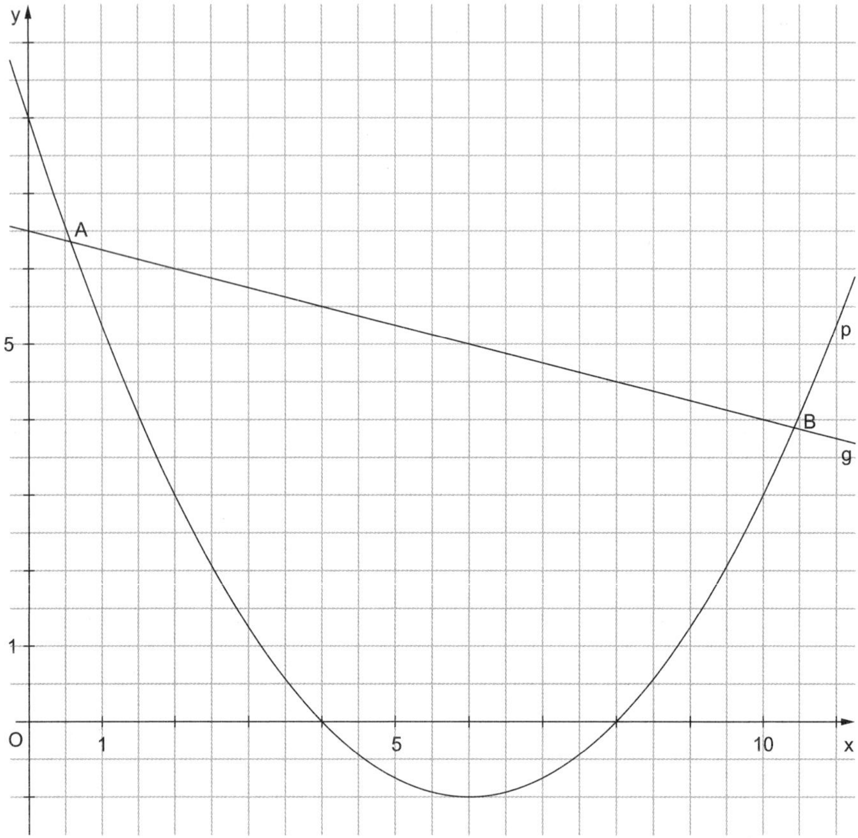

A 2.1 Berechnen Sie die Koordinaten der Punkte A und B. 3

A 2.2 Punkte $P_n(x\,|\,0{,}25x^2-3x+8)$ auf p und Punkte $Q_n(x\,|\,-0{,}25x+6{,}5)$ auf g haben dieselbe Abszisse x. Für die Strecken $[P_nQ_n]$ gilt: $y_{Q_n} > y_{P_n}$.
Die Mittelpunkte M_n der Strecken $[P_nQ_n]$ sind zugleich Mittelpunkte von Kreisen k_n mit den Durchmessern $\overline{P_nQ_n}$.
Zeichnen Sie die Strecke $[P_1Q_1]$ sowie den Mittelpunkt M_1 und den Kreis k_1 mit dem Durchmesser $\overline{P_1Q_1}$ für $x=7$ in das Koordinatensystem zu A 2.0 ein. 2

A 2.3 Zeigen Sie rechnerisch, dass für die Länge der Strecken $[P_nQ_n]$ in Abhängigkeit von der Abszisse x der Punkte P_n gilt:
$\overline{P_nQ_n}(x) = (-0{,}25x^2 + 2{,}75x - 1{,}5)$ LE. 1

A 2.4 Unter den Kreisen k_n gibt es einen Kreis k_0 mit maximalem Umfang u_{max}.
Berechnen Sie u_{max}. 2

A 2.5 Ein Kreis k_3 hat den 4-fachen Durchmesser eines Kreises k_2.
Hat k_3 dann den 16-fachen Flächeninhalt von k_2?
Begründen Sie Ihre Antwort. 2

Aufgabe A 3

A 3 Die nebenstehende Skizze zeigt den Axialschnitt ABCDEF eines Körpers mit der Rotationsachse GK. Der Punkt G ist der Schnittpunkt der Geraden CD und FE.

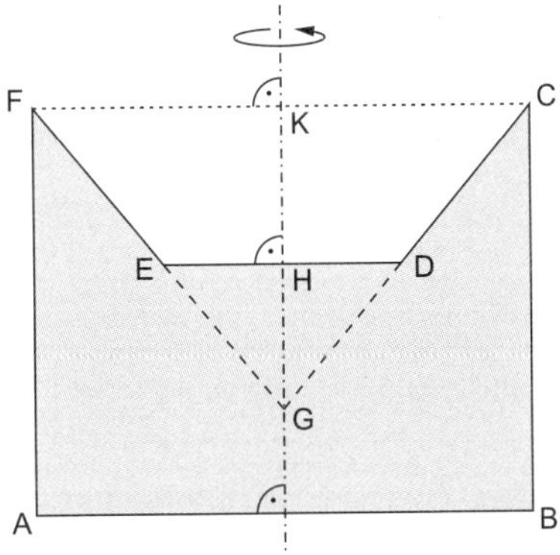

Es gilt:
$\overline{AB} = \overline{CF} = 5\text{ cm}$;
$\overline{AF} = \overline{BC} = 4\text{ cm}$;
$\overline{ED} = 2{,}4\text{ cm}$;
$\sphericalangle GFK = 50°$;
$[AF] \parallel [GK] \parallel [BC]$.

Berechnen Sie das Volumen des Rotationskörpers auf zwei Stellen nach dem Komma gerundet.
[Zwischenergebnisse: $GK = 2{,}98\text{ cm}$; $\overline{GH} = 1{,}43\text{ cm}$] 5

Lösungsvorschlag

A 1.1 **TIPP** Um $\sphericalangle CMD$ im rechtwinkligen Dreieck DMC zu berechnen, ermittelt man zunächst $\overline{DM}$.

Bestimmung der Länge von [DM]:

$$\overline{DM} = \overline{MA} - \overline{AD}$$

$$\overline{DM} = 5\text{ cm} - 2\text{ cm}$$

$$\overline{DM} = 3\text{ cm}$$

Im rechtwinkligen Dreieck DMC gilt:

$$\cos \sphericalangle CMD = \frac{\overline{DM}}{\overline{MC}}$$

$$\cos \sphericalangle CMD = \frac{3}{5}$$

$$\sphericalangle CMD = 53{,}13°$$

TIPP Für die Berechnung der Länge des Kreisbogens $\overset{\frown}{BC}$ benötigt man das Maß des Winkels BMC.

Bestimmung des Winkelmaßes $\sphericalangle BMC$:

$$\sphericalangle BMC = 180° - \sphericalangle CMD \qquad \text{(Ergänzungswinkel)}$$

$$\sphericalangle BMC = 180° - 53{,}13°$$

$$\sphericalangle BMC = 126{,}87°$$

Berechnung der Länge b des Kreisbogens $\overset{\frown}{BC}$:

$$b = \frac{\sphericalangle BMC}{360°} \cdot 2 \cdot \overline{MB} \cdot \pi$$

$$b = \frac{126{,}87°}{360°} \cdot 2 \cdot 5\text{ cm} \cdot \pi$$

$$b = 11{,}07\text{ cm}$$

A 1.2 **TIPP** Die Figur setzt sich zusammen aus dem Sektor BMC und dem Dreieck AMC.

Berechnung des Flächeninhalts der gegebenen Figur:

$$A_{Figur} = A_{Sektor_{BMC}} + A_{\Delta AMC}$$

$$A_{Figur} = \frac{\sphericalangle BMC}{360°} \cdot \overline{MB}^2 \cdot \pi + \frac{1}{2} \cdot \overline{MC} \cdot \overline{MA} \cdot \sin\sphericalangle CMA \qquad \text{mit } \sphericalangle CMA = \sphericalangle CMD$$

$$A_{Figur} = \left(\frac{126{,}87°}{360°} \cdot 5^2 \cdot \pi + \frac{1}{2} \cdot 5 \cdot 5 \cdot \sin 53{,}13°\right) cm^2$$

$$A_{Figur} = 37{,}68 \text{ cm}^2$$

oder:

TIPP Man kann den Flächeninhalt des Dreiecks AMC auch mit der Formel $A_{\Delta AMC} = \frac{1}{2} \cdot g \cdot h$ berechnen, also $A_{\Delta AMC} = \frac{1}{2} \cdot \overline{MA} \cdot \overline{CD}$. Dazu berechnet man zunächst die Länge $\overline{CD}$.

Berechnung von $\overline{CD}$ im rechtwinkligen Dreieck DMC:

$$\sin\sphericalangle CMD = \frac{\overline{CD}}{\overline{MC}} \qquad | \cdot \overline{MC}$$

$$\overline{CD} = \overline{MC} \cdot \sin\sphericalangle CMD$$

$$\overline{CD} = 5 \text{ cm} \cdot \sin 53{,}13°$$

$$\overline{CD} = 4{,}00 \text{ cm}$$

Berechnung des Flächeninhalts des Dreiecks AMC:

$$A_{\Delta AMC} = \frac{1}{2} \cdot \overline{MA} \cdot \overline{CD}$$

$$A_{\Delta AMC} = \frac{1}{2} \cdot 5 \cdot 4{,}00 \text{ cm}^2$$

$$A_{\Delta AMC} = 10{,}00 \text{ cm}^2$$

Berechnung des Flächeninhalts der gegebenen Figur:

$$A_{Figur} = A_{Sektor_{BMC}} + A_{\Delta AMC}$$

$$A_{Figur} = \left(\frac{126{,}87°}{360°} \cdot 5^2 \cdot \pi + 10{,}00\right) cm^2$$

$$A_{Figur} = 37{,}68 \text{ cm}^2$$

A 2.0

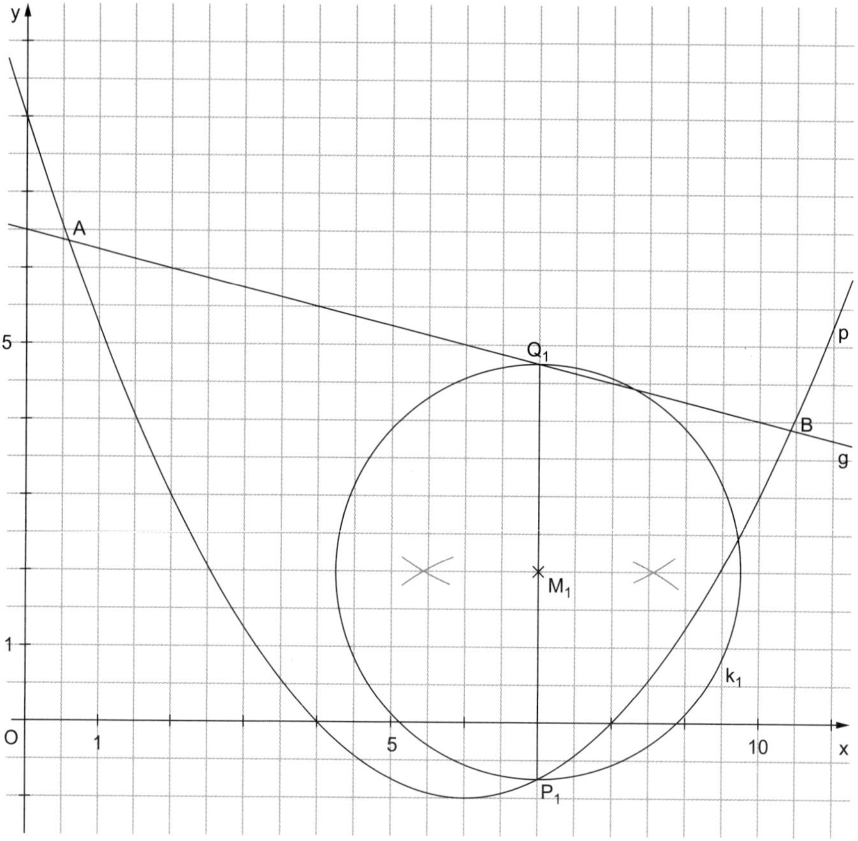

A 2.1 Berechnung der x-Koordinaten der Schnittpunkte von p und g:

$$0,25x^2 - 3x + 8 = -0,25x + 6,5 \qquad \left| +0,25x - 6,5 \right. \qquad x \in \mathbb{R}$$

$$\Leftrightarrow \quad 0,25x^2 - 2,75x + 1,5 = 0$$

$$\Leftrightarrow \quad x = \frac{2,75 - \sqrt{(-2,75)^2 - 4 \cdot 0,25 \cdot 1,5}}{2 \cdot 0,25} \vee$$

$$x = \frac{2,75 + \sqrt{(-2,75)^2 - 4 \cdot 0,25 \cdot 1,5}}{2 \cdot 0,25}$$

$$\Leftrightarrow \quad x = 0,58 \vee x = 10,42$$

$$\mathbb{L} = \{0,58;\ 10,42\}$$

Koordinaten des Punktes A:
$A(0{,}58 \mid -0{,}25 \cdot 0{,}58 + 6{,}5)$
$A(0{,}58 \mid 6{,}36)$

Koordinaten des Punktes B:
$B(10{,}42 \mid -0{,}25 \cdot 10{,}42 + 6{,}5)$
$B(10{,}42 \mid 3{,}90)$

A 2.2 Einzeichnen der Strecke $[P_1Q_1]$ sowie des Punktes M_1 und des Kreises k_1

TIPP
- P_1 hat die x-Koordinate 7 und liegt auf p.
- Q_1 hat die x-Koordinate 7 und liegt auf g.
- M_1 ist der Mittelpunkt der Strecke $[P_1Q_1]$.
- k_1 ist der Kreis um den Mittelpunkt M_1 mit dem Radius $\overline{M_1Q_1}$.

A 2.3

TIPP Da die Punkte P_n und Q_n jeweils dieselbe x-Koordinate haben und $y_{Q_n} > y_{P_n}$ ist, gilt: $\overline{P_nQ_n} = y_{Q_n} - y_{P_n}$

$\overline{P_nQ_n}(x) = [-0{,}25x + 6{,}5 - (0{,}25x^2 - 3x + 8)]$ LE $\qquad x \in \mathbb{R};\ x \in\,]0{,}58; 10{,}42[$
$\overline{P_nQ_n}(x) = (-0{,}25x^2 + 2{,}75x - 1{,}5)$ LE

A 2.4

TIPP Der Umfang wird maximal, wenn der Kreisdurchmesser, also $\overline{P_nQ_n}(x)$ maximal wird.

Umschreiben in Scheitelpunktform durch quadratische Ergänzung:
$\overline{P_nQ_n}(x) = (-0{,}25x^2 + 2{,}75x - 1{,}5)$ LE $\qquad x \in \mathbb{R};\ x \in\,]0{,}58; 10{,}42[$
$\overline{P_nQ_n}(x) = [-0{,}25(x^2 - 11x + 5{,}5^2 - 5{,}5^2) - 1{,}5]$ LE
$\overline{P_nQ_n}(x) = [-0{,}25(x - 5{,}5)^2 + 7{,}56 - 1{,}5]$ LE
$\overline{P_nQ_n}(x) = [-0{,}25(x - 5{,}5)^2 + 6{,}06]$ LE

Somit beträgt der maximale Kreisdurchmesser:
$\overline{P_nQ_n}_{max} = 6{,}06$ LE

Berechnung des maximalen Umfangs:
$u_{max} = \overline{P_nQ_n}_{max} \cdot \pi = 6{,}06 \text{ LE} \cdot \pi = 19{,}04$ LE

A 2.5 k_3 hat den 16-fachen Flächeninhalt von k_2, denn:
Aus $d_3 = 4 \cdot d_2$ folgt $r_3 = 4 \cdot r_2$.
Somit gilt: $A_3 = r_3{}^2 \cdot \pi = (4 \cdot r_2)^2 \cdot \pi = 16 \cdot r_2{}^2 \cdot \pi = 16 \cdot A_2$.

oder:

Wenn der Durchmesser vervierfacht wird, vervierfacht sich auch der Radius. Da der Flächeninhalt vom Quadrat des Radius abhängt, versechzehnfacht sich die Fläche.

A 3

> **TIPP** Den Rotationskörper erhält man, indem man aus einem Zylinder (Rotation des Rechtecks ABCF um GK) einen großen Kegel (Rotation des Dreiecks FGC um GK) herausnimmt und einen kleinen Kegel (Rotation des Dreiecks EGD um GK) wieder einsetzt.
>
> Um das Volumen des großen Kegels berechnen zu können, benötigt man dessen Höhe $\overline{GK}$.
>
> Um das Volumen des kleinen Kegels berechnen zu können, benötigt man dessen Höhe $\overline{GH}$.

Berechnung von $\overline{GK}$ im rechtwinkligen Dreieck FGK:

$$\tan\sphericalangle GFK = \frac{\overline{GK}}{\overline{KF}} \qquad | \cdot \overline{KF}$$

$$\overline{GK} = \overline{KF} \cdot \tan\sphericalangle GFK \qquad \text{mit } \overline{KF} = 0{,}5 \cdot \overline{CF}$$

$$\overline{GK} = 0{,}5 \cdot 5\text{ cm} \cdot \tan 50°$$

$$\overline{GK} = 2{,}98\text{ cm}$$

Berechnung von $\overline{GH}$ im rechtwinkligen Dreieck EGH:

$$\tan\sphericalangle GEH = \frac{\overline{GH}}{\overline{HE}} \qquad | \cdot \overline{HE}$$

$$\overline{GH} = \overline{HE} \cdot \tan\sphericalangle GEH \qquad \text{mit } \sphericalangle GEH = \sphericalangle GFK \text{ (Stufenwinkel) und } \overline{HE} = 0{,}5 \cdot \overline{ED}$$

$$\overline{GH} = 0{,}5 \cdot 2{,}4\text{ cm} \cdot \tan 50°$$

$$\overline{GH} = 1{,}43\text{ cm}$$

oder:

Berechnung von $\overline{GH}$ mithilfe des Strahlensatzes:

$$\frac{\overline{GH}}{\overline{GK}} = \frac{\overline{ED}}{\overline{CF}} \qquad \Big| \cdot \overline{GK}$$

$$\overline{GH} = \frac{\overline{ED} \cdot \overline{GK}}{\overline{CF}}$$

$$\overline{GH} = \frac{2{,}4 \cdot 2{,}98}{5}\,\text{cm}$$

$$\overline{GH} = 1{,}43\,\text{cm}$$

Berechnung des Volumens V des beschriebenen Rotationskörpers:

$$V = V_{\text{Zylinder}} - V_{\text{Kegel groß}} + V_{\text{Kegel klein}}$$

$$V = \overline{KF}^2 \cdot \pi \cdot \overline{AF} - \frac{1}{3} \cdot \overline{KF}^2 \cdot \pi \cdot \overline{GK} + \frac{1}{3} \cdot \overline{HE}^2 \cdot \pi \cdot \overline{GH}$$

$$V = \left[(0{,}5 \cdot 5)^2 \cdot \pi \cdot 4 - \frac{1}{3} \cdot (0{,}5 \cdot 5)^2 \cdot \pi \cdot 2{,}98 + \frac{1}{3} \cdot (0{,}5 \cdot 2{,}4)^2 \cdot \pi \cdot 1{,}43 \right] \text{cm}^3$$

$$V = 61{,}19\,\text{cm}^3$$

TIPP Berechnet man die Volumina der Teilkörper separat, so erhält man:

$V_{\text{Zylinder}} = 78{,}54\,\text{cm}^3$

$V_{\text{Kegel groß}} = 19{,}50\,\text{cm}^3$

$V_{\text{Kegel klein}} = 2{,}16\,\text{cm}^3$

$V = 78{,}54\,\text{cm}^3 - 19{,}50\,\text{cm}^3 + 2{,}16\,\text{cm}^3 = 61{,}20\,\text{cm}^3$

Aufgabe B 1

BE

B 1.0 Die nebenstehende Skizze zeigt das Fünfeck ABCDE.

Es gilt:
$\overline{AB} = 7$ cm;
$\overline{AE} = 8$ cm;
$\overline{DE} = 4$ cm;
$\overline{CE} = 11$ cm;
$\overline{CD} = 9$ cm;
$\sphericalangle BAE = 90°$;
$\sphericalangle AED = 128°$.

Runden Sie im Folgenden auf zwei Stellen nach dem Komma.

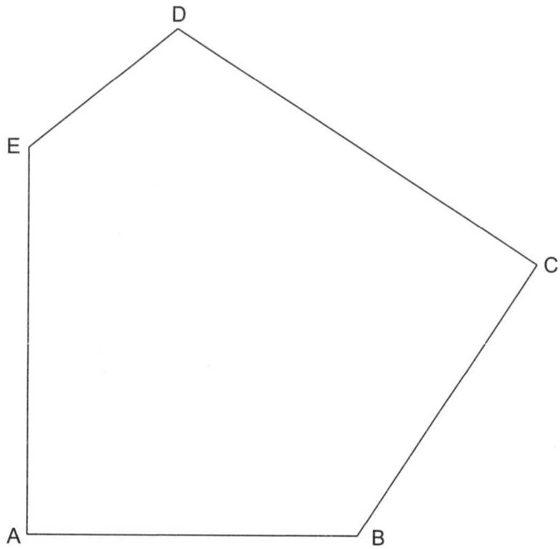

B 1.1 Zeichnen Sie das Fünfeck ABCDE sowie die Strecken [BE] und [CE]. Berechnen Sie sodann die Länge der Strecke [BE] und das Maß des Winkels AEB.

[Teilergebnisse: $\overline{BE} = 10{,}63$ cm; $\sphericalangle AEB = 41{,}19°$] 4

B 1.2 Ermitteln Sie durch Rechnung den Flächeninhalt des Vierecks ABCE.

[Zwischenergebnis: $\sphericalangle BEC = 36{,}33°$] 4

B 1.3 Zeigen Sie rechnerisch, dass für die Länge der Strecke [BC] und das Maß des Winkels ECB gilt: $\overline{BC} = 6{,}75$ cm; $\sphericalangle ECB = 68{,}90°$. 2

B 1.4 Die Punkte $F \in [CE]$ und $G \in [BE]$ legen die Strecke [FG] fest, wobei gilt: $[FG] \parallel [BC]$ und $\overline{CF} = 3$ cm.

Ergänzen Sie die Strecke [FG] in der Zeichnung zu B 1.1 und berechnen Sie den Flächeninhalt des Vierecks BCFG. 4

B 1.5 Ein Kreis mit dem Mittelpunkt A berührt die Strecke [BE] im Punkt R. Er schneidet die Strecke [AB] im Punkt Q und die Strecke [AE] im Punkt S.

Zeichnen Sie den Kreisbogen $\overset{\frown}{QS}$ und den Punkt R in die Zeichnung zu B 1.1 ein.

Ermitteln Sie sodann rechnerisch den Flächeninhalt des Sektors, der von den Strecken [AQ] und [AS] sowie dem Kreisbogen $\overset{\frown}{QS}$ begrenzt wird.

[Zwischenergebnis: $\overline{AR} = 5{,}27$ cm] 3

Aufgabe B 2

B 2.0 Die nebenstehende Skizze zeigt ein Schrägbild der Pyramide ABCS mit der Höhe [MS], deren Grundfläche das gleichschenklige Dreieck ABC ist. M ist der Mittelpunkt der Basis [BC].

Es gilt:

$\overline{AM} = 9$ cm; $\overline{BC} = 12$ cm;

$\overline{MS} = 10$ cm.

Runden Sie im Folgenden auf zwei Stellen nach dem Komma.

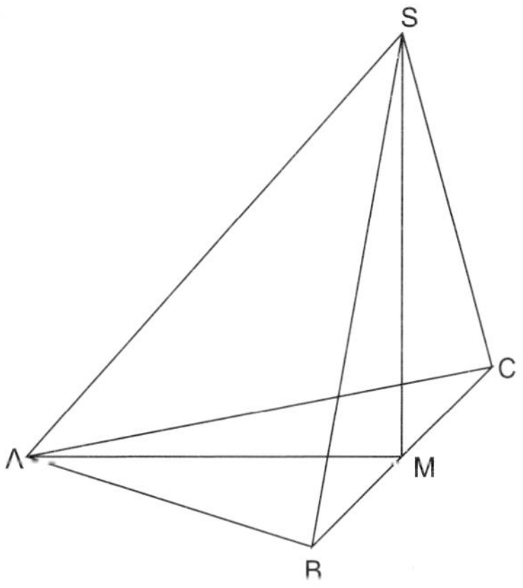

B 2.1 Zeichnen Sie das Schrägbild der Pyramide ABCS, wobei die Strecke [AM] auf der Schrägbildachse und der Punkt A links vom Punkt M liegen soll.

Für die Zeichnung gilt: $q = \frac{1}{2}$; $\omega = 45°$. 2

B 2.2 Berechnen Sie die Länge der Strecke [AS], das Maß des Winkels MAS sowie das Volumen der Pyramide ABCS.

[Ergebnisse: $\overline{AS} = 13{,}45$ cm; $\sphericalangle MAS = 48{,}01°$; $V_{ABCS} = 180\text{ cm}^3$] 3

B 2.3 Für den Punkt $D \in [AS]$ gilt: $\overline{AD} = 4$ cm.

Zeichnen Sie die Strecke [DM] in das Schrägbild zu B 2.1 ein und berechnen Sie das Maß des Winkels DMA. 3

B 2.4 Für Punkte R_n auf der Strecke [MS] gilt:
$\overline{SR_n} = x$ cm $(x \in \mathbb{R};\ 0 < x < 10)$.

Parallelen zur Strecke [BC] durch die Punkte R_n schneiden die Strecke [BS] in den Punkten P_n und die Strecke [CS] in den Punkten Q_n. Die Dreiecke P_nMQ_n sind die Grundflächen von Pyramiden P_nMQ_nD mit der Höhe [DF], wobei $F \in [MS]$ gilt.

Zeichnen Sie die Pyramide P_1MQ_1D und die Höhe [DF] für $x = 5$ in das Schrägbild zu B 2.1 ein. 2

B 2.5 Zeigen Sie rechnerisch, dass für das Volumen V der Pyramiden P_nMQ_nD in Abhängigkeit von x gilt: $V(x) = (-1{,}26x^2 + 12{,}64x)$ cm³.
[Zwischenergebnis: $\overline{DF} = 6{,}32$ cm] 4

B 2.6 Es gibt Pyramiden P_2MQ_2D und P_3MQ_3D, deren Volumen jeweils um 90 % kleiner ist als das Volumen der Pyramide ABCS.

Berechnen Sie die zugehörigen x-Werte. 3

Lösungsvorschlag

B 1.1 Zeichnen des Fünfecks ABCDE sowie der Strecken [BE] und [CE]

TIPP
- Zunächst zeichnet man [AB] mit $\overline{AB} = 7$ cm.
- Es gilt $\sphericalangle BAE = 90°$ und $\overline{AE} = 8$ cm. Hiermit erhält man den Punkt E.
- Es gilt $\sphericalangle AED = 128°$ und $\overline{DE} = 4$ cm. Hiermit erhält man den Punkt D.
- Es gilt $\overline{CE} = 11$ cm und $\overline{CD} = 9$ cm. C ist somit einer der Schnittpunkte des Kreises um E mit dem Radius 11 cm und des Kreises um D mit dem Radius 9 cm.

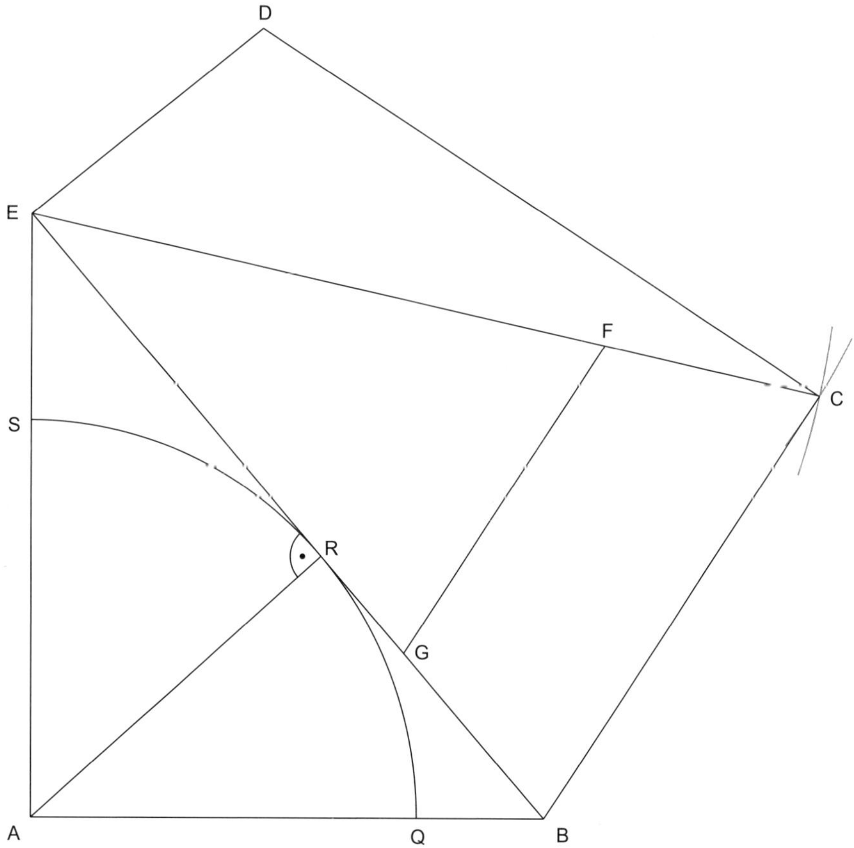

Berechnung von $\overline{BE}$ mithilfe des Pythagoras im rechtwinkligen Dreieck ABE:

$$\overline{BE}^2 = \overline{AB}^2 + \overline{AE}^2 \qquad |\sqrt{}$$

$$\overline{BE} = \sqrt{7^2 + 8^2}\ \text{cm}$$

$$\overline{BE} = 10{,}63\ \text{cm}$$

Bestimmung von $\sphericalangle AEB$ im rechtwinkligen Dreieck ABE:

$$\tan \sphericalangle AEB = \frac{\overline{AB}}{\overline{AE}}$$

$$\tan \sphericalangle AEB = \frac{7}{8}$$

$$\sphericalangle AEB = 41{,}19°$$

TIPP ∢AEB kann auch mithilfe des sin bzw. cos im rechtwinkligen Dreieck ABE berechnet werden, da alle drei Seitenlängen des Dreiecks bekannt sind.

B 1.2 **TIPP** Man berechnet den Flächeninhalt des Vierecks ABCE, indem man es in zwei Dreiecke zerlegt. Es gilt:
$A_{ABCE} = A_{\Delta ABE} + A_{\Delta BCE}$
$A_{\Delta ABE}$ kann ohne Zwischenschritte berechnet werden.
Um $A_{\Delta BCE}$ zu ermitteln, benötigt man ∢BEC.
Hierzu ermittelt man zunächst ∢CED und dann mithilfe von
∢BEC = ∢AED – ∢AEB – ∢CED den benötigten Winkel.

Berechnung von $\sphericalangle CED$ mithilfe des Kosinussatzes im Dreieck ECD:

$$\overline{CD}^2 = \overline{CE}^2 + \overline{DE}^2 - 2 \cdot \overline{CE} \cdot \overline{DE} \cdot \cos \sphericalangle CED$$

$$\cos \sphericalangle CED = \frac{\overline{CE}^2 + \overline{DE}^2 - \overline{CD}^2}{2 \cdot \overline{CE} \cdot \overline{DE}}$$

$$\cos \sphericalangle CED = \frac{11^2 + 4^2 - 9^2}{2 \cdot 11 \cdot 4}$$

$$\sphericalangle CED = 50{,}48°$$

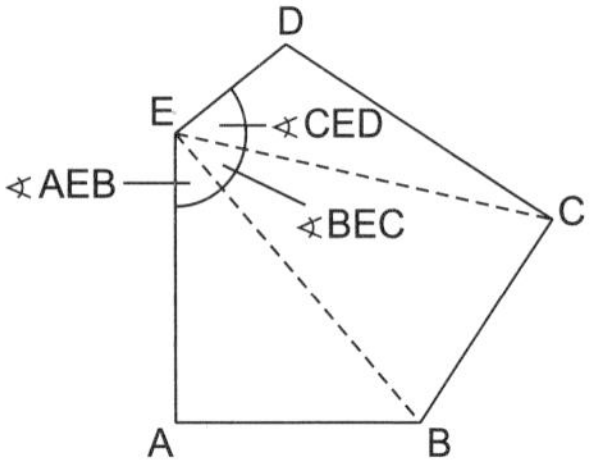

Berechnung von $\sphericalangle BEC$:

$$\sphericalangle BEC = \sphericalangle AED - \sphericalangle AEB - \sphericalangle CED$$

$$\sphericalangle BEC = 128° - 41{,}19° - 50{,}48°$$

$$\sphericalangle BEC = 36{,}33°$$

Berechnung des Flächeninhalts des Vierecks ABCE:

$$A_{ABCE} = A_{\Delta ABE} + A_{\Delta BCE}$$

$$A_{ABCE} = \frac{1}{2} \cdot \overline{AB} \cdot \overline{AE} + \frac{1}{2} \cdot \overline{BE} \cdot \overline{CE} \cdot \sin \sphericalangle BEC$$

$$A_{ABCE} = \left(\frac{1}{2} \cdot 7 \cdot 8 + \frac{1}{2} \cdot 10{,}63 \cdot 11 \cdot \sin 36{,}33° \right) \text{cm}^2$$

$$A_{ABCE} = 62{,}64 \text{ cm}^2$$

B 1.3 Berechnung von $\overline{BC}$ mithilfe des Kosinussatzes im Dreieck BCE:

$$\overline{BC}^2 = \overline{BE}^2 + \overline{CE}^2 - 2 \cdot \overline{BE} \cdot \overline{CE} \cdot \cos \sphericalangle BEC \qquad |\sqrt{}$$

$$\overline{BC} = \sqrt{10{,}63^2 + 11^2 - 2 \cdot 10{,}63 \cdot 11 \cdot \cos 36{,}33°} \text{ cm}$$

$$\overline{BC} = 6{,}75 \text{ cm}$$

Bestimmung von $\sphericalangle ECB$ mithilfe des Sinussatzes im Dreieck BCE:

$$\frac{\sin \sphericalangle ECB}{\overline{BE}} = \frac{\sin \sphericalangle BEC}{\overline{BC}} \qquad | \cdot \overline{BE}$$

$$\sin \sphericalangle ECB = \frac{\overline{BE}}{\overline{BC}} \cdot \sin \sphericalangle BEC$$

$$\sin \sphericalangle ECB = \frac{10{,}63}{6{,}75} \cdot \sin 36{,}33°$$

$$\sphericalangle ECB = 68{,}90°$$

B 1.4 Einzeichnen der Strecke [FG]

TIPP
- Zunächst zeichnet man [CE] und [BE] ein.
- F liegt auf [CE] und es gilt $\overline{CF} = 3$ cm. Hiermit erhält man den Punkt F.
- G ist der Schnittpunkt der Parallelen zu BC durch den Punkt F mit der Strecke [BE].

TIPP Bemerkung zur Berechnung des Flächeninhalts:
Das Viereck BCFG ist ein Trapez. Zur Berechnung seines Flächeninhalts benötigt man noch die Seitenlänge $\overline{FG}$ und die Höhe h des Trapezes.

Berechnung von $\overline{FG}$ mithilfe des Strahlensatzes:

$$\frac{\overline{FG}}{\overline{BC}} = \frac{\overline{EF}}{\overline{CE}} \qquad \Big| \cdot \overline{BC}$$

$$\overline{FG} = \frac{\overline{EF} \cdot \overline{BC}}{\overline{CE}} \qquad \text{mit } \overline{EF} = \overline{CE} - \overline{CF}$$

$$\overline{FG} = \frac{(11-3) \cdot 6{,}75}{11} \text{ cm}$$

$$\overline{FG} = 4{,}91 \text{ cm}$$

Berechnung der Höhe h des Trapezes BCFG im rechtwinkligen Dreieck FLC (vgl. Skizze):

$$\sin \sphericalangle ECB = \frac{h}{\overline{CF}} \qquad \Big| \cdot \overline{CF}$$

$$h = \overline{CF} \cdot \sin \sphericalangle ECB$$

$$h = 3 \text{ cm} \cdot \sin 68{,}90°$$

$$h = 2{,}80 \text{ cm}$$

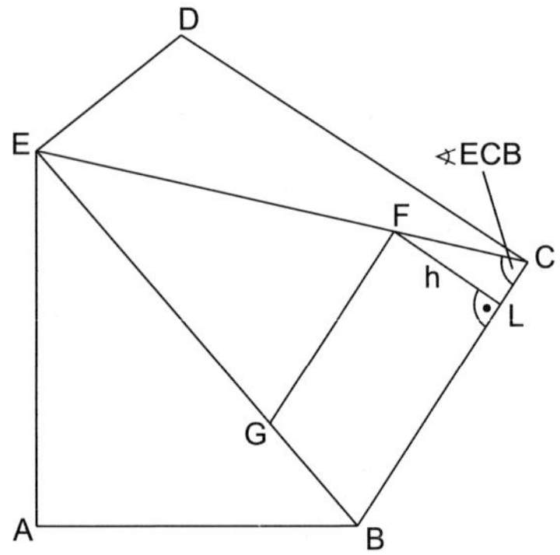

Berechnung von A_{BCFG}:

$$A_{BCFG} = \frac{1}{2} \cdot (\overline{BC} + \overline{FG}) \cdot h$$

$$A_{BCFG} = \frac{1}{2} \cdot (6{,}75 + 4{,}91) \cdot 2{,}80 \text{ cm}^2$$

$$A_{BCFG} = 16{,}32 \text{ cm}^2$$

oder:

TIPP Es gilt: $A_{BCFG} = A_{\Delta BCE} - A_{\Delta GFE}$
$A_{\Delta BCE}$ wird wie in Teilaufgabe B 1.2 berechnet.
Um den Flächeninhalt des Dreiecks GFE zu bestimmen, benötigt man noch $\overline{EG}$.

Berechnung von $\overline{EG}$ mithilfe des Strahlensatzes:

$$\frac{\overline{EG}}{\overline{BE}} = \frac{\overline{EF}}{\overline{CE}} \qquad \Big| \cdot \overline{BE}$$

$$\overline{EG} = \frac{\overline{EF} \cdot \overline{BE}}{\overline{CE}} \qquad \text{mit } \overline{EF} = \overline{CE} - \overline{CF}$$

$$\overline{EG} = \frac{(11-3) \cdot 10{,}63}{11} \text{ cm}$$

$$\overline{EG} = 7{,}73 \text{ cm}$$

Berechnung von $A_{\Delta GFE}$:

$$A_{\Delta GFE} = \frac{1}{2} \cdot \overline{EG} \cdot \overline{EF} \cdot \sin \sphericalangle GEF \qquad \text{mit } \sphericalangle GEF = \sphericalangle BEC$$

$$A_{\Delta GFE} = \frac{1}{2} \cdot 7{,}73 \cdot (11-3) \cdot \sin 36{,}33° \text{ cm}^2$$

$$A_{\Delta GFE} = 18{,}32 \text{ cm}^2$$

Berechnung von $A_{\Delta BCE}$:

$$A_{\Delta BCE} = \frac{1}{2} \cdot \overline{BE} \cdot \overline{CE} \cdot \sin \sphericalangle BEC$$

$$A_{\Delta BCE} = \frac{1}{2} \cdot 10{,}63 \cdot 11 \cdot \sin 36{,}33° \text{ cm}^2$$

$$A_{\Delta BCE} = 34{,}64 \text{ cm}^2$$

Berechnung von A_{BCFG}:

$$A_{BCFG} = A_{\Delta BCE} - A_{\Delta GFE}$$

$$A_{BCFG} = 34{,}64 \text{ cm}^2 - 18{,}32 \text{ cm}^2$$

$$A_{BCFG} = 16{,}32 \text{ cm}^2$$

B 1.5 Einzeichnen des Kreisbogens $\overset{\frown}{QS}$ und des Punktes R

TIPP Der Berührpunkt R ist der Fußpunkt des Lotes von A auf [BE].

Berechnung von $\overline{AR}$ im rechtwinkligen Dreieck ARE:

$$\sin \sphericalangle AER = \frac{\overline{AR}}{\overline{AE}} \qquad | \cdot \overline{AE}$$

$$\overline{AR} = \overline{AE} \cdot \sin \sphericalangle AER \qquad \text{mit } \sphericalangle AER = \sphericalangle AEB$$

$$\overline{AR} = 8 \text{ cm} \cdot \sin 41{,}19°$$

$$\overline{AR} = 5{,}27 \text{ cm}$$

Berechnung des Flächeninhalts des beschriebenen Sektors:

$$A_{Sektor} = \frac{\sphericalangle BAE}{360°} \cdot \overline{AR}^2 \cdot \pi$$

$$A_{Sektor} = \frac{90°}{360°} \cdot 5{,}27^2 \cdot \pi \text{ cm}^2$$

$$A_{Sektor} = 21{,}81 \text{ cm}^2$$

B 2.1 Zeichnen des Schrägbildes der Pyramide ABCS

> **TIPP**
> - Da [AM] auf der Schrägbildachse liegt, wird [AM] in wahrer Länge angetragen. A liegt links von M und es gilt $\overline{AM} = 9$ cm.
> - Da [MS] in der Zeichenebene liegt, wird [MS] in wahrer Länge angetragen. S liegt senkrecht über M und es gilt $\overline{MS} = 10$ cm.
> - Da [BC] senkrecht zur Zeichenebene verläuft, schließt [BC] mit der Schrägbildachse den Winkel $\omega = 45°$ ein und wird um den Faktor $q = \frac{1}{2}$ verkürzt.

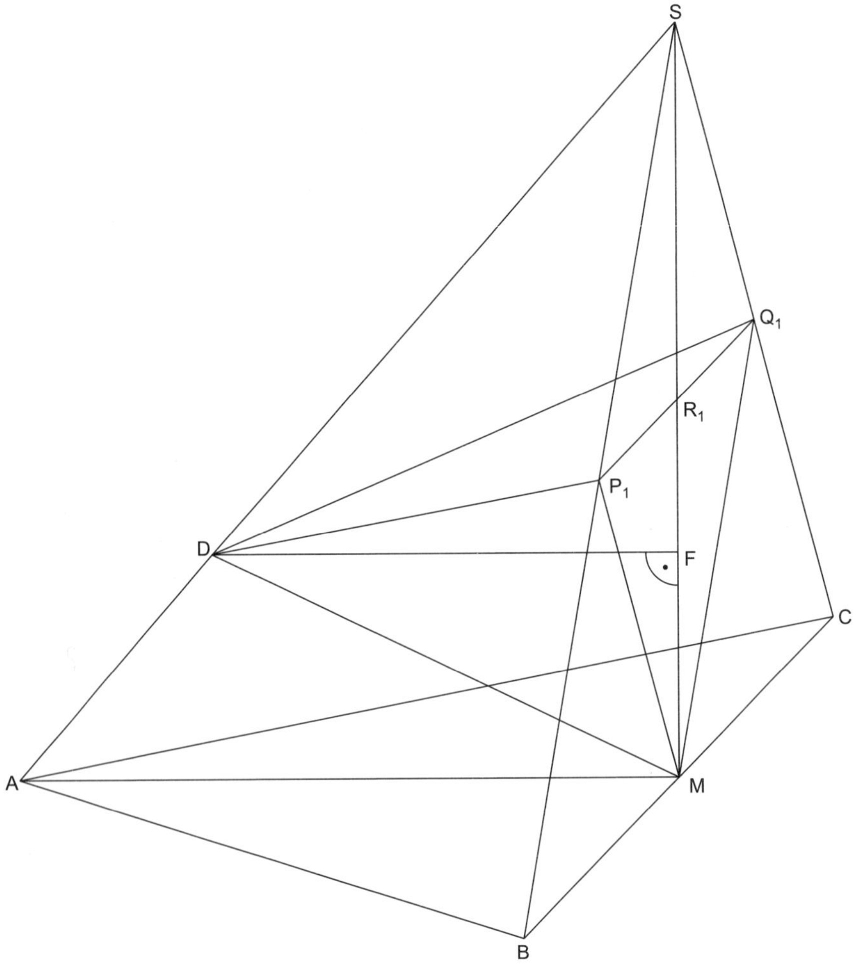

B 2.2 Berechnung von $\overline{AS}$ mithilfe des Pythagoras im rechtwinkligen Dreieck AMS:

$$\overline{AS}^2 = \overline{AM}^2 + \overline{MS}^2 \qquad |\sqrt{}$$

$$\overline{AS} = \sqrt{9^2 + 10^2}\ \text{cm}$$

$$\overline{AS} = 13{,}45\ \text{cm}$$

Berechnung von $\sphericalangle MAS$ im rechtwinkligen Dreieck AMS:

$$\tan \sphericalangle MAS = \frac{\overline{MS}}{\overline{AM}}$$

$$\tan \sphericalangle MAS = \frac{10}{9}$$

$$\sphericalangle MAS = 48{,}01°$$

TIPP Auch die Berechnung von $\sphericalangle MAS$ mit sin bzw. cos im rechtwinkligen Dreieck AMS wäre möglich.

Ermittlung des Volumens der Pyramide ABCS:

$$V_{ABCS} = \frac{1}{3} \cdot A_{\Delta ABC} \cdot \overline{MS}$$

$$V_{ABCS} = \frac{1}{3} \cdot \frac{1}{2} \cdot \overline{BC} \cdot \overline{AM} \cdot \overline{MS}$$

$$V_{ABCS} = \frac{1}{3} \cdot \frac{1}{2} \cdot 12 \cdot 9 \cdot 10\ \text{cm}^3$$

$$V_{ABCS} = 180\ \text{cm}^3$$

B 2.3 Einzeichnen der Strecke [DM]

TIPP Da [AS] in der Zeichenebene liegt, kann [AD] in wahrer Länge angetragen werden. D liegt auf [AS] und es gilt $\overline{AD} = 4$ cm.

TIPP Um $\sphericalangle DMA$ mithilfe des Sinussatzes im Dreieck AMD bestimmen zu können, ermittelt man zunächst $\overline{DM}$ mithilfe des Kosinussatzes im Dreieck AMD.

Berechnung von $\overline{DM}$ im Dreieck AMD:

$$\overline{DM}^2 = \overline{AM}^2 + \overline{AD}^2 - 2 \cdot \overline{AM} \cdot \overline{AD} \cdot \cos \sphericalangle MAD \quad |\sqrt{\ } \quad \text{mit } \sphericalangle MAD = \sphericalangle MAS$$

$$\overline{DM} = \sqrt{9^2 + 4^2 - 2 \cdot 9 \cdot 4 \cdot \cos 48{,}01^\circ} \text{ cm}$$

$$\overline{DM} = 6{,}99 \text{ cm}$$

Berechnung von $\sphericalangle DMA$ im Dreieck AMD:

$$\frac{\sin \sphericalangle DMA}{\overline{AD}} = \frac{\sin \sphericalangle MAD}{\overline{DM}} \quad |\cdot \overline{AD}$$

$$\sin \sphericalangle DMA = \frac{\overline{AD}}{\overline{DM}} \cdot \sin \sphericalangle MAD \quad \text{mit } \sphericalangle MAD = \sphericalangle MAS$$

$$\sin \sphericalangle DMA = \frac{4}{6{,}99} \cdot \sin 48{,}01^\circ$$

$$\sphericalangle DMA = 25{,}17^\circ$$

B 2.4 Einzeichnen der Pyramide P_1MQ_1D und der Höhe [DF]

TIPP

- R_1 liegt auf [MS] und es gilt $\overline{SR_1} = 5$ cm.
- Die Parallele zu BC durch den Punkt R_1 schneidet [BS] im Punkt P_1 und [CS] im Punkt Q_1.
- Da [DF] die Höhe der Pyramide P_1MQ_1D mit der Grundfläche P_1MQ_1 ist, ist F der Fußpunkt des Lotes von D auf [MS].

B 2.5

TIPP Um das Volumen der Pyramiden P_nMQ_nD in Abhängigkeit von x ermitteln zu können, benötigt man zunächst die Streckenlänge $\overline{P_nQ_n}$ in Abhängigkeit von x und die Pyramidenhöhe $\overline{DF}$.

Bestimmung von $\overline{P_nQ_n}(x)$ mithilfe des Strahlensatzes:

$$\frac{\overline{P_nQ_n}}{\overline{BC}} = \frac{\overline{SR_n}}{\overline{MS}} \quad |\cdot \overline{BC}$$

$$\overline{P_nQ_n} = \frac{\overline{SR_n} \cdot \overline{BC}}{\overline{MS}}$$

$$\overline{P_nQ_n}(x) = \frac{x \cdot 12}{10} \text{ cm} \qquad x \in \mathbb{R};\ 0 < x < 10$$

$$\overline{P_nQ_n}(x) = 1{,}2x \text{ cm}$$

Berechnung von $\overline{DF}$ mithilfe des Strahlensatzes:

$$\frac{\overline{DF}}{\overline{AM}} = \frac{\overline{SD}}{\overline{AS}} \qquad \Big| \cdot \overline{AM}$$

$$\overline{DF} = \frac{\overline{SD} \cdot \overline{AM}}{\overline{AS}} \qquad \text{mit } \overline{SD} = \overline{AS} - \overline{AD}$$

$$\overline{DF} = \frac{(13{,}45 - 4) \cdot 9}{13{,}45}\ \text{cm}$$

$$\overline{DF} = 6{,}32\ \text{cm}$$

oder:

TIPP Man bestimmt $\overline{DF}$ mit cos im rechtwinkligen Dreieck DMF. Dazu ermittelt man zunächst $\sphericalangle MDF$.

Bestimmung des Winkelmaßes $\sphericalangle MDF$:

$$\sphericalangle MDF = \sphericalangle DMA \qquad \text{(Wechselwinkel)}$$

$$= 25{,}17° \qquad \text{(Teilaufgabe B 2.3)}$$

Im rechtwinkligen Dreieck DMF gilt:

$$\cos \sphericalangle MDF = \frac{\overline{DF}}{\overline{DM}} \qquad \Big| \cdot \overline{DM}$$

$$\overline{DF} = \overline{DM} \cdot \cos \sphericalangle MDF \qquad \text{mit } \overline{DM} = 6{,}99\ \text{cm (Teilaufgabe B 2.3)}$$

$$\overline{DF} = 6{,}99\ \text{cm} \cdot \cos 25{,}17°$$

$$\overline{DF} = 6{,}33\ \text{cm}$$

TIPP Die Abweichung bei $\overline{DF}$ entsteht durch Rundung. Im Folgenden wird mit $\overline{DF} = 6{,}32$ cm weitergerechnet.

Berechnung des Volumens der Pyramiden P_nMQ_nD in Abhängigkeit von x:

$$V = \frac{1}{3} \cdot A_{\Delta P_nMQ_n} \cdot \overline{DF}$$

$$V = \frac{1}{3} \cdot \frac{1}{2} \cdot \overline{P_nQ_n} \cdot \overline{MR_n} \cdot \overline{DF} \qquad \text{mit } \overline{MR_n} = \overline{MS} - \overline{SR_n}$$

$$V(x) = \frac{1}{3} \cdot \frac{1}{2} \cdot 1{,}2x \cdot (10 - x) \cdot 6{,}32\ \text{cm}^3 \qquad x \in \mathbb{R};\ 0 < x < 10$$

$$V(x) = (-1{,}26x^2 + 12{,}64x)\ \text{cm}^3$$

B 2.6 **TIPP** „Um 90 % kleiner als das Volumen der Pyramide ABCS" bedeutet „noch 10 % des Volumens der Pyramide ABCS".

Es soll $V(x) = 0{,}1 \cdot 180\ \text{cm}^3$ gelten:

$$-1{,}26x^2 + 12{,}64x = 0{,}1 \cdot 180 \qquad x \in \mathbb{R};\ 0 < x < 10$$

$$\Leftrightarrow \quad -1{,}26x^2 + 12{,}64x = 18$$

$$\Leftrightarrow \quad -1{,}26x^2 + 12{,}64x - 18 = 0$$

$$\Leftrightarrow \quad x = \frac{-12{,}64 + \sqrt{12{,}64^2 - 4 \cdot (-1{,}26) \cdot (-18)}}{2 \cdot (-1{,}26)} \ \vee$$

$$x = \frac{-12{,}64 - \sqrt{12{,}64^2 - 4 \cdot (-1{,}26) \cdot (-18)}}{2 \cdot (-1{,}26)}$$

$$\Leftrightarrow \quad x = 1{,}72 \ \vee \ x = 8{,}31$$

$$\mathbb{L} = \{1{,}72;\ 8{,}31\}$$

Bayern ▪ Realschule ▪ Abschlussprüfung 2022
Mathematik II/III

Um die Prüfung 2022 schnellstmöglich zur Verfügung stellen zu können, bringen wir sie in digitaler Form heraus.

Sobald die Original-Prüfungsaufgaben 2022 freigegeben sind, können sie als PDF auf der Plattform **MyStark** heruntergeladen werden (Zugangscode vgl. Umschlaginnenseite).

Prüfung 2022

www.stark-verlag.de/mystark